高职高专机电类专业系列教材

电路基础项目教程

主　编　李海凤　蔡新梅
副主编　常　亮
参　编　耿荣林
主　审　李　妍

机械工业出版社

本书以线性电路最基本的内容为主体,介绍了基本电路理论及电路的基本分析方法,力求做到概念准确、内容精练、重点突出,同时注重理论联系实际、注重基本思路与方法的介绍。在讲解上,力求做到通俗易懂、便于自学。书中例题典型,习题丰富。

全书共包括 6 个项目:认识电路的基本元件、复杂直流电路的分析与测试、荧光灯电路的连接与测试、三相电路的连接与测试、认识变压器、认识充放电电路。

本书适合作为高职高专电类专业学生的学习用书,也可作为相关技术人员的参考用书。

为方便教学,本书有电子课件、课后巩固答案、知识测验答案、模拟试卷及答案等,凡选用本书作为授课教材的老师,均可通过电话(010-88379564)或 QQ(3045474130)咨询,有任何技术问题也可通过以上方式联系。

图书在版编目(CIP)数据

电路基础项目教程/李海风,蔡新梅主编. —北京:机械工业出版社,2017.11(2021.9 重印)
高职高专机电类专业系列教材
ISBN 978-7-111-59246-4

Ⅰ.①电… Ⅱ.①李… ②蔡… Ⅲ.①电路理论-高等职业教育-教材 Ⅳ.①TM13

中国版本图书馆 CIP 数据核字(2018)第 036122 号

机械工业出版社(北京市百万庄大街 22 号　邮政编码 100037)
策划编辑:曲世海　责任编辑:曲世海　张珂玲
责任校对:刘雅娜　封面设计:陈　沛
责任印制:郜　敏
北京盛通商印快线网络科技有限公司印刷
2021 年 9 月第 1 版第 4 次印刷
184mm×260mm・14 印张・343 千字
标准书号:ISBN 978-7-111-59246-4
定价:45.00 元

封底无防伪标均为盗版

电话服务　　　　　　　　　网络服务
客服电话:010-88361066　　机 工 官 网:www.cmpbook.com
　　　　　010-88379833　　机 工 官 博:weibo.com/cmp1952
　　　　　010-68326294　　金 　书 　网:www.golden-book.com
　　　　　　　　　　　　　机工教育服务网:www.cmpedu.com

前　言

"电路基础"是电类学生的第一门专业基础课程。如何能使教学内容既符合高职高专教育的人才培养目标，又符合当前高职高专学生的现状，这是本书力求解决的第一个问题；同时，"电路基础"作为一门专业基础课程应安排哪些知识点和技能点，从而为后续课程服务，这是本书重点考虑的第二个问题；专业基础课程是学生走向社会后继续学习的基石，如何选取内容，从而为学生的将来打好伏笔，这是本书思虑的第三个问题。因此，本书在编写上具有以下特点：

1. 本书内容紧扣"电路基础"课程标准。
2. 理论难点进行了适当的取舍，做到"必需、够用"。
3. 本书编写是在教学试验的基础上进行的，内容的难易程度符合当前高职高专学生的接受程度。
4. 技能点进行了由易到难、循序渐进的细致安排，与技能目标匹配，并赋予了分值。
5. 精选例题和课后巩固习题，与知识点匹配。
6. 考核做到了过程化，既包括技能点又包括知识点。
7. 每一个项目后都安排了知识测验内容，测验中的题目全面覆盖了该项目的重要知识点。此内容的安排，目的是打破学生对考试的恐惧，把心思主要放到对知识和技能的学习训练上。

全书共包括6个项目：认识电路的基本元件、复杂直流电路的分析与测试、荧光灯电路的连接与测试、三相电路的连接与测试、认识变压器、认识充放电电路。

本书由李海凤和蔡新梅任主编，常亮任副主编，耿荣林参编，李妍教授主审。其中，李海凤编写项目1、项目2；蔡新梅编写项目3、项目4；常亮编写项目5；耿荣林编写项目6。全书由李海凤统稿。

本书在编写过程中得到了渤海船舶职业学院电气工程系老师的大力支持，很多老师提出了宝贵的意见并在技能训练环节给予了指导，在此表示衷心的感谢。

书中不妥之处，恳请各位读者批评指正。

编　者

目 录

前 言
项目1　认识电路的基本元件 ………… 1
　【项目描述】 ………………………… 1
　【项目目标】 ………………………… 1
　【项目实施】 ………………………… 1
　　任务1　学习电路的基本概念 ……… 1
　　任务2　认识电阻 …………………… 11
　　任务3　认识电容 …………………… 19
　　任务4　认识电感 …………………… 27
　　任务5　认识电源 …………………… 31
　【项目考核】 ………………………… 39

项目2　复杂直流电路的分析与测试 … 42
　【项目描述】 ………………………… 42
　【项目目标】 ………………………… 42
　【项目实施】 ………………………… 42
　　任务1　基尔霍夫定律的应用 ……… 42
　　任务2　复杂电阻电路的等效变换 … 50
　　任务3　电源的等效变换 …………… 55
　　任务4　叠加定理的应用 …………… 61
　　任务5　戴维南定理的应用 ………… 64
　【知识拓展】 ………………………… 68
　　知识拓展1　应用节点电压法分析复杂
　　　　　　　　直流电路 …………… 68
　　知识拓展2　应用回路电流法分析复杂
　　　　　　　　直流电路 …………… 72
　【项目考核】 ………………………… 76

项目3　荧光灯电路的连接与测试 …… 78
　【项目描述】 ………………………… 78
　【项目目标】 ………………………… 78
　【项目实施】 ………………………… 78
　　任务1　观察正弦交流信号 ………… 78
　　任务2　荧光灯电路的连接 ………… 98
　　任务3　荧光灯电路的功率测量及
　　　　　　功率因数提高 …………… 119
　【项目考核】 ………………………… 130

项目4　三相电路的连接与测试 ……… 132
　【项目描述】 ………………………… 132
　【项目目标】 ………………………… 132
　【项目实施】 ………………………… 132
　　任务1　认识三相电路 ……………… 132
　　任务2　三相电路的相序判别 ……… 140
　　任务3　三相电路的功率测量 ……… 150
　【项目考核】 ………………………… 155

项目5　认识变压器 …………………… 157
　【项目描述】 ………………………… 157
　【项目目标】 ………………………… 157
　【项目实施】 ………………………… 157
　　任务1　认识铁心线圈 ……………… 157
　　任务2　变压器线圈参数的测试 …… 170
　　任务3　变压器的运行 ……………… 186
　【项目考核】 ………………………… 195

项目6　认识充放电电路 ……………… 197
　【项目描述】 ………………………… 197
　【项目目标】 ………………………… 197
　【项目实施】 ………………………… 197
　　任务1　观察变化的电信号 ………… 197
　　任务2　充放电电路时间常数的
　　　　　　测试 ……………………… 203
　【知识拓展】 ………………………… 216
　【项目考核】 ………………………… 218

参考文献 ……………………………… 220

项目 1　认识电路的基本元件

【项目描述】

电阻、电感、电容以及电源是构成电路的几种基本元件。在对实际电路进行分析时需要对其进行科学抽象，建立合适的电路模型。

【项目目标】

掌握电路的基本物理量；认识电阻、电感、电容以及电源并掌握关于它们的基本性质和计算方法；会正确使用直流电压表、直流电流表和万用表；能正确测量直流电路的电流、电压；会连接伏安特性测试电路并正确测量数据。

【项目实施】

任务 1　学习电路的基本概念

[任务描述]

从实际电路开始，抽象得到电路模型，进而分析电路中的基本物理量并练习使用仪表对其进行测试。

[任务目标]

知识目标　1. 理解电路模型的建立过程。
　　　　　2. 掌握电流、电压、电位、电动势、电功率和电能等基本物理量。
技能目标　1. 会使用直流电压表、直流电流表和万用表。
　　　　　2. 会测量电流、电压。

[知识准备]

一、建立电路模型

1. 观察实际电路

人们在工作和生活中时常会遇到一些实际电路。实际电路是为完成某种预期的目的而设计、安装、运行的，由电气设备按一定方式连接起来而形成的电流通路。例如手电筒就是一个简单的电路，它由电池、开关、灯泡、导线等组成一个电流的通路；又如电力系统、电视机、通信系统、计算机等则是比较复杂的电路，它由许多电路元件连接而成。因使用目的和需要不同，电路的种类很多，作用也各不相同。

电路的作用之一是实现电能的传输和转换。如图 1-1 所示的电力系统中，发电机是电源,是供给电能的设备,它可以把热能、水能、原子能等其他形式的能量转换为电能;变压器、输电线路将电能输送给工厂、农村和千家万户的用电设备;电灯、电动机、电热设备等是负载,是消耗电能的设备,它们把电能转换为光能、机械能、热能等其他形式的能量。

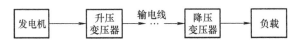

图 1-1 电力系统结构示意图

电路的作用之二是实现信号的传递和处理。例如,电视接收天线接收到的含有声音和图像信息的高频电视信号,通过高频传输线送到电视机中,这些信号经过选择、变频、放大和检波等处理后,恢复出原来的声音和图像信息,在扬声器发出声音并在显像管屏幕上呈现图像。这里的高频电视信号就是信号源,扬声器和显像管是负载。

综上所述,一个完整的电路应包括电源、传输环节和负载三个部分,是由发生、传送和应用电能(或电信号)的各种部件组成的总体。电源是提供电能或电信号的设备,常指发电机、蓄电池、整流装置、信号发生装置等设备;传输环节用于传输电能和电信号,常指输电线、开关和熔断器等传输、控制和保护装置,或放大器等信号处理电路;负载是使用电能或输出电信号的设备,如荧光灯、电动机等用电设备。电压和电流是在电源的作用下产生的,因此电源又称为激励源。由激励在电路中产生的电压和电流称为响应。有时根据激励和响应之间的因果关系,把激励称为输入,响应称为输出。

实际电路按电路参数可分为"集中参数电路"和"分布参数电路"两大类。当一个实际电路的几何尺寸远小于电路中电磁波的波长时,就称其为集中参数电路,否则就称为分布参数电路。集中参数电路是用有限个理想元件构成的电路模型,电路中的电磁量仅仅是时间的函数。而分布参数电路情况比较复杂,其电磁量不仅是时间的函数,而且还是空间距离的函数。集中参数电路理论是电路的最基本理论,本书讨论的电路都是集中参数电路。

2. 理想电路元件与电路模型

实际电路元件在工作时的电磁性质是比较复杂的,绝大多数元件同时存在多种电磁效应,给分析问题带来困难。为了使问题得以简化,以便于探讨电路的普遍规律,在分析和研究具体电路时,对实际元件加以理想化,只考虑其中起主要作用的某些电磁属性,而将其他电磁属性忽略。例如,连接在电路中的白炽灯,通电后因消耗电能而发光、发热,并在其周围产生磁场(电流周围会产生磁场),但是由于后者的作用微弱,只需考虑灯泡消耗电能的性能,而将其视为电阻元件。

我们将实际电路元件的主要电磁属性进行科学抽象后得到理想电路元件,简称为电路元件。每一种电路元件只体现某种基本电磁现象,具有某种确定的电磁性质和精确的数学定义。常用的有电阻元件、电容元件、电感元件、电压源元件和电流源元件等。

电路元件按其与电路其他部分相连接的端钮数可以分为二端元件与多端元件。二端元件通过两个端钮与电路其他部分连接,多端元件通过三个或三个以上端钮与电路其他部分连接。

由理想电路元件互相连接组成的电路称为电路模型。电路模型是实际电路的抽象和近似,应当通过对电路的物理过程的观察分析而确定一个实际电路用什么样的电路模型表示。模型取得恰当,电路的分析与计算的结果就与实际情况接近。本书所说的电路均指由理想电路元件构成的电路模型。理想电路元件及其组合虽然与实际电路元件的性能不完全一致，但在一定条件下，在工程上允许的近似范围内，实际电路完全可以用理想电路元件组成的电路代替，从而使电路的分析与计算得到简化。

用规定的电路符号表示各种理想元件而得到的电路模型图称为电路原理图，简称电路图。电路图只反映电器设备在电磁方面相互联系的实际情况，而不反映它们的几何位置等信息。图 1-2 就是一个按规定符号画出的简单电路图，其中的 u_S 是一种称为电压源（如干电池）的电路元件，电阻元件 R_L 表示一个实际负载（如电灯），两根连接导线消耗电能很少以至可忽略，就用两根无电阻的短路线表示。

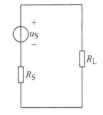

图 1-2 一个简单的电路图

二、分析电路的基本物理量

1. 电流及其参考方向

（1）电流

带电粒子或电荷在电场力的作用下做定向运动，形成电流。电流的强弱用电流强度 i 来衡量，简称为电流，在数值上等于单位时间内通过导体某一横截面的电荷量，即

$$i = \frac{dq}{dt} \tag{1-1}$$

国际单位制（SI）中，电流的单位是安培（A），简称安。当每秒通过导体横截面的电量为 1 库仑（C）时，电流为 1A。根据实际需要，电流的单位还可用千安（kA）、毫安（mA）、微安（μA）等，它们与安的关系是：

$$1\text{kA} = 10^3 \text{A} \quad 1\text{mA} = 10^{-3} \text{A} \quad 1\mu\text{A} = 10^{-6} \text{A}$$

习惯上把正电荷运动的方向规定为电流的实际方向。在外电场的作用下，正电荷将沿着电场方向运动，而负电荷将逆着电场方向运动，电流的实际方向总是和外电场的方向一致。

一般地，电流是时间的函数，随时间而变化。我们将大小和方向都随时间变化的电流称为交流电流（AC），用小写字母 i 表示，如图 1-3a、b 所示。

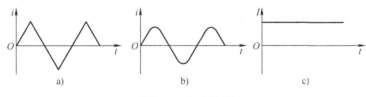

图 1-3 电流波形

如果电流的大小和方向都不随时间而变化，称为直流电流（DC），用大写字母 I 表示，如图 1-3c 所示。对于直流电流，若在时间 t 内通过导体横截面的电荷量为 Q，则电流为

$$I = \frac{Q}{t}$$

（2）电流的参考方向

当电路比较复杂时，在得出计算结果之前，判断电流的实际方向很困难，而要进行电路的分析与计算，就必须确定电流的方向。对于交流电流，电流的方向随时间改变，无法用一个固定的方向表示，因此引入电流的"参考方向"这一概念。

任意规定某一方向作为电流数值为正的方向,称为电流的参考方向。它是一个任意假定的电流方向,用箭头表示在电路图上,并标以符号 i。规定了电流的参考方向以后,电流就变成了代数量而且有正有负,根据电流的参考方向和计算结果中的正、负号,就可以知道电流的实际方向。如果电流 $i>0$,那么电路中电流实际方向与电流参考方向一致,如图 1-4a 所示;如果电流 $i<0$,那么电路中电流实际方向与电流参考方向相反,如图 1-4b 所示。需要注意的是,未规定电流的参考方向时,电流的正负没有任何意义。

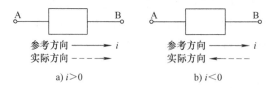

图 1-4 电流的参考方向

2. 电压及其参考方向

(1) 电压

物理学中讲过,电场力把单位正电荷从 A 点经外电路(即电源以外的电路)移到 B 点所做的功,称为 A、B 两点之间的电压,用字母 u_{AB} 表示,电压是衡量电场力做功能力的一个物理量。

若电场力做功 dW_{AB},使电荷 dq 由 A 点移动到 B 点,则 u_{AB} 为

$$u_{AB} = \frac{dW_{AB}}{dq} \tag{1-2}$$

可以证明电场力做功与路径无关,因此上式定义的电压也与路径无关,仅取决于始末点位置,由此得出结论:电路中任意两点间的电压有确定的数值。由于电场力把正电荷从高电位点移向低电位点,因此规定电压的实际方向是从高电位点指向低电位点,即电位降的方向。

国际单位制(SI)中,电压的单位是伏特(V),简称伏。当电场力把 1C(库仑)的电量从一点移动到另一点所做的功为 1J(焦耳)时,这两点间的电压为 1V。电压常用的单位还有千伏(kV)、毫伏(mV)和微伏(μV),它们与伏的关系是:

$$1kV = 10^3 V \quad 1mV = 10^{-3} V \quad 1\mu V = 10^{-6} V$$

(2) 电压的参考方向

和电流一样,电路中各电压的实际方向往往不能事先确定,在分析电路时,必须规定电压的参考方向,只有在已经标定参考方向之后,电压的数值才有正、负之分。一般地,在元件或电路两端用符号"+""-"分别标定正负极性,由正极指向负极的方向为电压的参考方向,也可以用箭头表示。如果计算出的电压 $u>0$,那么实际方向与参考方向一致;如果计算出的电压 $u<0$,那么实际方向与参考方向相反。

(3) 关联与非关联参考方向

一个元件的电压或电流的参考方向可以独立地任意假定。如果指定流过元件的电流参考方向是从标注电压正极性的一端指向负极性的一端,即两者的参考方向一致,那么把电流和电压的这种参考方向称为关联参考方向;反之,称为非关联参考方向。

在分析计算复杂电路时,关于电流和电压的参考方向,还有几点需要说明:

① 电流、电压的参考方向可以任意选定,但一经选定,在电路分析计算过程中不应改变。

② 今后计算电路,一般要先标出参考方向再进行计算,在电路图中,所有标有方向的电流、电压均可以认为是电流、电压的参考方向,而不是指实际方向。

③ 在直流电路中,如果已经知道电流、电压的实际方向,那么取它们的参考方向与实际方向一致;对于不能确定实际方向的直流电路或交流电路,则一般采用关联参考方向。

④ 用双下角标表示电压的参考方向,例如 u_{AB} 表示电路中 A、B 两点间电压的参考方向从 A 点指向 B 点,而 u_{BA} 则表示电压的参考方向从 B 点指向 A 点,显然,$u_{AB} = -u_{BA}$。

(4) 电位

为了便于分析电路,常在电路中任意指定一点作为参考点,假定该点电位是零(用符号"⊥"表示),则由电压的定义可以知道,电路中的 a 点与参考点间的电压即为 a 点相对于参考点的电位,因此可以用电位的高低(大小)来衡量电路中某点电场能量的大小。

电位实质上就是电路中某点相对于参考点的电压,其单位也是伏特(V)。

电路中参考点的位置原则上可以任意指定,参考点不同,各点电位的高低也不同,但是电路中任意两点间的电位差(即电压)与参考点的选择无关。在实际电路中,常以大地或仪器设备的金属机壳(或底板)作为电路的参考点,参考点又常称为接地点。

例 1-1 如图 1-5 所示的电路中,已知 $U_1 = 12V$,$U_2 = -14V$,$U_3 = 8V$,试求 U_{ab}。

解:标定 a、b 两点间电压的参考方向如图 1-5 所示,则

$$U_{ab} = -U_1 + U_2 + U_3$$
$$= -12V + (-14V) + 8V = -18V$$

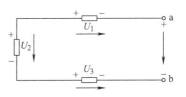

图 1-5 例 1-1 电路图

U_{ab} 为负值,表明电压的实际方向由 b 点指向 a 点,即 b 点是高电位点。

3. 电动势

相对于电源外部正负两极间的外电路而言,通常把电源内部正负两极间的电路称为内电路。在电场力的作用下,正电荷源源不断地从电源正极经外电路到达负极,于是正极上的正电荷数量不断减少。如果要维持电流在外电路中流通,并保持恒定,就要使移动到电源负极上的正电荷经过电源内部回到电源正极。电源力把单位正电荷从电源负极经电源内部移到电源正极所做的功,称为该电源的电动势,用字母 E 表示,即

$$E = \frac{dW_{BA}}{dq} \tag{1-3}$$

式中,dW_{BA} 表示电源力将 dq 的正电荷从 B 点移到 A 点所做的功。显然电动势与电压有相同的单位伏特(V)。

电动势是衡量电源力克服电场力做功能力的物理量,它把正电荷从低电位点(电源负极)移向高电位点(电源正极),故电动势的方向是从低电位点指向高电位点,即电位升的方向。

在电源力的作用下,电源不断地把其他形式的能量转换为电能。在各种不同的电源中,产生电源力的原因是不同的,例如,在电池中是由于电解液和金属极板之间的化学作用,在发电机中是由于电磁感应作用,在热电偶中是由于两种不同金属连接处的热电效应等。

4. 电功率和电能

（1）电功率

正电荷从一段电路的高电位端移到低电位端是电场力对正电荷做了功，该段电路吸收了电能；正电荷从电路的低电位端移到高电位端是外力克服电场力做了功，即这段电路将其他形式的能量转换成电能释放了出来。把电流通过电路时传输或转换电能的速率，即单位时间内电路吸收或释放的电能称为电功率，简称为功率，用符号 p 表示。

设在 dt 时间内电路转换的电能为 dW，则

$$p = \frac{dW}{dt} \tag{1-4}$$

对式（1-4）进一步推导可得

$$p = \frac{dW}{dt} = \frac{dW}{dq}\frac{dq}{dt} = ui \tag{1-5}$$

上式表明，任一瞬时电路的功率等于该瞬时的电压与电流的乘积。对于直流电路，有

$$P = UI \tag{1-6}$$

当电压、电流为非关联参考方向时，式（1-4）、式（1-5）、式（1-6）应增加一个负号。

在国际单位制（SI）中，功率的单位是瓦特（W），简称瓦。常用单位还有千瓦（kW）和毫瓦（mW）。照明灯泡的功率用瓦作单位，动力设备如电动机则多用千瓦作单位，而在电子电路中往往用毫瓦作单位。

由于电压与电流均为代数量，因此功率可正可负。若 $p > 0$，表示元件实际吸收或消耗功率；若 $p < 0$，表示元件实际发出或提供功率。

根据能量守恒原理，一个电路中，一部分元件或电路发出的功率一定等于其他部分元件或电路吸收的功率，即整个电路的功率是平衡的。

（2）电能

电路在一段时间内吸收的能量称为电能。根据式（1-4），在 t_0 到 t 时间内，电路所吸收的电能为

$$W = \int_{t_0}^{t} p\,dt \tag{1-7}$$

直流时

$$W = P(t - t_0) \tag{1-8}$$

在国际单位制（SI）中，电能的单位是焦耳（J），它表示 1W 的用电设备在 1s 内消耗的电能。电力工程中，电能常用"度"作单位，它是千瓦小时（kW·h）的简称，1度电等于功率为 1kW 的用电设备在 1h 内消耗的电能，即

$$1 \text{度电} = 1\text{kW} \cdot \text{h} = 10^3 \text{W} \times 3600\text{s} = 3.6 \times 10^6 \text{J} = 3.6\text{MJ}$$

例 1-2 计算图 1-6 中各元件的功率，指出是吸收还是发出功率。已知电路为直流电路，$U_1 = 4\text{V}$，$U_2 = -8\text{V}$，$U_3 = 6\text{V}$，$I = 2\text{A}$。

解：在图 1-6 中，元件 1 电压与电流为关联参考方向，由式（1-6）得

$$P_1 = U_1 I = 4\text{V} \times 2\text{A} = 8\text{W}$$

$P_1 > 0$，故元件 1 吸收功率。

元件 2 和元件 3 中电压与电流是非关联参考方向，所以得

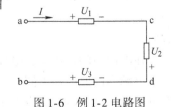

图 1-6 例 1-2 电路图

$$P_2 = -U_2 I = -(-8\text{V}) \times 2\text{A} = 16\text{W}$$
$$P_3 = -U_3 I = -6\text{V} \times 2\text{A} = -12\text{W}$$

$P_2 > 0$，故元件 2 吸收功率；$P_3 < 0$，元件 3 发出功率。

本例中，元件 1 和元件 2 的电压与电流实际方向相同，二者吸收功率；元件 3 的电压与电流实际方向相反，发出功率。由此可见，当电压与电流的实际方向一致时，电路一定是吸收功率的，反之则是发出功率的。电阻元件的电压与电流的实际方向总是一致的，其功率总是正值；电源则不然，它的功率可能是负值，也可能是正值，这说明它可能作为电源提供电能，发出功率；也可能被充电，吸收功率。

[技能训练]

练习使用直流电压表、直流电流表和万用表

一、训练地点

教室、电工基础实训室。

二、训练器材

直流电压表、直流电流表、万用表、若干电阻和导线、可调稳压电源（0~30V、0~2A）、多量程电流表、数字电压表、1kΩ 电位器。

三、训练内容与步骤

1. 熟悉直流电流表的面板和使用方法

电流表如图 1-7 所示，它是用来测量电路中的电流值的。按所测电流性质电流表可分为直流电流表、交流电流表和交直流两用电流表。就其测量范围而言，电流表又分为微安表、毫安表和安培表。

使用电流表测量电路电流时，一定要将电流表串联在被测电路中，如图 1-8 所示。而且测量直流电流时，必须注意仪表的极性，应使仪表的极性与被测量的极性一致。同时要考虑电流表的量程，电流表的量程要根据被测电流的大小来决定，为了测量准确，要使被测电流值处于电流表的量程之内，应尽量使表头指针指到满刻度的 2/3 左右。在不明确被测电流大小的情况时应先使用较大量程的电流表试测，以免因过载而烧毁仪表。

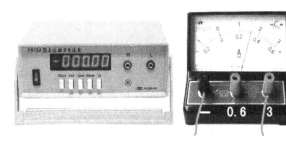

图 1-7 直流电流表实物图

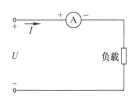

图 1-8 直流电流表接线示意图

电流表串联在电路中，由于电流表具有内阻，会改变被测电路的工作状态，影响被测电路的数值。如果内阻较小，偏差也可以忽略。

2. 熟悉直流电压表的面板和使用方法

电压表如图 1-9 所示，它是用来测量电路中的电压值的。按所测电压的性质电压表分为直流电压表、交流电压表和交直流两用电压表。就其测量范围又有毫伏表、伏特表之分。

用电压表测量电路电压时，一定要使电压表与被测电压的两端并联，如图 1-10 所示，电压表指针所示为被测电路两点间的电压。直流电压表还要注意仪表的极性，表头的"＋"端接高电位，"－"端接低电位。

图 1-9　直流电压表实物图　　　　　　图 1-10　直流电压表接线示意图

3. 熟悉万用表的面板和使用方法

万用表的使用范围很广，可以测量电阻、电流和电压等参数，在电子、电气产品的维修中是不可缺少的测量工具，它结构简单，使用方便。常见的万用表有模拟式万用表和数字式万用表。

（1）模拟式万用表的使用

模拟式万用表主要由磁电系表头、转换开关和测量电路组成。测量电路的作用是把被测电量转换成适合磁电系仪表测量的小直流电流；转换开关的作用是针对不同的测量电量实现不同测量电路的转换和量程的转换。图 1-11 为 MF-47 型模拟式万用表的实物图。

图 1-11　MF-47 型模拟式万用表的实物图

模拟式万用表在使用中要注意以下问题：

① 在使用万用表之前，应先进行"机械调零"，即在没有被测电量时，使万用表指针指在零电压或零电流的位置上。

② 在使用万用表过程中，不能用手去接触表笔的金属部分，这样一方面可以保证测量的准确，另一方面也可以保证人身安全。

③ 在测量某一电量时，不能在测量的同时换档，尤其是在测量高电压或大电流时，更应注意。否则，会使万用表毁坏。如需换档，应先断开表笔，换档后再去测量。

④ 在测量电阻时尤其要注意每换一个档位，就要进行一次电阻档调零。

⑤ 万用表在使用时，必须水平放置，以免造成误差。同时，还要注意避免外界磁场对万用表的影响。

⑥ 万用表使用完毕，应将转换开关置于交流电压的最大档。如果长期不使用，还应将万用表内部的电池取出来，以免电池腐蚀表内其他器件。

（2）数字式万用表的使用

数字式万用表由转换开关、测量电路、模-数转换器、数字显示部分等几大部分组成。其中转换开关、测量电路的功能与模拟式万用表相同，模-数转换器是把测量电路测出的模拟信号转换成数字信号，数字显示部分接受来自模-数转换器的数字信号，采用七段数码管、液晶等显示电路进行电压数值显示。数字式万用表有很多型号，其外形大同小异，数字式万用表的实物图如图1-12所示。

图1-12　数字式万用表的实物图

数字式万用表使用时要注意以下问题：

① 在使用数字式万用表测量之前，必须明确要测量什么以及具体的测量方法，然后选择相应的测量模式和相应的量程。每次测量时务必要对各项设置进行仔细核查，以避免因错误设置而造成仪表损坏。

② 在刚开始测量时，数字式万用表可能出现跳数现象，应等到液晶显示屏上所显示的数值稳定后再读数，这样才能确保读数准确。

③ 如果在测量之前无法估计出被测电压值或电流值的大小，最好选择数字万用表的最高量程进行试测，然后再根据试测情况选择合适量程进行测量。

④ 测量电压时，数字式万用表与被测电路并联；测量电流时，应将数字式万用表串联到被测电路中。由于数字式万用表具有自动极性识别功能，因此，在测量直流电压或直流电流时不必考虑表笔的接法。

⑤ 测量电阻、检测二极管和检查线路通断时，红表笔应接 V·Ω 插孔（或 mA/V/Ω 插孔）。此时，红表笔带正电，黑表笔接 COM 插孔而带负电，这与模拟式万用表的电阻档正

好相反。因此，在检测二极管、晶体管、电解电容、稳压管等有极性的元器件时，必须注意表笔的极性。

4. 测试直流电路的电流、电压

（1）练习使用电压表和电流表

① 按图1-13所示电路连线，调节直流稳压电源值为10V，调节电位器至合适位置，用直流电压表、电流表测量电阻 R 两端的电压和流过的电流。

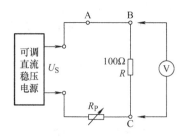

图1-13 直流测试电路

② 调节直流稳压电源值分别为15V、20V，再分别测量电阻 R 两端的电压和流过的电流。

注意：实验前粗略地计算电阻所消耗的功率，不得超过电阻的额定功率，以避免烧坏电阻。

（2）练习使用万用表

① 在图1-13所示电路中，调节电位器的旋钮，用万用表电阻档测量其阻值为100Ω（断开电路时测量阻值），调节直流稳压电源值为20V，测量电阻 R 两端的电压和流过的电流，填入表1-1中。

② 调节电位器的阻值分别为300Ω、500Ω（断开电路时测量阻值），直流稳压电源值仍为20V，分别测量电阻 $R=100Ω$ 时两端的电压和流过的电流，填入表1-1中。

表1-1 电压、电流、电阻的测量

$R_P/Ω$	100	300	500
U_R/V			
I_R/A			

注意：

① 测量时，可调稳压电源的输出电压从0缓慢增加，应时刻注意电压表和电流表，及时更换表的量程，勿使仪表超量程。

② 稳压电源输出端切勿碰线短路。

③ 测量电阻时，一定要将电阻从电路中断开。

[课后巩固]

1-1-1 为什么要规定电流、电压的参考方向？什么是电流与电压的关联参考方向？

1-1-2 在关联参考方向下，某一电路元件上的电压和电流分别为 $U=0V$，$I=-2A$，求该元件的功率，并说明它是吸收功率还是发出功率。

1-1-3 在图 1-6 电路中，若 b 为参考点，试求 a、c、d 三点的电位。

1-1-4 在图 1-14 中，已知 AB 段电路产生的功率为 500W，BC、CD、DA 三段电路消耗的功率分别为 50W、400W、50W。试根据图中所标电流的方向和大小，标出各段电路两端电压的实际极性，并计算电压 U_{AB}、U_{BC}、U_{DC}、U_{DA}。

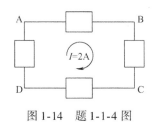

图 1-14 题 1-1-4 图

1-1-5 现有 220V、40W 和 220V、100W 的灯泡各一只，将它们并联接在 220V 电源上，哪个亮？为什么？若串联后再接到 220V 电源上，哪个亮？为什么？

任务 2 认识电阻

[任务描述]

从认识电阻实物开始，学习在电路中对电阻的有关描述并能正确进行电阻的串并联连接与等效计算。在实际使用中要能对电阻正确识别与检测。

[任务目标]

知识目标 1. 掌握电阻的电路符号、单位、电流与电压关系、功率计算方法。
2. 掌握串联等效电阻和并联等效电阻的计算方法。
3. 熟练应用分压公式和分流公式。
技能目标 正确识别和检测电阻。

[知识准备]

一、认识电阻实物

电阻（通常用"R"表示）是所有电路中使用最多的元件之一。在物理学中，用电阻来表示导体对电流阻碍作用的大小。导体的电阻越大，表示导体对电流的阻碍作用越大。不同的导体，电阻一般不同，电阻是导体本身的一种特性。常见的几种电阻如图 1-15 所示。

二、电阻的伏安特性及分类

电阻元件是耗能的二端元件。在任意时刻元件的电压与电流的关系可以用一条确定的伏安特性曲线描述。由于耗能元件电压与电流的实际方向总是一致的，即电流流向电压降落的方向，因此当选取电压与电流的方向为关联参考方向时，电阻元件的伏安特性曲线是位于 Ⅰ、Ⅲ 象限的曲线，电压与电流呈现某种代数关系。

若电阻元件的电压与电流关系不随时间变动，称为时不变电阻元件；否则，称为时变电

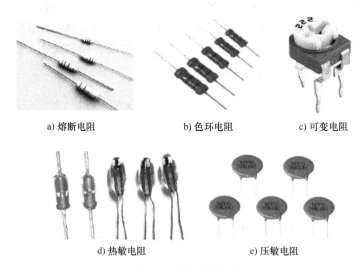

图 1-15 常见的电阻

阻元件。如电阻式传声器在有语音信号时,就是一个时变电阻,其电压与电流关系随时间发生变化。

若电阻元件的伏安特性曲线是通过原点的直线,称为线性电阻元件;否则,称为非线性电阻元件。如白炽灯相当于一个线性电阻元件,二极管是一个非线性电阻元件。

综上所述,电阻元件可以分为四类:线性时变电阻、线性时不变电阻、非线性时变电阻和非线性时不变电阻。图 1-16 给出了时不变电阻元件在线性与非线性两种情况下的伏安特性曲线及常见电阻的电路符号。

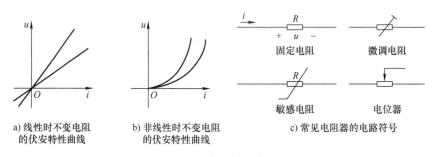

图 1-16 电阻元件的伏安特性曲线及电路符号

下面重点学习线性电阻元件的有关知识。

三、欧姆定律

对于线性电阻元件,由图 1-16a 可以知道,在关联参考方向下,流过线性电阻元件的电流与电阻两端的电压成正比,若令比例系数为 R,则表达式为

$$u = Ri \tag{1-9}$$

这就是欧姆定律,比例系数 R 是一个反映电路中电能损耗的参数,称为电阻。可见欧姆定律用于表达一段电阻电路上的电压与电流的关系。若电压与电流为非关联参考方向,式(1-9) 应当变为

$$u = -Ri \tag{1-10}$$

四、电阻的单位

式(1-10)中，国际单位制(SI)中电压 u 的单位是伏(V)，电流 i 的单位是安(A)，电阻 R 的单位是欧姆(Ω)，简称欧。当流过电阻的电流是 1A，电阻两端的电压是 1V 时，电阻元件的电阻为 1Ω。常用单位还有千欧(kΩ)或兆欧(MΩ)，换算关系为

$$1\mathrm{k}\Omega = 10^3 \Omega \quad 1\mathrm{M}\Omega = 10^3 \mathrm{k}\Omega = 10^6 \Omega$$

实验证明，金属导体的电阻值不仅和导体材料的成分有关，还和导体的几何尺寸及温度有关。一般地，横截面积为 S (m²)、长度为 L (m) 的均匀导体，其电阻 R (Ω) 为

$$R = \rho \frac{L}{S} \tag{1-11}$$

式中，ρ 为电阻率，单位是欧姆·米(Ω·m)。

导体温度不同时，其电阻值一般不同，可用下式计算：

$$R_2 = R_1[1 + \alpha(t_2 - t_1)] \tag{1-12}$$

式中，R_1 是温度为 t_1 时导体的电阻值；R_2 是温度为 t_2 时导体的电阻值；α 是材料的电阻温度系数，即导体温度每升高 1℃时，其电阻值增大的百分数，单位是每摄氏度(1/℃)。α 值越小，阻值越稳定。

为了方便分析，有时利用电导来表征线性电阻元件的特性。电导就是电阻的倒数，用 G 表示，它的单位是西门子(S)。引入电导后，欧姆定律在关联参考方向下还可以写成

$$i = Gu \tag{1-13}$$

五、电阻的功率计算

在关联参考方向下，线性电阻元件吸收(消耗)的功率可由式(1-5)和式(1-9)计算得到

$$p = ui = Ri^2 = i^2/G \tag{1-14}$$

$$p = ui = \frac{u^2}{R} = Gu^2 \tag{1-15}$$

可见，当电阻值一定时，电阻消耗的功率与电流(或电压)的二次方成正比。电阻元件吸收的电能为

$$W = \int_{t_0}^{t} Ri^2 \mathrm{d}t = \int_{t_0}^{t} \frac{u^2}{R} \mathrm{d}t \tag{1-16}$$

在直流情况下有

$$W = RI^2(t - t_0) \tag{1-17}$$

六、电阻的串并联

1. 电阻串联等效及分压公式

如果电路中有两个或更多个电阻首尾依次顺序相连，而且中间无任何分支，这样的连接方式就称为电阻的串联。串联电路中，各元件(电阻)中通过同一电流，其端电压是各元件电压之和。图 1-17a 是两个电阻串联的电路，对电阻串联电路应用式(1-9)，得

$$u_1 = iR_1, \quad u_2 = iR_2$$

则
$$u = u_1 + u_2 = iR_1 + iR_2 = i(R_1 + R_2) = iR$$

其中
$$R = R_1 + R_2 \tag{1-18}$$

式(1-18)中的 R 称为串联电路的等效电阻，图 1-17a 中两个串联电阻可用图 1-17b 中

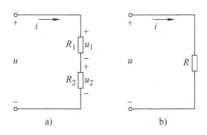

图 1-17 两个电阻串联的电路

的一个等效电阻来代替，它等于该电路在关联参考方向下，端电压与电流的比值，此比值等于两个串联电阻阻值之和。同理可得到 n 个电阻串联的等效电阻为

$$R = R_1 + R_2 + \cdots + R_n = \sum_{k=1}^{n} R_k \qquad (1\text{-}19)$$

式(1-19) 说明：线性电阻串联的等效电阻等于各元件的电阻之和，也等于该电路在关联参考方向下，端电压与电流的比值。由等效电阻的定义可知，第 k 个元件的端电压为

$$u_k = iR_k = R_k \frac{u}{R} = \frac{R_k}{R} u \qquad (1\text{-}20)$$

式(1-20) 说明：各电阻上的电压是按电阻的大小进行分配的，称为电阻串联电路的分压公式。它说明第 k 个电阻上分配到的电压取决于 R_k/R 的比值，将这个比值称为分压比。尤其要说明的是，当其中某个电阻较其他电阻相比很小时，这个小电阻两端的电压也较其他电阻上的电压低很多，因此在工程估算中，小电阻的分压作用可以忽略不计。

利用电路的分压原理，可以制成多量程电压表。在很多电子仪器和设备中，也常采用电阻串联电路从同一电源上获取不同的电压。

例 1-3 弧光灯的额定电压为 40V，正常工作时通过的电流为 5A，因为供电电源的电压是 220V，不能直接接入电路。为此，利用电阻串联电路的分压原理，选取一个电阻 R 与弧光灯串联，使弧光灯上的电压恰好为额定电压 40V。

解：这时 R 两端的电压应为

$$220\text{V} - 40\text{V} = 180\text{V}$$

电阻

$$R = \frac{180\text{V}}{5\text{A}} = 36\Omega$$

功率

$$P = UI = 180\text{V} \times 5\text{A} = 900\text{W}$$

可见，给弧光灯串联一个 900W、36Ω 的电阻，即可接入 220V 电路中。

例 1-4 一量程为 U_1 的电压表，其内阻为 R_g。欲将其电压量程扩大到 U_2，可以采用串联分压电阻的方法，如图 1-18 所示，求串联电阻 R。

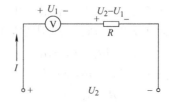

图 1-18 电压表扩大量程示意图

解： 由于电压表的量程是指它的最大可测量电压，因此当电压表的指针满偏时，电压表内阻上只能承受 U_1 电压，其余 $U_2 - U_1$ 的电压将降落在分压电阻 R 上。

$$U_1 = IR_g, \quad U_2 - U_1 = IR$$

所以
$$R = \frac{U_2 - U_1}{I} = \frac{U_2 - U_1}{U_1} R_g$$

通常把这里的串联电阻称为扩程电阻，它一方面分担了原电压表所不能承受的那部分电压，另一方面还使扩程后的电压表具有较高的内阻，从而减小了对被测电路的影响。

2. 电阻并联等效及分流公式

如果电路中有两个或更多电阻的首端与尾端分别连接在一起，这种连接方式就称为电阻的并联。并联电路中，各并联电阻连接在相同的端钮上，承受同一电压作用，总电流是各支路电流之和。图 1-19a 是两个电阻并联的电路。

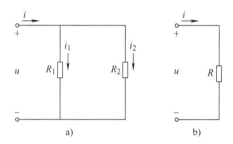

图 1-19 两个电阻的并联

对电阻并联电路应用式(1-9)，得

$$i_1 = \frac{u}{R_1}, \quad i_2 = \frac{u}{R_2}$$

所以
$$i = i_1 + i_2 = \frac{u}{R_1} + \frac{u}{R_2} = u\left(\frac{1}{R_1} + \frac{1}{R_2}\right)$$

令 $i = \frac{u}{R}$，则有

$$\frac{1}{R} = \frac{1}{R_1} + \frac{1}{R_2} \tag{1-21}$$

即图 1-19a 中两个并联电阻可用图 1-19b 中的一个等效电阻来代替。它等于该电路在关联参考方向下，端电压与端电流的比值，此比值的倒数等于两个并联电阻阻值倒数之和。同理可得到 n 个并联电阻的等效电阻的倒数为

$$\frac{1}{R} = \frac{1}{R_1} + \frac{1}{R_2} + \cdots + \frac{1}{R_n} = \sum_{k=1}^{n} \frac{1}{R_k} \tag{1-22}$$

式(1-22)说明：线性电阻并联的等效电阻的倒数等于各元件的电阻倒数之和，也等于该电路在关联参考方向下，电流与端电压的比值。

一般地，用电导表示，式(1-22)可以变换为

$$G = G_1 + G_2 + \cdots + G_n = \sum_{k=1}^{n} G_k \tag{1-23}$$

即电阻并联时,其等效电导等于各电导之和。由式(1-22)可知,如果 n 个阻值相同的电阻并联,其等效电阻是各电阻的 n 分之一;并联电阻的个数越多,等效电阻越小。由等效电阻的定义可知,通过第 k 个元件的电流为

$$i_k = \frac{u}{R_k} = G_k u = \frac{G_k}{G} i \tag{1-24}$$

式(1-24)说明:流过各电阻上的电流是按电导的大小进行分配的,或者说与电阻的大小成反比,这个公式称为电阻并联电路的分流公式。尤其要说明的是,当其中某个电阻较其他电阻相比很大时,流过这个大电阻的电流较其他电阻上的电流小很多,因此在工程估算中,阻值相差很大的几个电阻并联时,大电阻的分流作用就可以忽略不计。

例 1-5 为了将量程为 I_g、内阻为 R_g 的电流表的量程扩大为 I_o,如图 1-20 所示,可以在表头的两端并联一个分流电阻 R,求 R 的值。

解:当电流表满量程时,设流过电阻 R 的电流是 I,则由分流公式式(1-24)得

$$I = \frac{G}{G + G_g} I_o = \frac{R_g}{R + R_g} I_o = I_o - I_g$$

所以

$$R = \frac{R_g I_o}{I_o - I_g} - R_g = \frac{R_g I_g}{I_o - I_g}$$

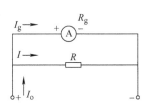

图 1-20 电流表扩大量程示意图

如将一块量程是 100μA、内阻是 1kΩ 的微安表,扩大量程为 10mA 的电流表,其并联的分流电阻阻值为

$$R = \frac{1\text{k}\Omega \times 100\mu\text{A}}{100\text{mA} - 100\mu\text{A}} = \frac{10^3 \Omega \times 100 \times 10^{-6} \text{A}}{(10 \times 10^{-3} - 100 \times 10^{-6})\text{A}}$$
$$= 10.1\Omega$$

[技能训练]

技能训练 1　正确识别和检测电阻

一、训练地点

教室、电工基础实训室。

二、训练器材

各种不同的电阻、万用表。

三、训练内容与步骤

1. 识别色环电阻

(1) 识别四色环电阻

四色环电阻示意图如图 1-21 所示。

黑—0、棕—1、红—2、橙—3、黄—4、绿—5、蓝—6、紫—7、灰—8、白—9。

金表示误差为 ±5%,银表示误差为 ±10%。

各色环表示意义如下:

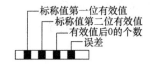

图 1-21 四色环电阻示意图

第一条色环：标称值第一位有效值。
第二条色环：标称值第二位有效值。
第三条色环：有效值后 0 的个数，也就是 10 的幂数。
第四条色环：误差。
例如：电阻色环为棕绿红金，则 $15×100Ω=1500Ω=1.5kΩ$，误差为 $±5\%$。
（2）识别五色环电阻
五色环电阻示意图如图 1-22 所示。
第一条色环：标称值第一位有效值。
第二条色环：标称值第二位有效值。
第三条色环：标称值第三位有效值。
第四条色环：有效值后 0 的个数，也就是 10 的幂数。
第五条色环：误差（常见是棕色，误差为 1%）。

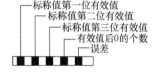

图 1-22　五色环电阻示意图

五色环电阻的识别技巧：
① 先找出决定识别方向的第 1 道色环，其特点是该色环距电阻的一端引线距离较近。
② 色环电阻的最后一条色环（偏差色环）一般与前几条色环的间隔比较大，以此判断哪一条为最后一条色环。
③ 金色、银色在有效数字中无具体含义，只表示具体偏差值，所以金色或银色这一环必定为最后一条色环，根据这一点可以分辨各色的顺序。

2. 用万用表测量电阻值

（1）选择适当倍率档

测量某一电阻的阻值时，要依据电阻的阻值正确选择倍率档，按模拟式万用表使用方法规定，万用表指针应在刻度的中心部分读数才较准确。测量时电阻的阻值是万用表上刻度的数值与倍率的乘积。如测量一电阻，所选倍率为 $R×1$，刻度数值为 9.4，该电阻电阻值为 $R=9.4×1Ω=9.4Ω$。

（2）电阻档调零

在测量电阻之前必须进行电阻档调零。档位旋钮置于电阻档，将红、黑测试笔短接。旋转调零电位器，使指针指向零。在测量电阻时，每更换一次倍率档后，都必须重新调零。

（3）测量电阻

测量电阻时，要注意不能用手同时捏着表笔和电阻两引出端，以免人体电阻影响测量的准确性。

技能训练 2　伏安特性测试

一、训练地点

电工基础实训室。

二、训练器材

万用表 1 块；多量程电流表；数字电压表；可调稳压电源（0～30V、0～2A）；线性电阻：100Ω、200Ω；白炽灯：24V、15W。

三、训练内容与步骤

1. 测定线性电阻的伏安特性

按图 1-23 接线,图中的电源 U_S 选用可调稳压电源,通过直流数字毫安表与 100Ω 线性电阻相连,电阻两端的电压用直流数字电压表测量。采用数字电压表的原因,是其输入阻抗很高,可达 10MΩ,取用电流较小,对被测电路影响极小。

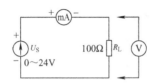

图 1-23　元件伏安特性测试电路

调节可调稳压电源的输出电压 U_S 从 0 开始缓慢增加(不能超过 10V),在表 1-2 中记下相应的电压表和电流表的读数。

表 1-2　线性电阻伏安特性数据

U/V	0	2.0	4.0	6.0	8.0	10
I/mA						

2. 测定 24V 白炽灯的伏安特性

将图 1-23 中的 100Ω 线性电阻换成一只 24V、15W 的白炽灯,重复 1 的步骤,电压从 0 至 24V,分 7 档进行测量与实训,并在表 1-3 中记录下相应的电压表和电流表读数。

表 1-3　白炽灯伏安特性数据(24V、15W)

U/V	1.0	2.0	4.0	8.0	12	16	20
I/mA							

[课后巩固]

1-2-1　如图 1-24 所示,求各电路的电压 U 和电流 I。

1-2-2　如图 1-25 所示电路,已知 $R_1 = 100Ω$,$R_2 = 50Ω$,电流表的示数为 $I_1 = 1.2$A,$I = 6$A,求 I_2、I_3 及电阻 R_3。

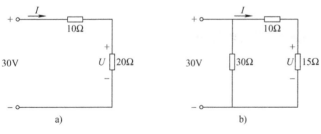

图 1-24　题 1-2-1 图

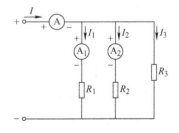

图 1-25　题 1-2-2 图

任务3 认识电容

[任务描述]

从认识电容实物开始,学习电路中对电容的有关描述并能正确对电容进行串并联连接与等效计算。在实际使用中要能对电容正确识别与检测。

[任务目标]

知识目标　1. 掌握电容的电路符号、单位、电流与电压关系、功率与能量的计算方法。
　　　　　2. 掌握串联等效电容和并联等效电容的计算方法。

技能目标　正确识别和检测电容。

[知识准备]

一、认识电容实物

电容(或称电容量)是指在给定电位差下的电荷储存量,标记为 C。一般地,任何两块金属导体,中间用电介质(绝缘材料)隔开形成的元件称为电容,金属导体称为电容的极板。从电容的两端引出电极,可将电容接到电路中去。符号 C 既表示电容元件,又表示电容元件参数(即电容量)。电容的几种实物如图1-26所示。

a) 电解电容

b) 贴片电容

c) 瓷片电容

d) 可变电容

图1-26　电容的几种实物

二、电容的库伏特性、电路符号、电容量计算及单位

1. 库伏特性

当电容元件两端电压 u 的参考方向给定时,若以 q 表示正极板上的电荷,则电容元件的电荷量与电压之间满足:

$$q = Cu \tag{1-25}$$

式中,C 表示电容元件的电容量,简称电容。电容也有线性和非线性之分,当电容元件是线性元

件时，C 不随 u 和 q 改变，称为线性电容，否则就为非线性电容。本书中只研究线性电容元件。

电容元件是一个二端元件，它的特性可以用 $q-u$ 平面上的曲线来描述，图 1-27 是线性电容元件的库伏特性曲线。

2. 电容的分类及电路符号

根据介质材料的不同，电容可分为云母电容、陶瓷电容、电解电容（极性电容）、空气（可调）电容及有机薄膜电容等；按结构特点可以分为固定电容、可调电容和预调电容等，图 1-28 所示为常见电容的电路符号。

图 1-27　线性电容元件的库伏特性曲线　　　图 1-28　常见电容的电路符号

实际使用中的电容，体积大小各不相同。电力电容有时要用起重机起吊；而电子电路中的电容一般很小，有的大小如同米粒；集成电路中的电容要用高倍率的显微镜才可能看见，这样的电容称为集中参数电容。此外，电容有时还是一种不可避免的客观存在，如两条输电线（金属导体）之间隔着空气介质，形成输电线的线间电容；输电线和大地（也是导体）之间有对地电容；双芯电缆的缆芯之间包有绝缘层，构成芯线电容；在电子电路里，晶体管的电极之间存在极间电容；连接导线之间、导线和金属机壳之间存在着布线电容，这些电容可以统称为分布电容，又叫寄生电容。分布电容的值较小，并易受其他因素的影响，在低频电路中可忽略，但当输电线很长，或者电路的工作频率很高时，它们的影响是不能忽略的。

3. 常见电容的电容量计算

电容的电容量反映其本身的特性，大小取决于电容的结构、两极板的形状及大小、极板的间距、板间充有的电介质等因素，与极板所带的电荷无关。

（1）平板电容的电容量为

$$C = \frac{\varepsilon_0 S}{d} \tag{1-26}$$

式中，S、d 分别为极板面积及两极板间距。

（2）球形电容的电容量为

$$C = 4\pi\varepsilon_0(R_2 - R_1) \tag{1-27}$$

式中，R_1、R_2 为内外球面半径。

由式(1-26) 和式(1-27) 可以看出电容的电容量与介电常数 ε_0 成正比，平板电容的电容量还与极板的面积成正比、与两极板间的距离成反比。

4. 电容的单位

国际单位制（SI）中，电容的单位是法拉（F），简称法。电量的单位是库仑（C），简称库。如果在电容极板间加上 1V 的电压，每块极板载有 1C 电量，那么其电容为 1F。法拉这个单位非常大，工程上一般采用微法（μF）和皮法（pF）作单位，它们之间的关系是

$$1\mu F = 10^{-6} F \qquad 1pF = 10^{-6} \mu F = 10^{-12} F$$

三、分析电容元件的电压、电流关系

当电容极板间电压变化时,极板上的电荷也随之变化,电容电路中就出现了电流,规定电压与电流的参考方向如图 1-29 所示。

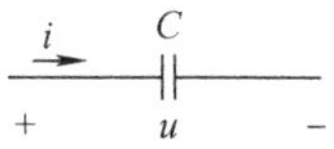

图 1-29 电压与电流的参考方向

则根据式 (1-1)、式 (1-25) 可以求得电流为

$$i = \frac{dq}{dt} = C\frac{du}{dt} \quad (1-28)$$

当电压增高时,$\frac{du}{dt} > 0$,则 $\frac{dq}{dt} > 0$,$i > 0$,极板上电荷增加,电容充电;当电压降低时,$\frac{du}{dt} < 0$,则 $\frac{dq}{dt} < 0$,$i < 0$,极板上电荷减少,电容放电;当电压不变时,$\frac{du}{dt} = 0$,则 $\frac{dq}{dt} = 0$,$i = 0$,极板上电荷不变,电容相当于开路,因此电容有隔断直流的作用。

四、计算电容元件的功率与能量

电容能储存电荷,故能储存能量。如果把一个已充电的电容的两个极板用导线短路,可看到放电火花,利用放电火花的热能可以熔焊金属,即所谓的电容储能焊。放电火花的热能必然是从充了电的电容中储存的电能转化而来。

当电压与电流为关联参考方向时,任一瞬间电容元件吸收的功率为

$$p = ui = uC\frac{du}{dt}$$

在 dt 时间内,电容元件电场中的能量增加量为

$$dW = pdt = Cudu$$

设 $t = 0$ 时,$u(0) = 0$,则从 0 到 t 时间内,电容元件储存的能量为

$$W = \int_0^t pdt = C\int_0^u udu = \frac{1}{2}Cu^2$$

电容的储能公式说明对于同一个电容元件,当充电电压高或储存的电量多时,它储存的能量就多;对于不同的电容元件,当充电电压一定时,电容量大的储存的能量多。从这个意义上说,电容 C 也是电容元件储能本领大小的标志。

当电压的绝对值增大时,电容元件吸收能量,并全部转换为电场能量;当电压减小时,电容元件释放电场能量。电容元件本身不消耗能量,同时也不会释放出多于它吸收或储存的能量,因此说电容元件是一种无源的储能元件。

五、电容元件的串并联

1. 电容元件的串联

如图 1-30a 所示,两个电容元件 C_1、C_2 相串联,C_1 极板上的电荷量分别为 $+q$、$-q$,由于电荷守恒,C_2 极板上的电荷量也分别为 $+q$、$-q$。

根据式 (1-25) 可知

$$u_{C1} = \frac{q}{C_1}, \quad u_{C2} = \frac{q}{C_2}$$

因此 $u_C = u_{C1} + u_{C2} = \frac{q}{C_1} + \frac{q}{C_2}$

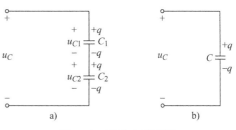

图 1-30 两个电容串联

若将两个电容串联电路视为一个等效电容 C 的电路,如图 1-30b 所示,则有

$$\frac{q}{C} = \frac{q}{C_1} + \frac{q}{C_2}$$

即
$$\frac{1}{C} = \frac{1}{C_1} + \frac{1}{C_2} \qquad (1\text{-}29)$$

将上式推广到 n 个电容串联的电路,等效电容 C 满足下式:

$$\frac{1}{C} = \frac{1}{C_1} + \frac{1}{C_2} + \cdots + \frac{1}{C_n} = \sum_{k=1}^{n} \frac{1}{C_k} \qquad (1\text{-}30)$$

可以看出,串联等效电容的计算公式与并联等效电阻的计算公式相似,相应地在串联电容电路中,每个电容分配到的电压的计算式在形式上与并联电阻的分流公式相似,读者可以自行计算加以验证。

2. 电容元件的并联

如图 1-31a 所示,两个电容元件 C_1、C_2 相并联,电路的端电压为 u_C,显然两个电容元件 C_1、C_2 两端的电压也是 u_C,C_1 极板上的电荷量分别为 $+q_1$、$-q_1$,C_2 极板上的电荷量分别为 $+q_2$、$-q_2$。

根据式(1-25)可知

$$q_1 = C_1 u_C, \quad q_2 = C_2 u_C$$

因此 $\quad q = q_1 + q_2 = C_1 u_C + C_2 u_C$

若将两个电容并联电路视为一个等效电容 C 的电路,如图 1-31b 所示,则有

$$Cu_C = q = q_1 + q_2 = C_1 u_C + C_2 u_C$$

即 $\quad C = C_1 + C_2 \qquad (1\text{-}31)$

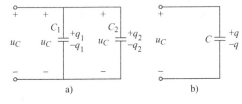

图 1-31 两个电容并联

将上式推广到 n 个电容并联的电路,等效电容 C 满足下式:

$$C = C_1 + C_2 + \cdots + C_n = \sum_{k=1}^{n} C_k \qquad (1\text{-}32)$$

可以看出,并联等效电容的计算公式与串联等效电阻的计算公式相似,相应地在并联电容电路中,每个电容分配到的电荷量的计算式在形式上与串联电阻的分压公式相似,读者可以自行计算加以验证。

[技能训练]

正确识别和检测电容

一、训练地点

教室、电工基础实训室。

二、训练器材

各种不同的电容、万用表。

三、训练内容与步骤

1. 读懂国产电容型号的命名方法

电容的名字一般有四部分(不适用于压敏电容、可调电容、真空电容)。

第一部分：主称，用字母表示，电容用C。
第二部分：介质材料，用字母表示。
第三部分：类别，一般用数字表示，个别用字母表示。
第四部分：序号，用数字表示。
国产电容型号命名方法的具体说明见表1-4。

表1-4　国产电容型号命名方法的具体说明

第一部分：主称		第二部分：介质材料		第三部分：类别					第四部分：序号
字母	含义	字母	含义	数字或字母	含义				
					瓷介电容	云母电容	有机电容	电解电容	
C	电容	A	钽电解	1	圆形	非密封	非密封	箔式	用数字表示序号，以区别电容的外形尺寸及性能指标
		B	聚苯乙烯等非极性有机薄膜（常在"B"后面再加一个字母，以区分具体材料，例如"BB"为聚丙烯，"BF"为聚四氟乙烯）	2	管形	非密封	非密封	箔式	
				3	叠片	密封	密封	烧结粉，非固体	
				4	独石	密封	密封	烧结粉，固体	
		C	高频陶瓷						
		D	铝电解	5	穿心		穿心		
		E	其他材料电解	6	支柱等				
		G	合金电解						
		H	纸膜复合	7				无极性	
		I	玻璃釉	8	高压	高压	高压		
		J	金属化纸介	9			特殊	特殊	
		L	涤纶等极性有机薄膜（常在"L"后面再加一个字母，以区分具体材料，例如"LS"为聚碳酸酯）	G	高功率型				
				T	叠片式				
		N	铌电解	W	预调型				
		O	玻璃膜						
		Q	漆膜	J	金属化型				
		T	低频陶瓷						
		V	云母纸						
		Y	云母	Y	高压型				
		Z	纸介						

在电容上实际标注时也有如图1-32所示的标注方法。

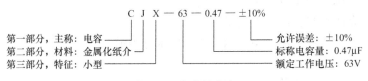

图 1-32 电容的命名

下面是关于电容的两个重要参数：

(1) 电容的耐压

每一个电容都有它的耐压值，这是电容的重要参数之一。普通无极性电容的标称耐压值有：63V、100V、160V、250V、400V、600V、1000V 等，极性电容的耐压值相对要比无极性电容的耐压值低，一般的标称耐压值有：4V、6.3V、10V、16V、25V、35V、50V、63V、80V、100V、220V、400V 等。

(2) 电容量的误差

电容量误差的表示法有两种。

一种是将电容量的绝对误差范围直接标在电容上，即直接表示法，如 2.2pF ± 0.2pF。

另一种方法是直接将字母或百分比误差标在电容上。用字母表示的百分比误差分别是：D 表示 ±0.5%，F 表示 ±0.1%，G 表示 ±2%，J 表示 ±5%，K 表示 ±10%，M 表示 ±20%，N 表示 ±30%，P 表示 ±50%。如电容上标有 334K 则表示 0.33F，误差为 ±10%；如电容上标有 103P，这个电容值为 $10 \times 10^3 \mathrm{pF} = 0.01 \mu F$，其误差为 ±50%，则这个电容的容量变化范围为 0.05~0.015μF，P 不能误认为是单位 pF。

2. 识读电容的标称值

电容量具体标称方法主要有如下几种：

(1) 直接标称法

由于电容体积要比电阻大，所以一般都使用直接标称法。如果标注为 0.001μ，那它代表的是 0.001μF，同样 100p 就是 100pF。

不标单位的直接表示法：用 1~4 位数字表示，容量单位为 pF，如 350 为 350pF，3 为 3pF、0.5 为 0.5pF。

(2) 文字符号法

用数字和文字符号的有规律组合来表示容量，单位通常为 pF 或 μF。用 pF 做单位时，"p" 表示小数点；用 μF 做单位时，"μ" 表示小数点。例如 p10 表示 0.1pF，1p0 表示 1pF，6p8 表示 6.8pF，2μ2 表示 2.2μF。

(3) 数学计数法

如瓷介电容，标值 272，容量就是 $27 \times 100 \mathrm{pF} = 2700 \mathrm{pF}$。如果标值 473，即为 $47 \times 1000 \mathrm{pF} = 0.047 \mu F$（注：后面的 2、3 表示 10 的多少次方）。又如：332 表示 $33 \times 100 \mathrm{pF} = 3300 \mathrm{pF}$。

(4) 色标法

沿电容引线方向，用不同的颜色表示不同的数字，第一、二色环表示电容量，第三色环表示有效数字后零的个数（单位为 pF）。

色环颜色的意义：黑—0、棕—1、红—2、橙—3、黄—4、绿—5、蓝—6、紫—7、灰—8、白—9。

3. 判断电解电容的极性

(1) 从引脚和外形判断极性

① 采用不同的端头形状来表示引脚的极性,如图 1-33b、c 所示,这种方式往往出现在两根引脚轴向分布的电解电容中。

② 标出负极性引脚,如图 1-33d 所示,在电解电容的绝缘套上画出像负号的符号,以表示这一引脚为负极性引脚。

③ 采用长短不同的引脚来表示引脚极性,通常长的引脚为正极性引脚,如图 1-33a 所示。

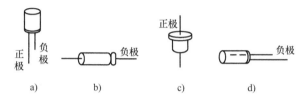

图 1-33 电解电容的引脚和外形

(2) 用万用表检测判断极性

用万用表测量电解电容的漏电电阻,并记下这个阻值的大小,然后将红、黑表棒对调再测电容的漏电电阻,将两次所测得的阻值对比,漏电电阻小的一次,黑表棒所接触的是负极。

4. 电容的检测

电容的检测方法主要有两种:

一是采用万用表电阻档检测法,这种方法操作简单,检测结果基本上能够说明问题。

二是采用代替检查法,这种方法的检测结果可靠,但操作比较麻烦,此方法一般多用于在路检测。检测过程中,一般是先用第一种方法,再用第二种方法加以确定。

(1) 用模拟式万用表测量电容的漏电电阻

方法如下:

① 用万用表的电阻档($R \times 10k$ 或 $R \times 1k$ 档,视电容的容量而定),当两表棒分别接触电容的两根引线时,表针首先朝顺时针方向(向右)摆动,然后又慢慢地向左回归至 ∞ 位置附近,此过程为电容的充电过程。

② 当表针静止时所指的电阻值就是该电容的漏电电阻(R)。在测量中如表针距 ∞ 位置较远,表明电容漏电严重,不能使用。有的电容在测漏电电阻时,表针退回到 ∞ 位置时,又顺时针摆动,这表明电容漏电更严重。一般要求漏电电阻 $R \geqslant 500k\Omega$,否则不能使用。

③ 对于电容量小于 5000pF 的电容,万用表不能测它的漏电阻。

(2) 用模拟式万用表检测电容的断路(又称开路)、击穿(又称短路)

① 检测电容量为 6800pF ~ 1F 的电容,用 $R \times 10k$ 档,红、黑表棒分别接电容的两根引脚,在表棒接通的瞬间,应能见到表针有一个很小的摆动过程。

如若未看清表针的摆动,可将红、黑表棒互换后再测,此时表针的摆动幅度应略大一些，若在上述检测过程中表针无摆动，说明电容已断路。若表针向右摆动一个很大的角度，且表针停在那里不动（即没有回归现象），说明电容已被击穿或严重漏电。

注意： 在检测时手指不要同时碰到两支表棒，以避免人体电阻对检测结果的影响，同时，检测大电容如电解电容时，由于其电容量大，充电时间长，所以当测量电解电容时，要根据电容容量的大小，适当选择量程，电容量越小，量程 R 越要放小，否则就会把电容的充电误认为击穿。

② 检测容量小于 6800pF 的电容时，由于容量太小，充电时间很短，充电电流很小，万用表检测时无法看到表针的偏转，所以此时只能检测电容是否存在漏电故障，而不能判断它是否开路，即在检测这类小电容时，表针应不偏，若偏转了一个较大角度，说明电容漏电或击穿。关于这类小电容是否存在开路故障，用这种方法是无法检测到的。可采用代替检查法，或用具有测量电容功能的数字万用表来测量。

（3）代替检查法

对检测电容而言，代替检查法在具体实施过程中分成下列两种不同情况：

① 若怀疑某电容存在开路故障（或容量不够），可在电路中直接用一个好的电容与之并联，通电检验。

② 若怀疑电路中的电容是短路或漏电，则不能采用直接并联的方法，要断开所怀疑电容的一根引脚（或拆下该电容）后再用代替检查法检查。因为电容短路或漏电后，该电容两根引脚之间不再是绝缘的，使所并联的电容不起正常作用，就不能反映代替检查的正确结果。

[课后巩固]

1-3-1 在指定的电压 u、电流 i 参考方向下，写出图 1-34 所示元件 u 和 i 的关系。

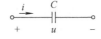

图 1-34 题 1-3-1 图

1-3-2 如果电容两端的电压和电流取非关联参考方向，试写出电容元件的伏安关系。

1-3-3 如图 1-35 所示电路，电容均为 10μF，求 ab 两端的等效电容。

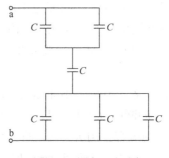

图 1-35 题 1-3-3 图

任务4 认识电感

[任务描述]

从分析自感现象中得到自感系数,接着认识电感实物,最后学习在电路中对电感的有关描述。在实际使用中要能对电感正确识别与检测。

[任务目标]

知识目标 掌握电感的电路符号、单位、电流与电压的关系、功率与能量的计算方法。
技能目标 正确识别和检测电感。

[知识准备]

一、分析自感现象

当回路中通有电流时,此电流产生的磁通量通过回路本身,如果回路中的电流、回路的形状或回路周围的磁介质发生变化,则通过回路所围面积的磁通量发生变化,同时,在自身回路中激起感应电动势,这种现象称为自感现象,这里的感应电动势称为自感电动势。

对于 N 匝线圈构成的导体回路,自感电动势为

$$e_L = -\frac{d\psi_L}{dt} = -\frac{d\psi_L}{di} \times \frac{di}{dt} = -L\frac{di}{dt} \tag{1-33}$$

式中,ψ_L 为线圈的磁通链数,简称为磁链,若每匝线圈中通过的磁通量均为 ϕ_L,则 N 匝线圈中通过的磁通量为 $N\phi_L = \psi_L$;$L = \frac{d\psi_L}{di}$ 为回路的自感系数,简称电感,它等于回路电流变化一个单位时,在回路本身所围面积内引起的磁链的改变值。如果回路的几何形状保持不变,而且在它周围的空间没有铁磁性物质,则 L 的大小与回路中的电流没有关系,为一个常数;如果周围存在铁磁性物质,则磁链与回路中的电流不呈线性关系。

从式(1-33)可以看出,当回路电流增加时,自感电动势的方向与回路电流的方向相反,感应电流产生的磁通量阻碍原电流的增加;反之,当回路电流减小时,自感电动势的方向与回路电流的方向相同,感应电流产生的磁通量阻碍原电流的减小。回路的自感越大,自感作用越强,回路中电流改变越不容易,因此回路的自感有使回路保持原有电流不变的性质。

二、认识电感实物

通常将导线绕制而成的线圈称为电感,电感的实物如图1-36所示。线圈中常充有各类磁介质,即用导线(漆包线、纱包线、裸铜线等)绕制在绝缘管或铁心、磁心上。工程中这类元件应用非常广泛,它们在电路中的主要作用是储存磁场能量。

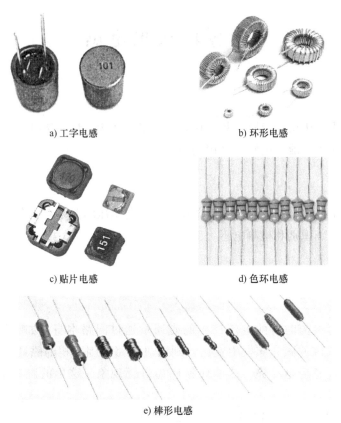

a) 工字电感　　　　b) 环形电感

c) 贴片电感　　　　d) 色环电感

e) 棒形电感

图 1-36　电感的实物

三、电感的韦安特性、电路符号和单位

电感是一个二端元件，它表征电感的磁场特性，用图 1-37a 所示的符号表示。磁链 ψ_L 与电流 i 的参考方向符合右手螺旋定则，其特性可以用 $\psi_L - i$ 平面上的曲线来描述。按照 $\psi_L - i$ 平面上曲线的不同情况，电感元件可以分为线性时不变、线性时变和非线性时变、非线性时不变四类。以下讨论线性时不变电感元件，简称为电感元件。此类元件在 $\psi_L - i$ 平面上的曲线为过原点的直线，图 1-37b 给出了线性电感元件的韦安特性。

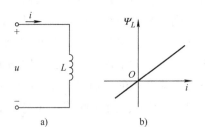

图 1-37　电感的电路符号与韦安特性曲线

在实际应用中根据线圈中的磁介质不同，常常将电感的电路符号具体表示为如图 1-38 所示的电路符号。

国际单位制（SI）中，电感的单位为亨利（H），还有毫亨（mH）、微亨（μH）、纳亨（nH），它们的换算关系为 $1H = 10^3 mH = 10^6 \mu H = 10^9 nH$。

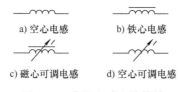

图 1-38 常见电感电路符号

四、分析电感元件的电压、电流关系

当电感元件两端的电压与电流采用关联参考方向时,电感元件的端电压与流过的电流间的关系可以根据式(1-33)求出:

$$u = -e_L = \frac{d\psi_L}{dt} = L\frac{di}{dt} \tag{1-34}$$

显然,电感元件端电压的大小与电流的变化率成正比,并与电感的大小有关,线性电感元件的电感为一个常数。当电流增加时,$\frac{di}{dt} > 0$,$u > 0$,当电流流过电感元件时,电感元件消耗电能,储存磁场能量;当电流减小时,$\frac{di}{dt} < 0$,$u < 0$,电流流过电感元件时,电感元件释放磁场能量,供给电路能量;当电流不变时,$\frac{di}{dt} = 0$,$u = 0$,电感元件两端不产生电压降,起短路作用,因此,在直流电路中,电感元件相当于短路。

五、计算电感元件的功率和能量

在关联参考方向下,电感元件吸收的功率为

$$p = ui = Li\frac{di}{dt} \tag{1-35}$$

电感线圈在 $0 \sim t$ 时间内,线圈中的电流由 0 变化到 i 时吸收的能量为(设 $i(0) = 0$)

$$W = \int_0^t p dt = \int_0^i Li di = \frac{1}{2}Li^2 \tag{1-36}$$

即电感元件在一段时间内储存的能量与其电流的二次方成正比,当电流增大时,电源向电感元件提供的能量增加,并转换为磁场能量储存在电感元件中;若电流减小,则磁场能量减小,电感元件将释放的磁场能量转换为其他形式的能量(如以电能形式将能量交还给电源,或以热能形式消耗于电阻元件上等)。所以电感元件和电容元件一样,也是一种储能元件,它以磁场能量的形式储能,同时电感元件也不会释放出多于它吸收或储存的能量,因此它也是一个无源元件。

[技能训练]

正确识别和检测电感

一、训练地点
教室、电工基础实训室。

二、训练器材
各种不同的电感、万用表。

三、训练内容与步骤

1. 识读电感的标称值

（1）色标法

色标法（也叫色码表示法）是用色环表示电感量。色标法是在电感表面涂上不同的色环来代表电感量（与电阻类似），通常用三个或四个色环表示。识别色环时，紧靠电感体一端的色环为第一环，露出电感体本色较多的另一端为末环。注意：用这种方法读出的色环电感量，默认单位为微亨（μH）。第一、二色环表示有效数字，第三色环表示倍率，第四色环为允许偏差。如图1-39所示，若色序为红、红、黑、银，则电感量为 $L = 22 \times 10^0 \mu H = 22 \mu H$，允许偏差为 ±10%。

（2）文字符号表示法

文字符号表示法如图1-40所示。采用文字符号表示法表示的电感通常是一些小功率电感，单位通常为nH或pH。用pH做单位时，"R"表示小数点；用"nH"做单位时，"N"表示小数点。如"6N8"表示电感量为6.8nH，"4R7"表示电感量为4.7μH。

（3）数码法

用数码法标称电感量如图1-41所示，一般用在贴片电感上，单位为μH。在图1-41中，470的含义是 $47 \times 10^0 \mu H = 47 \mu H$，允许偏差为 ±10%。

图1-39　电感的色标法

图1-40　电感的文字符号表示法

图1-41　电感的数码表示法

（4）直标法

即将电感量直接印在电感上，如图1-42所示。

图1-42　电感的直标法

2. 电感的测量及好坏判断

（1）电感的测量

将万用表打到蜂鸣二极管档，把表棒放在两引脚上，看万用表的读数。

（2）好坏判断

在万用表电阻档下，对于贴片电感此时的读数应为零，若万用表读数偏大或为无穷大，则表示电感损坏。对于匝数较多、线径较细的线圈读数会达到几十到时几百欧姆，通常情况下线圈的直流电阻只有几欧姆。

电感线圈损坏表现为发烫或电感磁环明显损坏,若电感线圈不是严重损坏,而又无法确定时,可用电感表测量其电感量或用替换法来判断。

电感的替换原则为:电感线圈必须原值替换(匝数相等,大小相同);贴片电感只需大小相同即可,还可用0Ω电阻或导线代换。

[课后巩固]

1-4-1 在指定的电压 u、电流 i 参考方向下,写出图1-43所示元件 u 和 i 的关系。

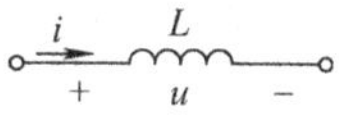

图1-43 题1-4-1图

1-4-2 试比较电阻、电容、电感元件的电压和电流关系。

任务5 认识电源

[任务描述]

从实际电源出发,抽象得出理想电源模型,接着引入另一理想电源——受控源。

[任务目标]

知识目标 1. 掌握独立电压源和独立电流源的电路符号和基本性质。
2. 掌握受控源的分类和电路符号。

技能目标 能够安全用电,并能进行触电急救和基本的电气火灾消防。

[知识准备]

一、认识独立电源

在组成电路的各种元件中,电源是提供电能或电信号的元件,常称为有源元件。发电机、干电池等都是实际中经常见到的电源。独立电源是实际电源的理想化模型,根据实际电源工作时的外特性,一般将独立电源分为电压源和电流源两种。

1. 认识电压源

(1) 实际电压源

实际电压源如大型电网、直流稳压电源、新的干电池及信号源等,内阻通常很小,在电路中工作时,端电压基本不随外电路的变化而变化。图1-44所示是电池及其外特性示意图。

当电路中负载变化时,流经电源的电流发生变化,随着电流的增大(即负载阻值减小),电池的端电压下降,但下降很小。这表明电池本身的内阻很小,消耗的电能也很少。这类电源常用电源的电动势与电源内阻的串联电路来等效,如图1-45a所示,实际电压源伏安特性曲线如图1-45b所示。

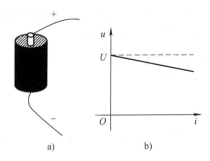

图 1-44 电池及其外特性示意图

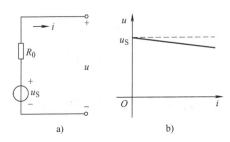

图 1-45 实际电压源模型及伏安特性曲线

(2) 理想电压源

当电源内阻远远小于外电路阻值时，可以认为内阻为零，端电压不随电流变化。相应地建立理想电压源模型为：理想电压源是一种理想的二端元件，元件的电压与通过的电流无关，总保持某给定的数值 U_S 或给定的时间函数 $u_S(t)$，常将理想电压源简称为电压源。$u_S(t)$ 是时间的函数，其符号如图 1-46a 所示。如果电压源的电压为定值 U_S，则称之为直流电压源，常用图 1-46b 表示。

图 1-47 所示为理想直流电压源的伏安特性曲线。从图中可以看出，电压源输出电压和所连接的电路无关，独立于电路之外，所以称为独立电源；对应于某一时刻，电压源流过的电流的大小和方向由与它连接的外部电路所确定。

图 1-46 理想电压源的电路符号　　图 1-47 理想直流电压源的伏安特性曲线

电压源的电压和通过电压源的电流的实际方向是相反的，此时电压源发出的功率为 $p(t) = u_S(t)i(t)$，起电源作用，此功率也是外电路吸收的功率。有时电压源的电压和通过电压源的电流的实际方向是相同的，此时电压源吸收功率，是电路的负载，如蓄电池充电。

电压源不接外电路时，电流总等于零值，这种情况称为"电压源开路"。当 $u_S = 0$ 时，电压源的伏安特性曲线为 $u-i$ 平面上的电流轴，输出电压等于零，这种情况称为"电压源短路"，实际中是不允许发生的。

2. 认识电流源

（1）实际电流源

实际电流源如光电池、交流电流互感器等，在电路中工作时，电源发出的电流基本不随外电路的变化而变化。图 1-48 所示是光电池外特性示意图，当有一定强度的光线照射时，光电池将被激发产生一定值的电流，此电流与光线强度成正比，而与它两端的电压基本无关。这类电源常用电源发出的电流与电源内阻的并联电路来等效，如图 1-49a 所示，实际电流源伏安特性曲线如图 1-49b 所示。

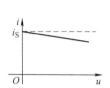

图 1-48 光电池外特性示意图

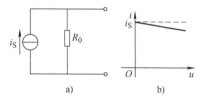

图 1-49 实际电流源模型及伏安特性曲线

（2）理想电流源

当电源内阻远远大于外电路阻值时，可以认为流经电源内阻支路的电流等于零，电源发出的电流不随端电压变化。相应地建立理想电流源模型为：理想电流源是一种理想的二端元件，元件的电流与它的电压无关，总保持某给定的数值 I_S 或给定的时间函数 $i_S(t)$。常将理想电流源简称为电流源，$i_S(t)$ 是时间的函数，与电压源类似，直流电流源 I_S 是一个常数。交流电流源的图形符号如图 1-50a 所示，直流电流源常用图 1-50b 表示。

图 1-51 所示是电流源的伏安特性曲线。可以看出，电流源输出的电流和所连接的电路无关，独立于电路之外，所以也称为独立电源；对应于某一时刻，电流源两端的电压的大小和极性由与它连接的外部电路确定。

与电压源相同，电流源的端电压和发出的电流的实际方向相反时，电流源发出功率 $p(t) = u(t)i_S(t)$，它也是外电路吸收的功率；电流源的端电压和发出的电流的实际方向相同时，电流源吸收功率。

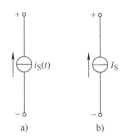

图 1-50 理想电流源电路符号

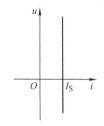

图 1-51 电流源的伏安特性曲线

电流源两端短路时，端电压等于零值，$i = i_S$，即电流源的电流为短路电流。当 $i_S = 0$ 时电流源的伏安特性曲线为 $u - i$ 平面上的电压轴，相当于"电流源开路"，实际中"电流源开路"是没有意义的。

一个实际电源在电路分析中，可以用电压源与电阻串联电路或电流源与电阻并联电路的模型表示，采用哪一种计算模型，依计算繁简程度而定，该问题将在等效变换中给予详细讲解。

二、认识受控电源

某些电路像电源一样输出稳定的电压或电流，但输出的电压或电流受电路另一部分的电压或电流控制，常见的有电子管的输出电压受输入电压的控制、晶体管的输出电流受基极输入电流的控制等，因此引入理想电路元件——受控源，来描述这类器件的工作性能。受电路中另一部分的电压或电流控制的电源称为受控电源，简称受控源，又称为非独立电源。

1. 受控源的分类

受控源主要用来表示电路内不同支路物理量之间的控制关系，它本身也是一种电路元件，将控制支路和被控制支路耦合起来，使两个支路中的电压和电流保持一定的数学关系。受控源是一个具有两对端钮的元件，由一对输入端钮施加控制量，称为输入端，一对输出端钮对外提供电压或电流，称为输出端。

按照受控变量与控制变量的不同组合，受控源可分为四类，即电压控制电压源（VCVS）、电流控制电压源（CCVS）、电压控制电流源（VCCS）和电流控制电流源（CCCS）。

2. 受控源的电路符号及特性

为区别于独立电源，用菱形符号表示其电源部分，以 u_1、i_1 表示控制电压、控制电流，μ、g、r、β 分别表示相关的控制系数，则四种电源的电路符号如图1-52所示。

四种电源的特性分别表示为

$$\text{VCVS} \quad u_2 = \mu u_1, \qquad \text{CCVS} \quad u_2 = r i_1$$
$$\text{VCCS} \quad i_2 = g u_1, \qquad \text{CCCS} \quad i_2 = \beta i_1$$

式中，μ、β 的量纲为1，r、g 分别具有电阻和电导的量纲。当这些量为常数时，被控制量和控制量成正比，这种受控源称为线性受控源。由图1-52可以看出，当控制量为电压时，输入电流为零，相当于输入端内部开路（见图1-52a、c）；当控制量为电流时，输入电压为零，相当于输入端内部短路（见图1-52b、d）。

实际电路中，如电子管电压放大器可以用VCVS构成电路模型，场效应晶体管电路可以用VCCS构成电路模型，他励式直流发电机可以用CCVS构成电路模型，晶体管电路可以用CCCS构成电路模型等。受控源反映了很多电子器件在工作过程中发生的控制关系，许多情况下可以用受控源元件建立电子器件的电路模型。

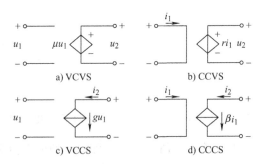

图1-52 受控源

3. 受控电源与独立电源的比较

独立电源不受电路中其他部分电压或电流的控制，能够独立地向网络提供能量和信号。

受控电源在电路中虽然能够提供能量和功率,但其提供的能量和功率取决于受控支路与控制支路的情况。当电路中不存在独立电源时,没有电源为控制支路提供电压和电流,此时的控制量为零,受控电源的电压、电流也为零,因此它不能作为电路独立的激励。

在绘制含受控源的电路图时,尽管受控源是四端元件,但一般情况下,控制量的两个端钮不在图中标出,但要明确标出控制量(电压或电流)、受控量(电压或电流)。如图1-53所示电路,包含一个CCCS,控制量I和受控量$0.98I$都明确标在电路图中。

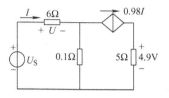

图1-53 含受控源电路

在求解具有受控源的电路时,可以把受控电压(电流)源作为电压(电流)源处理,但是要注意电源输出的电压(电流)的控制关系。

例1-6 求图1-53所示电路中的U值。

解: 先把受控电流源与独立电流源一样看待,即受控电流源所在支路的电流为$0.98I$,根据欧姆定律,5Ω电阻的电压为

$$U_{5\Omega} = 0.98I \times 5\text{V} = 4.9\text{V}$$

所以

$$I = \frac{4.9}{0.98 \times 5}\text{A} = 1\text{A}$$

$$U = 6\Omega \times I = 6 \times 1\text{V} = 6\text{V}$$

[技能训练]

技能训练　触电急救与电气火灾消防

一、训练地点

模拟触电事故现场、模拟电气火灾现场。

二、训练器材

1. 触电急救训练器材与工具

1)模拟的低压触电现场。

2)各种工具(含绝缘工具和非绝缘工具)。

3)体操垫1张。

4)心肺复苏急救模拟人。

2. 电气火灾消防训练器材与工具

1)模拟的电气火灾现场(在有确切安全保障和防止污染的前提下点燃一盆明火)。

2)本单位的室内消防栓(使用前要征得消防主管部门的同意)、水带和水枪。

3)干粉灭火器和泡沫灭火器(或其他灭火器)。

三、训练内容与步骤

1. 学习触电急救常识

（1）脱离电源

人在触电后可能由于失去知觉或超过人的摆脱电流而不能自己脱离电源，此时抢救人员不要惊慌，要在保护自己不被触电的情况下使触电者脱离电源。

① 如果接触电器触电，应立即断开近处的电源，可就近拔掉插头，断开开关或打开保险盒。

② 如果碰到破损的电线而触电，附近又找不到开关，可用干燥的木棒、竹竿、手杖等绝缘工具把电线挑开，挑开的电线要放置好，不要使人再触到。

③ 如一时不能实行上述方法，触电者又趴在电器上，可隔着干燥的衣物将触电者拉开。

④ 在脱离电源过程中，如触电者在高处，要防止其脱离电源后跌伤而造成二次受伤。

⑤ 在使触电者脱离电源的过程中，抢救者要防止自身触电。

（2）脱离电源后的判断

触电者脱离电源后，应迅速判断其症状，根据其受电流伤害的不同程度，采用不同的急救方法。

① 判断触电者有无知觉。

② 判断呼吸是否停止。

③ 判断脉搏是否搏动。

④ 判断瞳孔是否放大。

（3）触电的急救方法

1）口对口人工呼吸法。人生命的维持主要靠心脏跳动而产生血液循环，通过呼吸而形成氧气与废气的交换。如果触电者受伤害较严重，失去知觉，停止呼吸，但心脏微有跳动，就应采用口对口的人工呼吸法。具体做法是：

① 迅速解开触电者的衣服、裤带，松开上身的衣服、围巾等，使其胸部能自由扩张，不妨碍呼吸。

② 使触电者仰卧，不垫枕头，头先侧向一边，清除其口腔内的血块、假牙及其他异物等。

③ 救护人员位于触电者头部的左边或右边，用一只手捏紧其鼻孔，使其不漏气，另一只手将其下巴拉向前下方，使其嘴巴张开，嘴上可盖上一层纱布，准备接受吹气。

④ 救护人员做深呼吸后，紧贴触电者的嘴巴，向他大口吹气。同时观察触电者胸部隆起的程度，一般应以胸部略有起伏为宜。

⑤ 救护人员吹气至需换气时，应立即离开触电者的嘴巴，并放松触电者的鼻子，让其自由排气。这时应注意观察触电者胸部的复原情况，倾听口鼻处有无呼吸声，从而检查呼吸是否阻塞，如图1-54所示。

2）人工胸外挤压心脏法。若触电者伤害得相当严重，心脏和呼吸都已停止，人完全失去知觉，则需同时采用口对口人工呼吸和人工胸外挤压心脏两种方法。如果现场仅有一个人抢救，可交替使用这两种方法，先胸外挤压心脏4~6次，然后口对口呼吸2~3次，再挤压心脏，反复循环进行操作。人工胸外挤压心脏的具体操作步骤如下：

① 解开触电者的衣裤，清除口腔内异物，使其胸部能自由扩张。

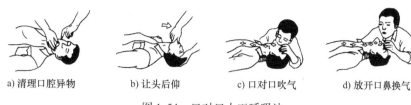

a) 清理口腔异物　　b) 让头后仰　　c) 口对口吹气　　d) 放开口鼻换气

图 1-54　口对口人工呼吸法

② 使触电者仰卧，姿势与口对口吹气法相同，但背部着地处的地面必须牢固。

③ 救护人员位于触电者一边，最好是跨跪在触电者的腰部，将一只手的掌根放在心窝稍高一点的地方（掌根放在胸骨的下 1/3 部位），中指指尖对准锁骨间凹陷处边缘，如图 1-55a 所示，另一只手压在那只手上，呈两手交叠状（对儿童可用一只手），如图 1-55b 所示。

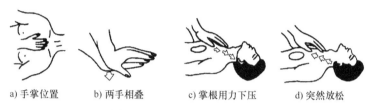

a) 手掌位置　　b) 两手相叠　　c) 掌根用力下压　　d) 突然放松

图 1-55　人工胸外挤压心脏法

④ 救护人员找到触电者的正确压点，自上而下，垂直均衡地用力挤压，如图 1-55c 所示，压出心脏里面的血液，注意用力要适当。

⑤ 挤压后，掌根迅速放松（但手掌不要离开胸部），使触电者胸部自动复原，心脏扩张，血液又回到心脏，如图 1-55d 所示。

2. 触电急救训练

（1）使触电者尽快脱离电源

① 在模拟的低压触电现场让一个学生模拟被触电的各种情况，要求学生两人一组选择正确的绝缘工具，使用安全快捷的方法使触电者脱离电源。

② 将已脱离电源的触电者按急救要求放置在体操垫上，学习"看、听、试"的判断办法。

（2）心肺复苏急救方法

① 要求学生在工位上练习人工胸外挤压心脏法和口对口人工呼吸法的动作和节奏。

② 让学生用心肺复苏模拟人进行心肺复苏训练，根据打印输出的训练结果检查学生急救手法的力度和节奏是否符合要求（若采用的模拟人无打印输出，可由指导教师计时和观察学生的手法以判断其正确性），直至学生掌握方法为止。

3. 电气火灾消防训练

（1）使用水枪扑救电气火灾

将学生分成数人一组，在模拟火场，让学生完成下列操作：

① 断开模拟电源。

② 穿上绝缘靴，戴好绝缘手套。

③ 跑到消防栓前，将消防栓门打开，将水带按要求滚开至火场，正确接驳消防栓与水枪，将水枪喷嘴可靠接地。

④ 持水枪并口述安全距离，然后打开消防栓开关将火扑灭。

（2）使用干粉灭火器和泡沫灭火器（或其他灭火器）扑救电气火灾

步骤如下：

① 点燃电气火灾现场易燃物模拟火场。

② 让学生手持灭火器对明火进行扑救（注意要求学生掌握正确的使用方法）。

③ 清理训练现场。

[课后巩固]

1-5-1　电路如图 1-56 所示，求 U_{AB} 的值。

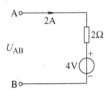

图 1-56　题 1-5-1 图

1-5-2　电路如图 1-57 所示，求电流源两端的电压 U。

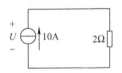

图 1-57　题 1-5-2 图

1-5-3　电路如图 1-58 所示，求受控源支路电流，并计算 3Ω 电阻消耗的功率。

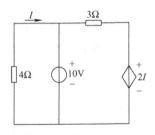

图 1-58　题 1-5-3 图

1-5-4　求图 1-59 各电路中的电压 U 及电流 I，并计算各元件消耗或发出的功率。

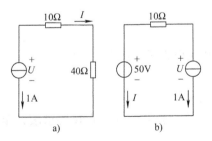

图 1-59　题 1-5-4 图

【项目考核】

项目考核单

学生姓名		教师姓名		项目1		
技能训练考核内容（35分）		仪器准备（10%）	电路连接（50%）	数据测试（40%）		得分
（1）直流电压表、直流电流表、万用表的使用（5分）						
（2）电流、电位、电压的测量（5分）						
（3）伏安特性测试（5分）						
（4）电阻的识别与检测（5分）						
（5）电感的识别与检测（5分）						
（6）电容的识别与检测（5分）						
（7）安全用电与触电急救（5分）			操作的步骤和规范性			
知识测验（65分）						
完成日期		年 月 日		总分		

附　知识测验

1. 用微积分的形式分别写出下列物理量的表达式。（10分，每个2分）
（1）$i =$　　　　　（2）$U_{AB} =$　　　　　（3）$e =$
（4）$p =$　　　　　（5）$W =$

2. 分别画出线性电阻元件的伏安特性曲线、线性电容元件的库伏特性曲线、线性电感元件的韦安特性曲线。（6分，每个2分）

3. 分别写出电阻元件、电容元件、电感元件的电流与电压之间的关系表达式。（6分，每个2分）

4. 分别画出实际电流源和实际电压源的模型。（4分，每个2分）

5. 受控电源有哪几种？分别画出它们的电路符号。（12分，每个3分）

6. 图1-60所示电路是某电路的一部分，图中已给出电流、电压的方向。请根据关联参考方向的规定，画出未标出的电流或电压的方向。（8分，每个2分）

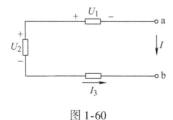

图1-60

7. 为了扩大量程为 $I_g = 30\mu A$、内阻为 $R_g = 1k\Omega$ 的电流表的量程为 $I_o = 5mA$，如图 1-61 所示，可以在表头的两端并接一个分流电阻 R，求 R 的值。（共 9 分，其中步骤 6 分，结果 3 分）

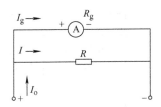

图 1-61

8. 如图 1-62 所示，将一块量程为 $50\mu A$、内阻为 $1k\Omega$ 的电流表，改装为具有 30V、100V、300V 三种量程的电压表，计算串接电阻 R_1、R_2、R_3 的阻值。（6 分，每个 2 分）

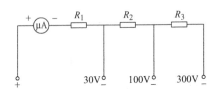

图 1-62

9. 求图 1-63 所示各电路中的电压 U 及电流 I，并计算各元件消耗或发出的功率。（12 分，每个 6 分）

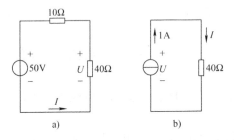

图 1-63

10. 图 1-64 所示电路中电容值均为 $20\mu F$，求等效电容。（5 分）

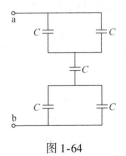

图 1-64

11. 求图 1-65 所示电路中受控源支路电流。(6 分)

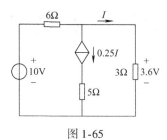

图 1-65

12. 测量电源电动势的电路如图 1-66 所示，$R_1 = 30\Omega$，$R_2 = 100\Omega$。（1）当开关 S_1 闭合、S_2 打开时，电流表的读数为 20mA；（2）当开关 S_1 打开、S_2 闭合时，电流表的读数为 10mA，求电源的电动势 U_S 和内阻 R_0。(8 分)

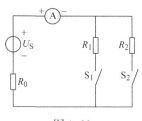

图 1-66

项目2　复杂直流电路的分析与测试

【项目描述】

基尔霍夫定律是分析复杂电路的基本定律，直接应用基尔霍夫定律可得到分析线性电路的基本方法——支路电流法；间接应用基尔霍夫定律可得到分析线性电路的其他方法，如回路电流法和节点电压法。还可应用电源等效变换、叠加定理和戴维南定理等分析复杂电路。

【项目目标】

掌握基尔霍夫定律并应用支路电流法分析复杂直流电路；了解回路电流法和节点电压法；能够利用电源等效变换、叠加定理和戴维南定理分析复杂直流电路；会测试恒压源的外特性；会连接电路测试基尔霍夫定律、叠加定理和戴维南定理。

【项目实施】

任务1　基尔霍夫定律的应用

[任务描述]

先对复杂电路进行描述，接着学习基尔霍夫定律的基本内容并通过实验检验它的正确性，最后总结得到支路电流法分析电路的步骤并具体应用它分析计算电路。

[任务目标]

知识目标　1. 掌握有关对复杂电路结构的基本描述。
　　　　　2. 掌握基尔霍夫定律的基本内容。
技能目标　会连接电路验证基尔霍夫定律。

[知识准备]

一、学习基尔霍夫定律的基本内容

只含有一个电源的串并联电路的电流、电压等的计算可以根据欧姆定律求出，但含有两个以上电源的电路，或者由电阻特殊连接构成的复杂电路的计算，仅靠欧姆定律是不能解决的。基尔霍夫定律是电路分析中十分重要的基本定律，它适用于任何电路的一般规律，由电路的电流关系汇总得到基尔霍夫电流定律，由电路的电动势、电压降的关系汇总得到基尔霍夫电压定律。

1. 描述复杂电路的结构

(1) 支路

一般地，电路中每个二端元件可视为一条支路，但是为了分析和计算上的方便，常常又把电路中流过同一个电流的几个元件互相串接组成的二端电路称为一条支路。例如图 2-1 所示电路，有 3 条支路（u_{S1}、R_1 为一条支路，u_{S2}、R_2 为一条支路，R_3 为一条支路）。流经任一支路的电流称为支路电流，如图 2-1 中的 i_1、i_2、i_3。任一支路两端的电压称为支路电压。

(2) 节点

电路中三条或三条以上支路的连接点称为节点。图 2-1 所示的电路中有两个节点 a、c，a、b 为一点，而 d、e 不称为节点。在电路图中，支路的交叉连接处以小圆点表示，例如图 2-2 所示的两条互相交叉的支路 ac、bd 实际不连接时，交叉处不是节点，不用小圆点表示。

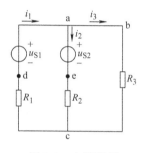

图 2-1 电路举例

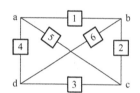

图 2-2 不连接的交叉电路

(3) 回路

由几条支路构成的封闭路径称为一个回路。例如在图 2-1 中，闭合路径 abcea、aecda、abcda 构成三个回路；在图 2-2 中，abda、abca、abcda 也构成三个回路。由于各支路中的电流一般不同，因此组成回路的各段电流不是同一个电流。

(4) 网孔

网孔是回路中的一种，它是相对于平面电路而言的。所谓平面电路，就是可画在一个平面上而没有任何支路交叠现象的电路。图 2-1 所示的电路是平面电路，而图 2-2 所示的电路则不是平面电路，而称为非平面电路。在平面电路中，如果回路平面内不含有其他支路，这样的回路称为网孔。在图 2-1 所示的电路中，有 abcea、aecda 两个回路是网孔，而回路 abcda 不是网孔。

2. 学习基尔霍夫电流定律

基尔霍夫电流定律（英文缩写为 KCL）的内容是：在集中参数电路中，对于电路中的任一节点，在任意时刻，流出该节点的电流之和等于流入该节点的电流之和。

按照电流的参考方向，若规定流出节点的电流取 "+" 号，流入节点的电流取 "-" 号，则基尔霍夫电流定律又可以表述为：对于电路中的任一节点，在任一时刻，流出（或流入）节点的各支路电流的代数和等于零。其数学表示式为

$$\sum i = 0 \tag{2-1}$$

例如，对于图 2-3 所示电路的 4 个节点，KCL 方程分别为

节点①　　$i_1 + i_4 - i_6 = 0$

节点②　　$-i_1 + i_2 + i_5 = 0$

节点③　　$-i_2 - i_3 + i_6 = 0$

节点④　　$i_3 - i_4 - i_5 = 0$

KCL 方程不仅适用于电路中的节点，也适用于电路中包围多个节点的任一闭合面，这里的闭合面可看作是广义节点。在图 2-4 中，点画线表示的闭合面包含电路 N_1，N_1 通过支路 1、支路 2、支路 3 与电路的其余部分连接，将式(2-1) 应用于此闭合面，规定流出此闭合面的电流取正号，流入此闭合面的电流取负号，则可以写出

$$i_1 + i_2 + i_3 = 0$$

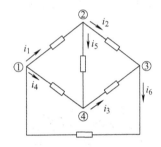
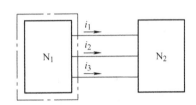

图 2-3　KCL 应用于电路　　　　　图 2-4　KCL 应用于闭合曲面

可以把节点视为闭合曲面趋于无限小的极限情况，这样，基尔霍夫电流定律可以表述为如下更普遍的形式：对于任一电路，在任一时刻，流出闭合曲面所包围的电路的各支路电流代数和等于零。

基尔霍夫电流定律仅仅涉及电路的电流，与电路元件的性质无关。从物理本质上来解释，基尔霍夫电流定律是电荷守恒原理在电路中的反映。

对于图 2-5 所示的电路，如果电路的两部分之间仅通过一根导线连接，根据基尔霍夫电流定律，流

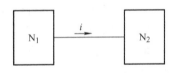

图 2-5　电路的两部分由一条导线连接

过导线的电流等于零，这说明只有在闭合的路径中才可能有电流通过。

注意：在列 KCL 方程时，必须先指定各支路电流的参考方向，并在图上明确标出，才能根据电流是流出或流入节点来确定它们在代数和中取" + "号或" − "号。

3. 学习基尔霍夫电压定律

基尔霍夫电压定律（英文缩写为 KVL）是用来确定连接在同一回路中各支路电压之间关系的。它表述为：在集中参数电路中，在任一时刻，沿任一回路的各支路电压的代数和等于零。其数学表示式为

$$\sum u = 0 \tag{2-2}$$

基尔霍夫电压定律是电压与路径无关这一性质在电路中的体现。正是由于电路中在任一时刻，从任一节点出发经不同的路径到达另外一个节点的电压相同，才有式(2-2) 成立。

为正确列出 KVL 方程，首先要给定各支路电压参考方向，其次必须指定回路的绕行方

向，当支路电压的参考方向与回路的绕行方向一致时，该电压前取"＋"号，相反时电压前取"－"号。回路的绕行方向用带箭头的虚线表示。

对于图2-6所示的电路，标定支路电压参考方向与回路绕行方向，于是回路Ⅰ与回路Ⅱ的KVL方程分别为

$$u_1 + u_4 - u_6 - u_3 = 0$$
$$u_2 + u_5 - u_7 - u_4 = 0$$

若对以上方程做适当移项，则有

$$u_1 + u_4 = u_3 + u_6$$
$$u_2 + u_5 = u_4 + u_7$$

对照电路可知，方程左边的各项相对于回路的绕行方向为电压降，右边各项则是电压升。因此，基尔霍夫电压定律还可表述为：在任一时刻，沿回路各支路电压降的和等于电压升的和。基尔霍夫电压定律也与电路元件的性质无关。

从基尔霍夫电压定律的物理本质上可以说明，该定律可以推广到虚拟回路。例如在图2-7中可以假想回路acba，其中的a、b端并未画出支路。对此回路沿图示方向，从a点出发，顺时针绕行一周，按图中规定的电压参考方向有

$$u_1 + u_2 - u_{ab} = 0$$

移项得到

$$u_{ab} = u_1 + u_2$$

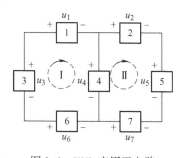

图2-6 KVL应用于电路

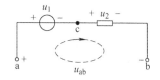

图2-7 KVL的推广

4. 基尔霍夫定律的应用步骤

1）假设各支路电流参考方向，写出KCL方程。
2）规定回路绕行方向，写出KVL方程。
3）求解KCL、KVL联立方程组。

需要注意的是电流与电压的正负号应当按照基尔霍夫定律的符号规定进行确定。

例2-1 图2-8所示电路由三个电源及三个电阻组成，求支路电流。

解：标定支路电流参考方向如图2-8所示，应用KCL写出节点电流方程为

对节点a　　$-I_1 + I_2 - I_3 = 0$　　①
对节点b　　$I_1 + I_3 - I_2 = 0$　　②

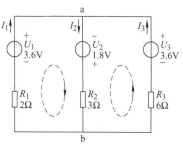

图2-8 例2-1电路图

显然两个方程相同，因此仅有一个节点电流方程。

标定回路绕行参考方向，应用 KVL 写出回路电压方程为

$$I_1R_1 - U_1 - U_2 + I_2R_2 = 0$$
$$I_3R_3 - U_3 - U_2 + I_2R_2 = 0$$

代入数据得

$$2I_1 - 3.6 - 1.8 + 3I_2 = 0$$
$$6I_3 - 3.6 - 1.8 + 3I_2 = 0$$

即

$$2I_1 + 3I_2 = 5.4 \quad ③$$
$$6I_3 + 3I_2 = 5.4 \quad ④$$

与①式联立求解，得 $I_1 = 0.9\text{A}$，$I_2 = 1.2\text{A}$，$I_3 = 0.3\text{A}$。

上面应用基尔霍夫定律对电路进行分析计算的过程其实就是支路电流法分析电路的基本步骤。下面学习支路电流法。

二、基尔霍夫定律的直接应用——支路电流法分析复杂直流电路

1. 线性网络方程的独立性

通过对实际电路的分析可以得到如下结论：

1) 一般地，具有 n 个节点的网络，按 KCL 只能写出 $n-1$ 个独立方程，对应的 $n-1$ 个节点称为独立节点，剩余的一个节点称为参考节点。

2) 一般地，具有 n 个节点、b 条支路的网络，按 KVL 只能写出 $l = [b-(n-1)]$ 个独立方程。为了保证 KVL 方程的独立性，通常可选取网孔来列 KVL 方程，或保证每次选取的回路都至少包含一个新的支路。

综上所述，具有 n 个节点、b 条支路的网络，有 $l = [b-(n-1)]$ 个独立的 KVL 方程，$n-1$ 个独立的 KCL 方程，整个电路独立方程的总个数为 b 个。

2. 支路电流法

以支路电流为求解变量，由支路方程求解电路的方法称为支路电流分析法，简称支路电流法。对于 n 个节点、b 条支路的网络，选取 b 个支路电流为变量，写出 $n-1$ 个独立的 KCL 方程，$l = [b-(n-1)]$ 个用电流表示支路电压的 KVL 方程，求解出各支路电流，再求得支路电压的方法，称为支路电流分析法。

利用支路电流法进行网络分析计算的主要步骤为：

1) 标定各支路电流的参考方向，指定参考节点。
2) 选择 $b-(n-1)$ 个独立的回路（通常取网孔），标定各回路绕行方向。
3) 对各独立节点列出 $n-1$ 个 KCL 方程。
4) 对各独立回路列出 $b-(n-1)$ 个 KVL 方程。
5) 联立求解上述 b 个独立方程，求出各支路的电流。
6) 根据需要，求解各支路的电压及功率等。

例 2-2 在图 2-9 所示电路中，求：(1) 各支路的电流；(2) 15Ω 电阻的端电压；(3) 各元件的功率。

解：(1) 计算各支路的电流。标定各支路电流的参考方向如图 2-9 所示，以节点 b 为参考节点，对独立节点 a 列出 KCL 方程。选取两个网孔，以顺时针绕行方向列出 3-(2-1)=2 个独立的 KVL 方程，得到

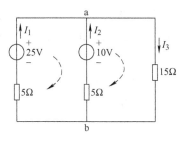

图 2-9 例 2-2 图

$$\begin{cases} -I_1 - I_2 + I_3 = 0 \\ 5I_1 - 5I_2 = 25 - 10 \\ 5I_2 + 15I_3 = 10 \end{cases}$$

解联立方程，得

$$I_1 = 2\text{A}, \ I_2 = -1\text{A}, \ I_3 = 1\text{A}$$

I_2 为负值，表明该支路电流的实际方向与标定的方向相反，10V 电源被充电。

（2）计算 15Ω 电阻的端电压。15Ω 电阻的端电压为

$$U_3 = 15\Omega \times I_3 = 15 \times 1\text{V} = 15\text{V}$$

（3）计算各元件的功率。两个电源发出的功率为

$$P_{25\text{V}} = -25\text{V} \times I_1 = -25 \times 2\text{W} = -50\text{W}$$
$$P_{10\text{V}} = -10\text{V} \times I_2 = -10 \times (-1)\text{W} = 10\text{W}$$

可见第一条电源支路发出功率，第二条电源支路吸收功率。

负载吸收的功率为

$$P_1 = 5\Omega \times I_1^2 = 5 \times 2^2 \text{W} = 20\text{W}$$
$$P_2 = 5\Omega \times I_2^2 = 5 \times (-1)^2 \text{W} = 5\text{W}$$
$$P_3 = 15\Omega \times I_3^2 = 15 \times 1^2 \text{W} = 15\text{W}$$

显然整个电路功率平衡，即发出的功率等于吸收的功率。

从上例中可以看出，支路电流法要求 b 个支路电压均能用相应的支路电流表示，当一条支路仅含电流源而不存在与之并联的电阻时，可以采用如下方法处理：将电流源两端的电压作为一个求解变量列入方程，同时增加一个辅助方程，即电流源所在支路的电流等于电流源的电流，然后求解联立方程。

例 2-3 电路如图 2-10 所示，试求流经 10Ω、15Ω 电阻的电流及电流源两端的电压。

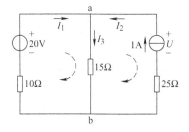

图 2-10 例 2-3 图

解：标定各支路电流的参考方向如图 2-10 所示，I_2 等于电流源的电流。设电流源的端电压为 U，对节点 a 列出 KCL 方程，以顺时针绕行方向对两个网孔列出 KVL 方程，得到

$$\begin{cases} -I_1 - I_2 + I_3 = 0 \\ 10I_1 + 15I_3 = 20 \\ -25I_2 - 15I_3 = -U \end{cases}$$

增加辅助方程 $I_2 = 1\text{A}$，解联立方程得

$$I_1 = 0.2\text{A}, \quad I_3 = 1.2\text{A}, \quad U = 43\text{V}$$

[技能训练]

技能训练　连接电路验证基尔霍夫定律

一、训练地点

电工基础实训室。

二、训练器材

输出 15V 和 12V 的直流稳压电源、数字电压表、多量程直流电流表；线性电阻：330Ω（2 个）、51Ω、200Ω、100Ω；万用表。

三、训练内容与步骤

1. 验证基尔霍夫电流定律

按图 2-11 所示电路接线，直流稳压电源 $U_{S1} = 15\text{V}$，$U_{S2} = 12\text{V}$，将多量程电流表分别串入三条支路中（以电流表分别取代 Ff、Aa 和 Bb 间的连线），测定三个支路的电流 I_1、I_3 和 I_2。将所测数据填入表 2-1 中，并观察计算所测得数据之间的关系。

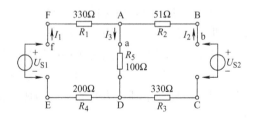

图 2-11　基尔霍夫定律验证电路

表 2-1　基尔霍夫电流定律

I_1/mA	I_2/mA	I_3/mA	$\sum I$/mA（A 点）	U_{S1}/V	U_{S2}/V

2. 验证基尔霍夫电压定律

在图 2-11 所示电路中，用数字电压表分别测定回路 ABCDA 和回路 ADEFA 的各段电压，并计算出回路总电压 $\sum U$，填入表 2-2 中，分析所得电压数据。

表 2-2 基尔霍夫电压定律

回路 ABCDA	U_{AB}/V	U_{BC}/V	U_{CD}/V	U_{DA}/V	$\sum U/V$
回路 ADEFA	U_{AD}/V	U_{DE}/V	U_{EF}/V	U_{FA}/V	$\sum U/V$

注意：

1）接入电流表时，要注意量程的选择（量程的选择取决于对通过电流值的估算，以电源电压除以途径的电阻阻值，即可得出流过电流的数量级），同时要注意电源和电表的极性不要接错。

2）在记录电表数值时，要注意参考方向与测量方向一致时取正号，相反时取负号。

[课后巩固]

2-1-1 列出图 2-12 所示电路中的 KCL 方程和 KVL 方程。

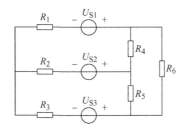

图 2-12 题 2-1-1 图

2-1-2 应用支路电流法列出图 2-13 所示电路中各支路的电流方程。

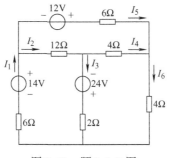

图 2-13 题 2-1-2 图

2-1-3 用支路电流法求图 2-14 所示电路中各支路的电流。

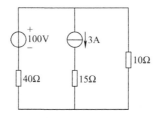

图 2-14 题 2-1-3 图

任务 2　复杂电阻电路的等效变换

[任务描述]

先明确等效电路和等效变换的概念，接着对混联电阻进行等效变换，然后了解 Y 联结和 △ 联结电阻的等效变换，最后专门训练利用万用表测量电阻。

[任务目标]

知识目标　1. 了解等效电路和等效变换的概念。
　　　　　　2. 掌握电阻混联等效变换的方法。
　　　　　　3. 了解 Y 联结和 △ 联结电阻的等效变换。
技能目标　熟练使用万用表测量电阻。

[知识准备]

一、等效电路和等效变换的概念

1. 二端等效电路

如图 2-15 所示，电路 N_1 和 N_2 都通过两个端钮与外部电路相连接，N_1 和 N_2 内部的电路不一定相同，但如果它们端口处的电压、电流关系完全相同，从而对连接到其上的同样的外部电路作用效果相同，那么就说这两个二端电路是等效的。端口处电压、电流的相同关系不受二端电路所连接的外部电路的限制。

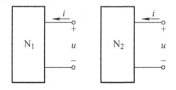

图 2-15　二端等效电路

上述关于等效电路的概念，可以推广到三个或三个以上端钮的多端电路。

2. 等效变换

在对电路分析和计算时，将电路中的某一部分用其等效电路替代，并确保未被替代部分的电压和电流保持不变，这种变换称为等效变换。等效是针对端口处的电压与电流的关系而言的，当用等效电路的方法求解电路时，电压和电流保持不变的部分限于等效电路以外，是指对外部电路的作用效果等效，即外部特性的等效。等效电路与被其代替的那部分电路结构是不同的。

二、电阻混联等效变换

混联也称为串—并联连接，是由串联电阻和并联电阻组合而成的电路。这种连接方式在实际中应用广泛，形式多样。由于电路的串联部分具有串联电路的特性，并联部分具有并联电路的特性，因此可以运用线性电阻元件串联和并联的规律，围绕指定的端口逐步化简原电路，以求解二端电路的等效电阻，以及电路中各部分的电压、电流等问题。

若干线性电阻元件互相连接组成的二端电路的等效电阻,就是用一个线性电阻元件表示原二端电路,该电阻元件的电阻应当满足两电路具有相同的端口电压与电流关系,等效电阻可定义为

$$等效电阻 R = \frac{端口电压\ u}{端口电流\ i} \tag{2-3}$$

这里 u 和 i 的方向对二端电路而言是关联参考方向。

如图 2-16 所示的电路是一个线性电阻元件混联的例子。

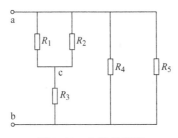

图 2-16 电阻的混联

从 ab 端口看,R_1 和 R_2 并联后与 R_3 串联,然后与 R_4 和 R_5 的并联电路再并联在一起。R_1 和 R_2、R_3 连接的等效电阻为

$$R' = \frac{R_1 R_2}{R_1 + R_2} + R_3$$

ab 端口的等效电阻为

$$R = \frac{1}{\frac{1}{R'} + \frac{1}{R_4} + \frac{1}{R_5}} = \frac{R' R_4 R_5}{R' R_4 + R' R_5 + R_4 R_5}$$

电阻元件之间的连接关系与所讨论的端口有关。例如在图 2-16 所示的电路中,对 ac 端口而言,串并联关系为 R_4 和 R_5 并联后与 R_3 串联,然后与 R_1 和 R_2 的并联电路再并接在一起,与 ab 端口的串并联关系不同。因此等效变换时,必须明确待求端口。一般地,电阻电路等效变换分析电路的步骤为:

1) 确定待求的端口。
2) 分析串并联关系,画出等效电路。
3) 利用串联、并联电阻的计算公式求出相对于给定端口的等效电阻。
4) 利用欧姆定律求出端口的电压(或电流)。
5) 求解待求电阻的电流或电压。

例 2-4 电路如图 2-17a 所示,求 ab 两端口的等效电阻。

解:先求得 cdb 支路等效电阻为 4Ω,再与 cb 间 4Ω 电阻并联的等效电阻为 2Ω,如图 2-17b 所示,然后与 ac 间 2Ω 电阻串联的等效电阻为 4Ω,最后与 ab 间 4Ω 电阻并联的等效电阻为 2Ω,即

$$R_{cb} = \frac{4 \times (2+2)}{4 + (2+2)} \Omega = 2\Omega$$

$$R_{ab} = \frac{4\Omega \times (2\Omega + R_{cb})}{4\Omega + (2\Omega + R_{cb})} = \frac{4 \times (2+2)}{4 + (2+2)} \Omega = 2\Omega$$

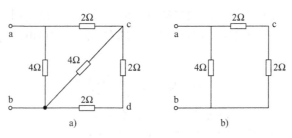

图 2-17 例 2-4 图

在利用串联和并联规则逐步化简电路的过程中，所涉及的两个端钮要始终保留在电路中，一旦清楚了连接关系应随时化简，直至将电路化为最简为止。当元件的参数和连接方式具有某种对称形式时，可以利用等电位点间无电流的特点简化电路。

例 2-5 如图 2-18a 所示的电桥电路，已知 $R_1 = R_2 = 100\Omega$，$R_3 = R_4 = 150\Omega$，试求该电路 ac 端口的等效电阻 R_{ac}。

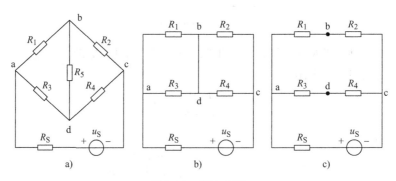

图 2-18 例 2-5 图

解：方法一，在图 2-18a 所示电路中，由于 $R_1 = R_2 = 100\Omega$，$R_3 = R_4 = 150\Omega$，根据分压原理可以断定 b、d 两点等电位，电阻 R_5 相当于短路，电路图可以画为图 2-18b 所示电路。

$$R_{ac} = \frac{R_1 R_3}{R_1 + R_3} + \frac{R_2 R_4}{R_2 + R_4} = \frac{100 \times 150}{100 + 150} \times 2\Omega = 120\Omega$$

方法二，在图 2-18a 所示电路中，由于电路的对称性，可以断定 b、d 两点等电位，电阻 R_5 无电流流过，相当于开路，电路图可以画为图 2-18c 所示电路。

$$R_{ac} = \frac{(R_1 + R_2)(R_3 + R_4)}{R_1 + R_2 + R_3 + R_4} = \frac{(100 + 100) \times (150 + 150)}{(100 + 150) \times 2}\Omega = 120\Omega$$

显然两种等效方法计算结果相同。

三、Y 联结和 △ 联结电阻的等效变换

如图 2-19a 所示，三个电阻元件的一端连接在一起，另一端分别连接到电路的三个节点上，这种连接方式称为星形联结，简称 Y 联结。图 2-19b 中，三个电阻元件首尾相接，连成一个三角形，这种连接方式称三角形联结，简称 △ 联结，三角形的三个顶点是电路的三个节点。

Y 联结和 △ 联结都是通过三个节点与外部相连。在图 2-18a 中，一般情况下电阻 R_5 中

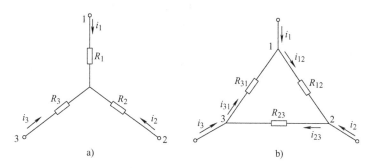

图 2-19 丫联结和△联结

的电流不等于零,此时 R_1、R_2 和 R_5 是丫联结,R_3、R_4 和 R_5 是丫联结,R_1、R_3 和 R_5 是△联结,R_2、R_4 和 R_5 是△联结。

三角形联结和星形联结的电阻之间的等效变换是一个三端网络的等效变换问题。在图 2-19 中当两种联结的电阻之间满足一定关系时,具有相同的端钮电压与电流关系,即它们对应的节点间有相同的电压 u_{12}、u_{23}、u_{31} 时,从外电路流入对应节点的电流 i_1、i_2、i_3 也必须分别对应相等。这是两种联结的等效变换条件,根据这个要求,可以求出两种联结方式等效变换的关系式。

下面只给出推导得出的结论:

$$\begin{cases} 丫联结电阻 = \dfrac{△联结相邻电阻的乘积}{△联结电阻之和} \\ △联结电阻 = \dfrac{丫联结电阻两两乘积之和}{丫联结不相关端口电阻} \end{cases} \quad (2\text{-}4)$$

若△联结的三个电阻相等,即 $R_{12} = R_{23} = R_{31} = R_\triangle$,则等效变换后丫联结的三个电阻满足:

$$R_1 = R_2 = R_3 = R_\curlyvee = \frac{R_\triangle}{3}$$

反过来,若丫联结的三个电阻相等,即 $R_1 = R_2 = R_3 = R_\curlyvee$,则等效变换后△联结的三个电阻满足:

$$R_{12} = R_{23} = R_{31} = R_\triangle = 3R_\curlyvee$$

[技能训练]

技能训练 利用万用表测量电阻

一、训练地点

教室、电工基础实训室。

二、训练器材

万用表 1 块,10 个不同阻值的色环电阻。

三、训练内容与步骤

1)将 10 个电阻插在硬纸板上。根据电阻上的色环,写出它们的标称值。

2）将万用表按要求调整好，并置于 $R \times 100$ 档，将电阻档零位调整旋钮调至零。

3）分别测量 10 个电阻的阻值，将测量值写在电阻旁，测量时注意读数应乘以倍率。

4）若测量时指针偏角太大或太小，则应换档后再测。换档后应再次调零才能使用。

5）相互检查。10 个电阻中你测量正确的有几个？将测量值和标称值相比较了解各电阻的误差。

6）按要求收好万用表。

[课后巩固]

2-2-1 电路如图 2-20 所示，求 A、B 间的等效电阻为多少？若在 A、B 间加如图所示的 10V 电压 U，则电流 I 为多少？

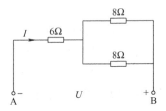

图 2-20 题 2-2-1 图

2-2-2 求图 2-21 所示电路中的等效电阻 R_{ab}。

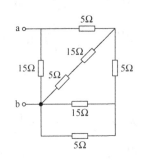

图 2-21 题 2-2-2 图

2-2-3 电路如图 2-22 所示，已知 $R_1 = R_2 = 1\Omega$，$R_3 = R_4 = 2\Omega$，$R_5 = 4\Omega$，试求开关闭合和断开时的等效电阻 R_{ab}。

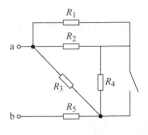

图 2-22 题 2-2-3 图

任务3 电源的等效变换

[任务描述]

先对两种电源模型进行等效变换,接着研究电源串并联的等效电路,最后动手实践,测试直流稳压源的外特性(即伏安特性)。

[任务目标]

知识目标 1. 掌握电流源与电压源等效变换的条件。
2. 掌握电源支路串并联等效的方法。

技能目标 会测试直流稳压源的外特性。

[知识准备]

一、两种电源模型的等效变换

在项目1中讨论过,一个实际电源可以用理想电压源与电阻串联组合作为其电路模型,也可以用理想电流源与电阻并联组合作为其电路模型,两种电源模型等效变换的条件是端口的电压、电流关系完全相同,即当它们对应的端口具有相同的电压时,端口电流必须相等。

在图2-23所示电路中,两种模型对应的端口电压均为u,等效变换的条件是端口电流必须相等,即均等于i,由KVL可知,图2-23a电压源模型的端口电压、电流关系为

$$u + iR_S - u_S = 0$$

即

$$i = \frac{u_S}{R_S} - \frac{u}{R_S}$$

由KCL可知,图2-23b电流源模型的端口电压、电流关系为

$$i = i_S - G_S u$$

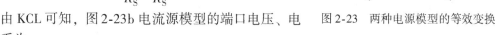

图2-23 两种电源模型的等效变换

比较两式得到

$$i_S = \frac{u_S}{R_S}, \quad G_S = \frac{1}{R_S} \tag{2-5}$$

式(2-5)为两种电源等效变换的条件。

在对两种电源模型进行等效变换时应注意理解以下几点:

1)应用式(2-5)时,电压源的电动势u_S和电流源的电流i_S的参考方向在变换前后应保持对外电路等效,即i_S的参考方向与u_S由负极指向正极的电流i方向一致。

2)两种电源模型的相互变换,可进一步理解为对含源支路的等效变换,即一个电压源与电阻的串联组合和一个电流源与电导的并联组合之间可以进行等效变换,这个电阻或电导不一定是电源的内阻或内电导。

3）一般情况下，两种电源等效模型内部功率情况不同，但对于外电路，它们吸收或提供的功率总是一样的。

4）理想电压源的特点是在任何电流下保持端电压不变，因此当一个理想电压源和一个二端元件（如电阻、电流源）并联时，对于外电路，等效于一个电压源。如图 2-24a 所示，在进行电路分析时，可将与电压源并联的元件开路，简化电路。

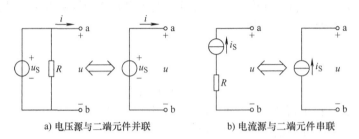

a) 电压源与二端元件并联　　　　b) 电流源与二端元件串联

图 2-24　电源与二端元件的连接

5）理想电流源的特点是在任何电压下保持电流不变，因此当一个电流源和一个二端元件串联时，对于外电路，等效于一个电流源。如图 2-24b 所示，在进行电路分析时，可将与电流源串联的元件短路，简化电路。需要注意的是，理想电压源和理想电流源之间没有等效关系。

二、电源支路的串并联等效变换

1. 电压源串联

几个电压源串联时，可以简化成一个等效的电压源支路。如图 2-25a 所示，两个电压源支路相串联，其中一条支路由电压源 u_{S1} 和电阻 R_1 串联构成，另一条支路由电压源 u_{S2} 和电阻 R_2 串联构成。在这个电路中，根据 KVL 可知

$$u = u_{S1} - iR_1 + u_{S2} - iR_2$$
$$= (u_{S1} + u_{S2}) - i(R_1 + R_2)$$

令 $u_S = u_{S1} + u_{S2}$，$R_S = R_1 + R_2$，则得到等效的电压源支路，如图 2-25b 所示。

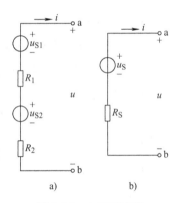

2. 电流源并联

几个电流源并联时，可以简化成一个等效的电流源支路。

图 2-25　电压源串联

如图 2-26a 所示，两个电流源支路相并联，其中一个由电流源 i_{S1} 与电导为 G_1 的电阻并联构成，另一个由电流源 i_{S2} 与电导为 G_2 的电阻并联构成。在这个电路中，根据 KCL 可知

$$i = i_{S1} - uG_1 + i_{S2} - uG_2 = (i_{S1} + i_{S2}) - u(G_1 + G_2)$$

令 $i_S = i_{S1} + i_{S2}$，$G_S = G_{S1} + G_{S2}$，则得到等效的电流源支路，如图 2-26b 所示。

3. 电压源支路并联

如图 2-27a 所示，可以用等效电流源支路代替原来的电压源支路，得到图 2-27b 所示的等效电路，并且有

$$i_{S1} = \frac{u_{S1}}{R_1},\ i_{S2} = \frac{u_{S2}}{R_2},\ G_1 = \frac{1}{R_1},\ G_2 = \frac{1}{R_2}$$

合并电流源支路得到图 2-27c 所示的等效电路，并且有

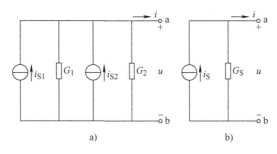

图 2-26 电流源并联

$$i_S = i_{S1} + i_{S2}, \quad G_S = G_1 + G_2$$

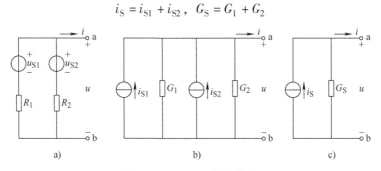

图 2-27 电压源支路并联

4. 电流源支路串联

如图 2-28a 所示，可以分别用等效的电压源支路代替原来的电流源支路，得到图 2-28b，再把两个电压源合并，得到一个等效电压源，如图 2-28c 所示。

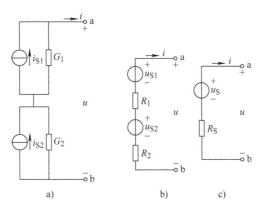

图 2-28 电流源支路串联

注意：若要将两个没有串联电阻的电压源并联，要求电压源的电压值必须相等，它们并联以后仍等于一个相同电压值的电压源。当电压值不等的两个电压源并联，不满足 KVL 时，无解。同样，两个没有并联电阻的电流源串联，也有类似的情况。

例 2-6 电路如图 2-29a 所示，利用电源等效变换求支路电流 I。

解：首先将电路左端的电压源和电阻串联支路等效变换为电流源和电阻并联的电路，等效电路如图 2-29b 所示。

根据 KCL 合并两个电流源，同时利用电阻串并联等效变换，化简电路如图 2-29c 所示。

再将图 2-29c 中左、右两端电流源和电阻并联部分等效变换为电压源和电阻串联的电路，等效电路如图 2-29d 所示。

由 KVL 列方程得 $I - 9 + 2I + 4 + 7I = 0$

因此求得 $I = 0.5\text{A}$

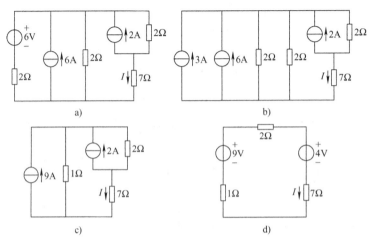

图 2-29 例 2-6 图

例 2-7 电路如图 2-30a 所示，求电压 U_{ab}。

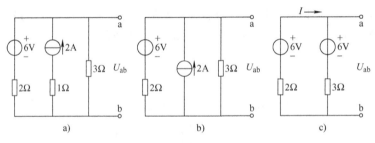

图 2-30 例 2-7 图

解：首先将与电流源串联的电阻短路，得到等效电路如图 2-30b 所示；再将电流源与电阻并联支路等效化为电压源和电阻串联支路，得到等效电路如图 2-30c 所示。

由 KVL 列方程得 $2I - 6 + 6 + 3I = 0$

故电流 $I = 0$，所以 $U_{ab} = 6\text{V}$。

[技能训练]

技能训练　测试直流稳压源的外特性

一、训练地点

电工基础实训室。

二、训练器材

直流电压表、直流毫安表、直流稳压源 0～30V、电阻、电位器。

三、训练内容与步骤

1. 测试理想电压源的外特性

按图 2-31 所示电路接线,U_S 为 6V 直流稳压电源,调节电位器 R_2,令其阻值由大至小变化,记录两表的读数,填入表 2-3 中。

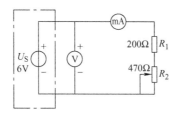

图 2-31 测试理想电压源的外特性

表 2-3 理想电压源测量值

U/V							
I/mA							

2. 测试实际电压源的外特性

按图 2-32 所示电路接线,点画线框可模拟为一个实际的电压源,调节电位器 R_2,令其阻值由大到小变化,读取两表的数据,填入表 2-4 中。

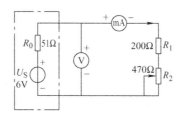

图 2-32 测试实际电压源的外特性

表 2-4 实际电压源测量值

U/V							
I/mA							

注意:

1)在测电压源外特性时,不要忘记测空载时的电压值。

2)换接线路时,必须关闭电源开关。

3)接入直流仪表时应注意极性与量程。

[课后巩固]

2-3-1 图 2-33 所示为一实际的电压源,若将它转换为电流源,求电流源的 I_S 和 R_0。

2-3-2 电路如图 2-34a 所示,将其等效为图 2-34b 所示的电流源,求电流源的 I_S 和 R_0。

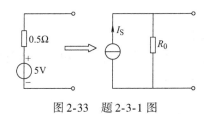

图 2-33 题 2-3-1 图

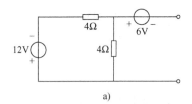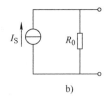

a) b)

图 2-34 题 2-3-2 图

2-3-3 将图 2-35 中的两图分别化简成为实际电压源模型。

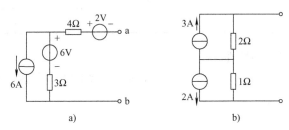

a) b)

图 2-35 题 2-3-3 图

2-3-4 电路如图 2-36 所示，试画出各二端网络的对外最简等效电路。

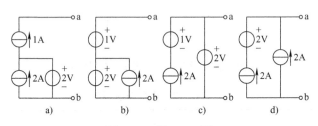

a) b) c) d)

图 2-36 题 2-3-4 图

2-3-5 试用电源模型等效变换方法，将图 2-37 所示电路等效化简为一个电压源模型。

2-3-6 电路如图 2-38 所示，用电源等效变换的方法求 7Ω 电阻支路的电流。

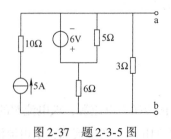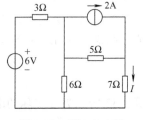

图 2-37 题 2-3-5 图 图 2-38 题 2-3-6 图

任务 4　叠加定理的应用

[任务描述]

在深刻理解叠加定理基本内容的基础上，应用叠加定理分析计算复杂直流电路并通过实验检验它的正确性。

[任务目标]

知识目标　1. 理解叠加定理的基本内容。
　　　　　　2. 掌握应用叠加定理分析复杂直流电路的方法。
技能目标　会连接电路验证叠加定理。

[知识准备]

一、学习叠加定理

叠加定理是线性电路的一个基本定理，它体现了线性网络的基本性质，在网络理论中占有重要的地位，是分析线性电路的基础，线性电路中的许多定理可以由叠加定理导出。

叠加定理可以表述为：当线性电路中有两个或两个以上的独立电源作用时，任意支路的电流（或电压）响应，等于电路中每个独立电源单独作用下在该支路中产生的电流（或电压）响应的代数和。

一个独立电源单独作用意味着其他独立电源不作用，即不作用的电压源的电压为零，不作用的电流源的电流为零。电路分析中可用短路代替不作用的电压源，而保留实际电源的内阻在电路中；可用开路代替不作用的电流源，而保留实际电源的内电导在电路中。

需要注意的是，当电路中存在受控源时，由于受控源不能够像独立电源一样单独产生激励，因此要将受控源保留在各分电路中，应用叠加定理进行电路分析（本书不对含受控源的电路举例分析）。

叠加定理常用于分析电路中某一电源的影响。用叠加定理计算复杂电路时，要把一个复杂电路化为几个单电源电路进行计算，然后把它们叠加起来，电压或电流的叠加要按照标定的参考方向进行。因为电流与功率不成线性关系，因此功率必须根据元件上的总电流和总电压计算，而不能够按照叠加定理计算。

二、应用叠加定理分析复杂直流电路

综上所述，应用叠加定理进行电路分析时，应注意以下几点：

1）叠加定理只适用于线性电路，不适用于非线性电路。

2）叠加时各分电路中的电压和电流的参考方向可选取与原电路参考方向相同。

3）在叠加的各分电路中，不作用的电压源置零，即在该电压源处用短路代替；不作用的电流源置零，即在该电流源处用开路代替；所有电阻不予变动。

4）受控源保留在各分电路中。

5）不能用叠加定理直接计算功率。

下面举例说明应用叠加定理分析复杂直流电路的过程。

例 2-8 电路如图 2-39 所示，求 R_2 上的电流 i_2。

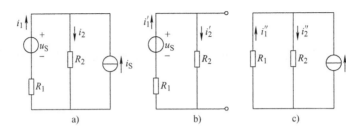

图 2-39　例 2-8 图

解：若将图 2-39a 中独立电流源 i_S 置零（开路），即 i_S 不作用只有 u_S 单独作用时，等效电路如图 2-26b 所示，则电阻 R_2 中流过的电流为

$$i_2' = \frac{u_S}{R_1 + R_2}$$

若将图 2-39a 中电压源 u_S 置零（短路），即 u_S 不作用只有 i_S 单独作用时，等效电路如图 2-39c 所示，则电阻 R_2 中流过的电流为

$$i_2'' = \frac{R_1}{R_1 + R_2} i_S$$

因此

$$i_2' + i_2'' = \frac{u_S}{R_1 + R_2} + \frac{R_1}{R_1 + R_2} i_S = i_2$$

那么，此结果是正确的吗？下面应用基尔霍夫定律对此题求解：

根据 KCL 和 KVL 列方程得

$$\begin{cases} i_1 R_1 + i_2 R_2 = u_S \\ i_1 - i_2 + i_S = 0 \end{cases}$$

由此方程组中的第二个式子得 $\quad i_1 = i_2 - i_S$

代入方程组中的第一个式子得到

$$(i_2 - i_S) R_1 + i_2 R_2 = u_S$$

所以

$$i_2 = \frac{u_S + i_S R_1}{R_1 + R_2} = \frac{u_S}{R_1 + R_2} + \frac{R_1}{R_1 + R_2} i_S$$

现在来分析此解，构成 i_2 的第一部分分量 $\dfrac{u_S}{R_1 + R_2}$ 与电流源 i_S 无关，是电压源 u_S 的一次函数；构成 i_2 的第二部分分量 $\dfrac{R_1}{R_1 + R_2} i_S$ 与电压源 u_S 无关，是电流源 i_S 的一次函数。此结果与应用叠加定理分析计算的结果相同，即两个电源同时作用于电路时，在支路中产生的电流是它们分别作用于电路时，在该支路产生电流的叠加。

[技能训练]

技能训练　连接电路验证叠加定理

一、训练地点

电工基础实训室。

二、训练器材

±15V 直流电源、12V 直流电源、多量程电流表、数字电压表；线性电阻：330Ω（2个）、51Ω、200Ω、100Ω；万用表。

三、训练内容与步骤

叠加定理测试电路如图 2-40 所示。

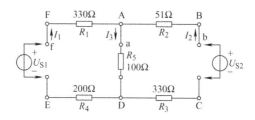

图 2-40　叠加定理测试电路

1）先单独接上电源 $U_{S1}=15V$（将 BC 短接），测量各支路电流 I_1、I_2 和 I_3，填入表 2-5 中。

2）再单独接上电源 $U_{S2}=12V$（将 EF 短接），测量各支路电流 I_1、I_2 和 I_3，填入表 2-5 中。

3）最后同时接上 U_{S1} 和 U_{S2}，测量各支路电流 I_1、I_2 和 I_3，填入表 2-5 中。对照三种情况，分析是否符合叠加定理（在规定范围内）。

表 2-5　线性电路叠加定理实训数据

施加电压 \ 支路电流	I_1/mA	I_2/mA	I_3/mA
U_{S1} 单独			
U_{S2} 单独			
U_{S1}、U_{S2} 同时			

[课后巩固]

2-4-1　用叠加定理求解图 2-41 所示电路中流过 R_3 的电流，其中 $U_{S1}=10V$，$U_{S2}=6V$，$R_1=6Ω$，$R_2=2Ω$，$R_3=4Ω$。

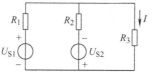

图 2-41　题 2-4-1 图

2-4-2 用叠加定理求图 2-42 所示电路中的电流 I。

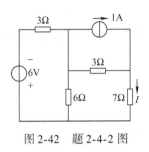

图 2-42 题 2-4-2 图

任务 5 戴维南定理的应用

[任务描述]

在深刻理解戴维南定理基本内容的基础上，应用戴维南定理分析计算复杂直流电路并通过实验检验它的正确性。

[任务目标]

知识目标 1. 理解戴维南定理的基本内容。
　　　　　2. 掌握应用戴维南定理分析复杂直流电路的方法。
技能目标 会连接电路验证戴维南定理。

[知识准备]

一、学习戴维南定理

根据网络内部是否含有独立电源，二端网络可分为有源二端网络和无源二端网络。无源二端电阻网络，对外可以等效为一个电阻 R_{eq}，其电阻值满足 $R_{eq} = \dfrac{u}{i}$，式中 u 和 i 分别是二端网络的电压和电流。戴维南定理提供了分析有源二端网络等效电路的一般方法，是分析电路的重要工具。

戴维南定理可以表述为：任一线性有源二端网络，就其对外电路的作用而言，总可以用一个电压源与电阻串联组合的电路模型来等效。该电压源的电压等于有源二端网络的开路电压 u_{OC}，而串联的电阻 R_0 等于有源二端网络中所有独立电源为零时端口的入端电阻。

图 2-43 可用来描述戴维南定理。

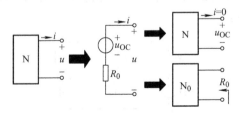

图 2-43 戴维南定理图解

图中,u_{OC}为开路电压,R_0为戴维南等效电阻,N网络为含独立电源的二端网络,N_0网络为N网络去掉独立电源之后所得到的二端网络。

应当明确的是等效是对网络中未变换的部分——负载而言的,变换是对有源二端网络进行的,等效电路的参数是有源二端网络的端口开路电压和对应无源二端网络的端口入端电阻。并且有源二端网络必须是线性的,这样才能应用戴维南定理等效,而对于负载电路没有限制。戴维南等效电路和它等效的含独立电源的二端网络具有完全相同的外特性。电压源和电阻串联构成实际电源的模型就是戴维南定理应用的实例。

二、应用戴维南定理分析复杂直流电路

利用戴维南定理进行电路分析,关键在于计算开路电压和入端电阻。计算开路电压时要将负载电路从所求端口断开,按照相应的电路连接关系求有源二端网络的端口电压;计算入端电阻时应当根据具体电路的不同采用不同的方法。

对于只含有独立电源的线性二端网络,设网络内所有独立电源为零(即将电压源短路,电流源开路),利用电阻串并联或三角形与星形网络变换加以化简,计算二端网络端口的入端电阻。

具体应用在复杂电路的计算中时,若只需计算出某一支路的电流,则可把电路划分为两部分,一部分为待求支路,另一部分看成是一个有源二端网络。假如有源二端网络能够化简为一个等效电压源,则复杂电路就变成一个等效电压源和待求支路相串联的简单电路,求解过程示意图如图2-44所示。

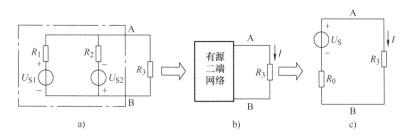

图2-44 应用戴维南定理求解过程示意图

在图2-44中,电阻R_3的电流就可以由下式求出

$$I = \frac{U_S}{R_0 + R_3}$$

例2-9 电路如图2-45a所示,试用戴维南定理求通过4Ω电阻的电流I。

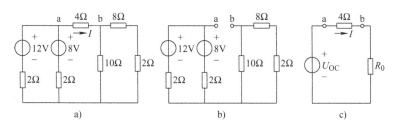

图2-45 例2-9图

解：断开 4Ω 的电阻，求出 ab 端口的等效戴维南电路，如图 2-45b 所示，ab 端口等效电路的开路电压和入端电阻（两个独立电压源置零）为

$$U_{OC} = U_{ab} = 8V + \frac{12-8}{2+2} \times 2V = 10V（也可利用电流源等效变换得到）$$

$$R_0 = \frac{2 \times 2}{2+2}\Omega + \frac{10 \times (8+2)}{10+8+2}\Omega = 6\Omega$$

因此，图 2-45a 所示电路的等效电路如图 2-45c 所示，通过 4Ω 电阻的电流 I 为

$$I = \frac{U_{OC}}{R_0 + 4\Omega} = \frac{10}{6+4}A = 1A$$

[技能训练]

技能训练　连接电路验证戴维南定理

一、训练地点

电工基础实训室。

二、训练器材

可调直流稳压电源（电压调至15V）、可调直流稳流电源（输出电流调至20mA）、数字电压表、多量程电流表；线性电阻：330Ω（2个）、51Ω、200Ω、100Ω、可调电阻箱；万用表。

三、训练内容与步骤

1. 测量支路电流 I

按图 2-46 所示电路接线，直流稳压电源 $U_{S1} = 15V$，直流稳流电源 $I_{S2} = 20mA$，合上开关 S，将多量程电流表串入 R_5 支路中（以电流表取代 Aa 间的连线），测量该支路电流 I，填入表 2-6 中。

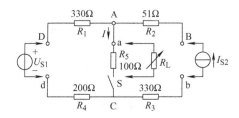

图 2-46　验证戴维南定理电路

2. 测量有源二端网络的开路电压 U_{OC}

断开开关 S，用电压表测量 A、C 间的开路电压，填入表 2-6 中。

3. 测量等效电源电阻 R_0

方法一：将电源 U_{S1}、U_{S2} 去掉（D 与 d 两点用导线连接，B 与 b 两点断开），用万用表电阻档测量 A、C 间的等效电阻，即为等效电源电阻，用 R_0' 表示。

方法二：用半偏法。测出开路电压 U_{OC} 后，用可调电阻 R_L（可调电阻箱）取代 R_5，调节 R_L 值，使 $U_{AC} = \frac{1}{2}U_{OC}$，根据 $R_0 = \left(\frac{U_{OC}}{U_{AC}} - 1\right)R_L$，则此时 $R_0 = R_L$，测出 R_L 值，即为 R_0。

4. 验证戴维南定理

重新调整电压源电压，使之输出电压为 U_{OC}，用可调电阻箱调整出 R_0 值，然后连接成图 2-47 所示的电路，将多量程电流表串入 R_5 支路中，测定该支路电流 I'，与 I 相比较，来验证戴维南定理的正确性。

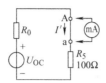

图 2-47 戴维南等效电路

表 2-6 戴维南定理实训数据

I/mA	U_{OC}/V	R_0'/Ω	R_L/Ω	R_0/Ω	I'/mA

注意：

1）对可调电源，要先调整到预定值，然后关断总电源，再进行接线。

2）测量等效电源电阻 R_0' 时，注意将电源 U_{S1}、I_{S2} 去掉，决不能将电源直接短接。

3）接入电流表时，要注意量程选择及电表的极性。在记录电表数值时，要注意参考方向与测量方向是否一致。

[课后巩固]

2-5-1 电路如图 2-48 所示，求开路电压 U_{AB}。

2-5-2 用戴维南定理求图 2-49 所示电路中的电流 I。

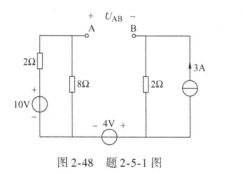

图 2-48 题 2-5-1 图

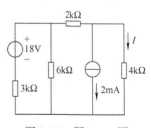

图 2-49 题 2-5-2 图

2-5-3 用戴维南定理求图 2-50 所示电路中的电压 U。

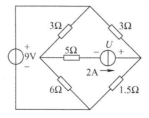

图 2-50 题 2-5-3 图

【知识拓展】

知识拓展1　应用节点电压法分析复杂直流电路

一、节点电压法简介

1. 节点电压

在电路中任意选一节点作为参考节点，电路其余节点称为独立节点。独立节点与参考节点之间的电压称为节点电压。如果节点电压的参考方向总是由独立节点指向参考节点，则节点电压等于节点电位。例如，在图2-51所示的电路中，如果选择节点0作为参考节点，则节点1、2为独立节点，它们与节点0之间的电压就称为节点电压，可以用 u_{10}、u_{20} 表示，其参考方向由独立节点指向参考节点。

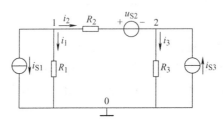

图2-51　节点电压法

电路中所有支路电压都可以用节点电压表示。对于连接在独立节点和参考节点之间的支路，它的支路电压就是节点电压；对于连接在各独立节点之间的支路，它的支路电压则是两个相关的节点电压之差。

在图2-51所示的电路中，支路10、20接在独立节点和参考节点之间，其支路电压分别为 u_{10}、u_{20}，而支路12接在独立节点1、2之间，其支路电压为

$$u_{12} = u_{10} - u_{20}$$

因此，只要求出节点电压，就能确定所有支路的电压。

2. 节点的自电导与互电导

与电路中第 k 个节点直接相连接的支路所有电导之和，称为该节点的自电导，简称自导，用符号 G_{kk} 表示；电路中第 k 个节点和第 j 个节点共有的电导，称为两个节点的互电导，简称互导，用符号 G_{kj} 和 G_{jk} 表示。相邻节点的互导相等，即 $G_{kj} = G_{jk}$。

由于规定节点电压的参考方向总是由独立节点指向参考节点，所以各节点电压在自导中所引起的电流总是流出该节点的，因而自导总是正的；另一节点电压通过互导引起的电流总是流入该节点的，因而互导总是负的；两个节点之间没有电导时，互导为零。当含有受控源支路时，互导的大小不一定相等，且符号也要根据实际情况确定。

根据上述定义，在图2-51所示的电路中，节点1、2的自导分别为

$$G_{11} = G_1 + G_2 = \frac{1}{R_1} + \frac{1}{R_2}, \quad G_{22} = G_2 + G_3 = \frac{1}{R_2} + \frac{1}{R_3}$$

节点1、2的互导为

$$G_{12} = G_{21} = -G_2 = -\frac{1}{R_2}$$

3. 节点方程

由于节点电压是相互独立的,所以不论它们取何值,总能满足 KVL。在图 2-51 所示的电路中,对于闭合回路 1201,KVL 方程为

$$u_{12} - u_{10} + u_{20} = 0$$

由此得 $u_{12} = u_{10} - u_{20}$,等同于用节点 1、2 的电压表示的支路电压。因此建立电路方程时,可以不考虑 KVL 方程,只对 $n-1$ 个独立的节点使用 KCL 列出电路方程,求出节点电压,进而求出其他待求量,即指定节点电压后,电路中所有回路自动满足 KVL,不必另列方程,只需列出 KCL 方程,使方程数减少为 $n-1$ 个,未知量也是 $n-1$ 个。下面通过图 2-51 所示的电路进行具体说明。

为了使方程包含未知量 u_{10}、u_{20},首先运用欧姆定律找出各电阻上电压与电流的关系,即

$$i_1 = G_1 u_{10}$$
$$i_2 = G_2 (u_{12} - u_{S2}) = G_2 (u_{10} - u_{20} - u_{S2})$$
$$i_3 = G_3 u_{20}$$

应用 KCL 列写独立节点方程,得

节点 1 $i_1 + i_2 + i_{S1} = 0$

节点 2 $-i_2 + i_3 - i_{S3} = 0$

将用节点电压表示的电流代入上式,得到:

节点 1 $G_1 u_{10} + G_2 (u_{10} - u_{20} - u_{S2}) = -i_{S1}$

节点 2 $-G_2 (u_{10} - u_{20} - u_{S2}) + G_3 u_{20} = i_{S3}$

经过整理后得

节点 1 $(G_1 + G_2) u_{10} - G_2 u_{20} = G_2 u_{S2} - i_{S1}$

节点 2 $-G_2 u_{10} + (G_2 + G_3) u_{20} = -G_2 u_{S2} + i_{S3}$

若令 $i_{S11} = -i_{S1} + i_{S2}$,$i_{S22} = -i_{S2} + i_{S3}$,其中 $i_{S2} = G_2 u_{S2}$,则上式可以进一步写成

$$\begin{cases} G_{11} u_{10} + G_{12} u_{20} = i_{S11} \\ G_{21} u_{10} + G_{22} u_{20} = i_{S22} \end{cases} \tag{2-6}$$

这就是具有两个独立节点的节点方程的一般形式。

一般地,i_{Skk} 表示电流源第 k 个节点流入电流的代数和,并规定各电流源电流流入节点的,取"+"号,相反则取"-"号。对于具有 n 个节点、b 条支路的网络,其 $n-1$ 个独立节点方程可以表示为下列一般形式:

$$\begin{cases} G_{11} u_{10} + G_{12} u_{20} + \cdots + G_{1(n-1)} u_{(n-1)0} = i_{S11} \\ G_{21} u_{10} + G_{22} u_{20} + \cdots + G_{2(n-1)} u_{(n-1)0} = i_{S22} \\ \quad \vdots \\ G_{(n-1)1} u_{10} + G_{(n-1)2} u_{20} + \cdots + G_{(n-1)(n-1)} u_{(n-1)0} = i_{S(n-1)(n-1)} \end{cases} \tag{2-7}$$

综上所述,对于具有 n 个节点、b 条支路的网络,任意假定一个参考节点,将 b 条支路的电压用两相关节点的电压表示,并将支路电流用支路电压表示,根据 KCL 列出 $n-1$ 个独立节点的节点方程,求解未知变量的方法,称为节点电压法。

与支路电流法相比，节点电压法省去了 $b-(n-1)$ 个 KVL 方程，使方程组的求解变得简单易行，尤其对于节点数目较少而网孔数目较多的网络更为方便。

二、节点电压法在复杂直流电路分析中的应用

1. 用节点电压法进行电路计算的主要步骤

1）指定参考节点，其余独立节点对参考节点的电压为该节点电压，规定其参考方向由独立节点指向参考节点。

2）按式(2-7)，列出 $n-1$ 个独立的节点方程。注意方程中的自导总为正值，互导总为负值；等号右边的电流源，流入节点的电流源电流取正，流出节点的电流源电流取负。

3）求解节点方程组，得出节点电压。

4）选定支路电流的参考方向，根据欧姆定律求出各支路电流，并求解其他待求量。

2. 应用节点电压法时的注意事项

1）如果电路中存在电压源与电阻串联的组合，先把它们等效变换为电流源与电阻并联的组合，然后再列写方程。

2）当电路中的电压源没有电阻与之串联时，可以采用：①尽可能选取电压源支路的负极性端作为参考节点，这时该支路的另一端电压成为已知量，即等于该电压源电压，因而不必再对这个节点列节点方程。②把电压源中的电流作为变量（未知量）写入节点方程，并将电压源电压与两端节点电压的关系作为辅助方程一并求解。

3）若电路中含有受控源，在列写电路方程时，可暂时先将受控源当作独立电源对待，然后再找出受控源的控制量与电路变量的关系，作为辅助方程列出即可。

例 2-10 用节点电压法求图 2-52 所示电路中各支路的电流。

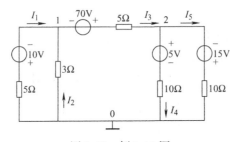

图 2-52 例 2-10 图

解： 本电路有 3 个节点，以 0 点为参考节点，独立节点 1、2 的节点电压分别为 U_{10}、U_{20}。列节点电压方程为

$$\begin{cases} \left(\dfrac{1}{5}+\dfrac{1}{3}+\dfrac{1}{5}\right)U_{10} - \dfrac{1}{5}U_{20} = -\dfrac{10}{5}-\dfrac{70}{5} \\ -\dfrac{1}{5}U_{10} + \left(\dfrac{1}{5}+\dfrac{1}{10}+\dfrac{1}{10}\right)U_{20} = \dfrac{70}{5}+\dfrac{5}{10}-\dfrac{15}{10} \end{cases}$$

解方程组得 $U_{10} = -15\text{V}$，$U_{20} = 25\text{V}$

在图中标出各支路电流的参考方向，计算可得

$$I_1 = \frac{-10\text{V}-U_{10}}{5\Omega} = \frac{-10+15}{5}\text{A} = 1\text{A}$$

$$I_2 = \frac{-U_{10}}{3\Omega} = \frac{15}{3}\text{A} = 5\text{A}$$

$$I_3 = \frac{70\text{V} + U_{10} - U_{20}}{5\Omega} = \frac{70-40}{5}\text{A} = 6\text{A}$$

$$I_4 = \frac{-5\text{V} + U_{20}}{10\Omega} = \frac{-5+25}{10}\text{A} = 2\text{A}$$

$$I_5 = \frac{15\text{V} + U_{20}}{10\Omega} = \frac{15+25}{10}\text{A} = 4\text{A}$$

例 2-11 用节点电压法求图 2-53 所示电路中各支路电流。

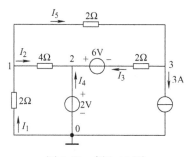

图 2-53 例 2-11 图

解：本电路的特点是具有理想电压源支路。对于这样的电路，较简单的处理方法是：选择该电压源所连接的两个节点中的一个节点作为参考节点，例如图 2-53 中的 0 点，那么另一节点 2 的电位就是已知的，可将它的节点方程省去，而把它的已知电位作为辅助方程列出即可。这样，本电路的节点电压方程为

$$\begin{cases} \left(\frac{1}{2}+\frac{1}{4}+\frac{1}{2}\right)U_{10} - \frac{1}{4}U_{20} - \frac{1}{2}U_{30} = 0 \\ -\frac{1}{2}U_{10} - \frac{1}{2}U_{20} + \left(\frac{1}{2}+\frac{1}{2}\right)U_{30} = -3 - \frac{6}{2} \\ U_{20} = 2\text{V} \end{cases}$$

解方程组得 $U_{10} = -2\text{V}$, $U_{20} = 2\text{V}$, $U_{30} = -6\text{V}$

在图示各支路电流的参考方向下，电流值分别为

$$I_1 = \frac{-U_{10}}{2\Omega} = \frac{2}{2}\text{A} = 1\text{A}$$

$$I_2 = \frac{U_{10} - U_{20}}{4\Omega} = \frac{-2-2}{4}\text{A} = -1\text{A}$$

$$I_3 = \frac{6\text{V} - U_{20} + U_{30}}{2\Omega} = \frac{6-2-6}{2}\text{A} = -1\text{A}$$

$$I_4 = -I_2 - I_3 = 1\text{A} + 1\text{A} = 2\text{A}$$

$$I_5 = \frac{U_{10} - U_{30}}{2\Omega} = \frac{-2+6}{2}\text{A} = 2\text{A}$$

知识拓展 2　应用回路电流法分析复杂直流电路

一、回路电流法简介

1. 回路电流

回路电流是一种假想的在电路的各个回路里流动的电流。现以图 2-54 所示电路为例来说明回路电流法。为了求得电路中的各支路电流 $i_1 \sim i_6$，先选择一组独立回路，此处选择的是 3 个网孔。沿三个独立回路流动的电流分别为 i_{l1}、i_{l2}、i_{l3}，其参考方向如图 2-54 所示。

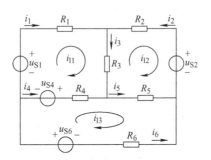

图 2-54　回路电流法

电路中所有支路电流都可以用回路电流表示，在图 2-54 所示电路中，根据回路电流与支路电流的流向，可以确定支路电流与回路电流的关系为

$$i_1 = i_{l1}$$
$$i_2 = -i_{l2}$$
$$i_3 = i_{l1} - i_{l2}$$
$$i_4 = -i_{l1} + i_{l3}$$
$$i_5 = -i_{l2} + i_{l3}$$
$$i_6 = -i_{l3}$$

这样，只要求出各回路电流，就可确定所有支路电流。注意这些回路电流都是假想的，电路中实际存在的电流仍是支路电流 $i_1 \sim i_6$。

2. 回路的自电阻与互电阻

电路中第 k 个回路内所有电阻之和，称为该回路的自电阻，简称自阻，用符号 R_{kk} 表示；电路中第 k 个回路和第 j 个回路共有的电阻，称为两个回路的互电阻，简称互阻，用符号 R_{kj} 和 R_{jk} 表示。

在列 KVL 方程时，一般选取回路绕行方向与回路电流方向一致，那么自阻总是取正值。互阻是个代数量，当两个相邻回路的回路电流以相同的方向流经互阻时，互阻取正值，反之，互阻取负值。两个回路之间没有共用电阻时，互阻为零；相邻回路的互阻相等，即 $R_{kj} = R_{jk}$。

根据上述定义，在图 2-54 所示电路中，三个回路的自阻分别为

$$R_{11} = R_1 + R_3 + R_4, \quad R_{22} = R_2 + R_3 + R_5, \quad R_{33} = R_4 + R_5 + R_6$$

互阻分别为

$R_{12} = R_{21} = -R_3$（回路 1 和回路 2 的电流流过电阻 R_3 时方向相反，取"–"号）

$R_{13} = R_{31} = -R_4$（回路 1 和回路 3 的电流流过电阻 R_4 时方向相反，取"–"号）

$R_{23} = R_{32} = -R_5$（回路 2 和回路 3 的电流流过电阻 R_5 时方向相反，取"–"号）

3. 回路方程

回路电流是沿着闭合回路流动的，它从回路中某一个节点流入，同时又从这个节点流出。也就是说，回路电流在所有节点处都自动满足 KCL，因此不必对各独立节点另列 KCL 方程，与支路电流法相比，可以省去 $n-1$ 个 KCL 方程，而只列出 $l=[b-(n-1)]$ 个 KVL 方程，使方程数减少，即对于 l 个回路，应用 KVL 列出回路方程就可以求出回路电流，并由支路电流与回路电流的关系，求出支路电流。

在列写回路方程时，原则上与支路分析法中列写 KVL 方程一样，只是需要用回路电流表示各电阻上的电压，且当电阻中同时有几个回路电流流过时，应该把各回路电流引起的电压都计算进去。通常，选取回路的绕行方向与回路电流的参考方向一致，然后列出回路方程。下面通过图 2-54 所示电路加以说明。

对于图 2-54 所示电路，以 3 个回路为研究对象，沿回路电流的绕行方向列出 KVL 方程，有

回路 1　　$R_1 i_1 + R_3 i_3 - R_4 i_4 = u_{S1} - u_{S4}$

回路 2　　$-R_2 i_2 - R_3 i_3 - R_5 i_5 = -u_{S2}$

回路 3　　$R_4 i_4 + R_5 i_5 + R_6 i_6 = u_{S4} + u_{S6}$

将各支路电流用回路电流替代，得到

回路 1　　$R_1 i_{l1} + R_3 (i_{l1} - i_{l2}) - R_4 (-i_{l1} + i_{l3}) = u_{S1} - u_{S4}$

回路 2　　$R_2 i_{l2} - R_3 (i_{l1} - i_{l2}) - R_5 (-i_{l2} + i_{l3}) = -u_{S2}$

回路 3　　$R_4 (-i_{l1} + i_{l3}) + R_5 (-i_{l2} + i_{l3}) + R_6 i_{l3} = u_{S4} + u_{S6}$

经过整理后，得到

回路 1　　$(R_1 + R_3 + R_4) i_{l1} - R_3 i_{l2} - R_4 i_{l3} = u_{S1} - u_{S4}$

回路 2　　$-R_3 i_{l1} + (R_2 + R_3 + R_5) i_{l2} - R_5 i_{l3} = -u_{S2}$

回路 3　　$-R_4 i_{l1} - R_5 i_{l2} + (R_4 + R_5 + R_6) i_{l3} = u_{S4} + u_{S6}$

这就是以回路电流为未知量列写的 KVL 方程，称为回路方程。若将自阻与互阻符号代入方程，则方程组可以进一步写为

$$\begin{cases} R_{11} i_{l1} + R_{12} i_{l2} + R_{13} i_{l3} = u_{S11} \\ R_{21} i_{l1} + R_{22} i_{l2} + R_{23} i_{l3} = u_{S22} \\ R_{31} i_{l1} + R_{32} i_{l2} + R_{33} i_{l3} = u_{S33} \end{cases} \tag{2-8}$$

其中，$u_{S11} = u_{S1} - u_{S4}$，$u_{S22} = -u_{S2}$，$u_{S33} = u_{S4} + u_{S6}$。一般地，规定 u_{Skk} 表示回路电压源电位升的代数和，即各电压源电压按绕行方向，是由负极到正极，取"+"号；相反则取"–"号。

对于具有 n 个节点、b 条支路的网络，其 $l = [b - (n-1)]$ 个回路方程可以表示为下列一般形式：

$$\begin{cases} R_{11}i_{l1} + R_{12}i_{l2} + \cdots + R_{1l}i_{ll} = u_{S11} \\ R_{21}i_{l1} + R_{22}i_{l2} + \cdots + R_{2l}i_{ll} = u_{S22} \\ \vdots \\ R_{l1}i_{l1} + R_{l2}i_{l2} + \cdots + R_{ll}i_{ll} = u_{Sll} \end{cases} \quad (2\text{-}9)$$

综上所述，回路电流法就是以 $l = [b - (n-1)]$ 个回路电流为未知量，按照 KVL 建立 l 个回路方程，求解电路未知量。

二、回路电流法在复杂直流电路分析中的应用

1. 回路电流法的计算步骤

1）选定各独立回路电流的参考方向，并以此方向作为回路的绕行方向。

2）按自阻、互阻和电源符号的取值规则和式(2-9) 列写 $l = [b - (n-1)]$ 个回路方程。

3）求解回路方程，得出回路电流。

4）选定各支路电流的参考方向，由回路电流求出各支路电流和其他待求量。

注意：应用回路电流法时，所选取的回路应具有独立性，即由这些回路所列的 KVL 方程是彼此独立的。一般地，为了保证方程的独立性，常选取网孔来列 KVL 方程。

在平面电路中，以网孔电流作为电路变量列写独立回路方程而求解电路的方法也称为网孔电流法。

2. 应用回路分析法时的注意事项

1）对于电流源与电阻的并联组合，先把它们等效变换成电压源与电阻串联的组合。

2）如果电路中存在理想电流源支路，且为边界支路时，该回路的电流即等于理想电流源的电流；如果电路中存在理想电流源支路，且不为边界支路时，可以假设理想电流源支路的端电压为 u，并补充一个与理想电流源的电流有关的方程，然后再按上述步骤求解。

3）若电路中含有受控源，在列写电路方程时，可暂时先将受控源当作独立电源对待，然后再找出受控源的控制量与电路变量的关系，作为辅助方程列出即可。

例 2-12 电路如图 2-55 所示，试用回路电流法求各支路电流。

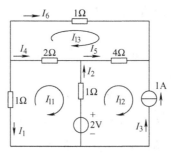

图 2-55 例 2-12 图

解：标定回路电流 I_{l1}、I_{l2}、I_{l3} 的参考方向如图所示。回路 2 中有一个 1A 的理想电流源，并且在回路 2 的边界支路，故 $I_{l2} = -1\text{A}$，并且不需要再列写回路 2 的方程。

按照回路电流法的规则，分别列出回路 1、回路 3 的方程为

回路 1 $(1 + 2 + 1)I_{l1} - I_{l2} - 2I_{l3} = -2$

回路 3 $-2I_{l1} - 4I_{l2} + (2 + 4 + 1)I_{l3} = 0$

将 $I_{l2} = -1\text{A}$ 代入方程组,整理得到联立方程为

$$\begin{cases} 4I_{l1} - I_{l2} - 2I_{l3} = -2 \\ -2I_{l1} - 4I_{l2} + 7I_{l3} = 0 \\ I_{l2} = -1 \end{cases}$$

解得 $I_{l1} = -\dfrac{29}{24}\text{A}$, $I_{l3} = -\dfrac{11}{12}\text{A}$。

标出各支路电流参考方向如图 2-55 所示,可得

$$I_1 = -I_{l1} = \frac{29}{24}\text{A}$$

$$I_2 = -I_{l1} + I_{l2} = \frac{5}{24}\text{A}$$

$$I_4 = I_{l1} - I_{l3} = -\frac{29}{24}\text{A} + \frac{11}{12}\text{A} = -\frac{7}{24}\text{A}$$

$$I_5 = I_{l2} - I_{l3} = -1\text{A} + \frac{11}{12}\text{A} = -\frac{1}{12}\text{A}$$

$$I_6 = I_{l3} = -\frac{11}{12}\text{A}$$

例 2-13 电路如图 2-56 所示,试用回路电流法求各支路电流。

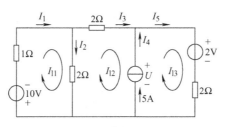

图 2-56 例 2-13 图

解:图 2-56 所示电路中含有理想电流源支路,且不为边界支路,可以假设 5A 理想电流源支路的端电压为 U,并补充一个与它的电流有关的辅助方程 $-I_{l2} + I_{l3} = 5$。

按照式(2-8),分别列出 3 个回路的方程为

$$\begin{cases} (1+2)I_{l1} - 2I_{l2} = -10 \\ -2I_{l1} + (2+2)I_{l2} = -U \\ 2I_{l3} = U - 2 \end{cases}$$

与辅助方程 $-I_{l2} + I_{l3} = 5$ 联立,解得

$$I_{l1} = -6\text{A}, \quad I_{l2} = -4\text{A}, \quad I_{l3} = 1\text{A}, \quad U = 4\text{V}$$

各支路电流为

$$I_1 = I_{l1} = -6\text{A}$$

$$I_2 = I_{l1} - I_{l2} = -2\text{A}$$

$$I_3 = I_{l2} = -4\text{A}$$

$$I_4 = 5\text{A}$$

$$I_5 = I_{l3} = 1\text{A}$$

【项目考核】

项目考核单

学生姓名	教师姓名	项目 2			
技能训练考核内容（25 分）		仪器准备（10%）	电路连接（50%）	数据测试（40%）	得分
（1）连接电路验证基尔霍夫定律（5 分）					
（2）熟练使用万用表测量电阻（5 分）					
（3）测试直流稳压电源的外特性（5 分）					
（4）连接电路验证叠加定理（5 分）					
（5）连接电路验证戴维南定理（5 分）					
知识测验（75 分）					
完成日期		年　月　日		总分	

附　知识测验

1. 观察图 2-57 所示的电路，列举出它的支路、节点、回路，并回答有多少独立节点，有多少独立回路。（14 分，前 3 个每个问题 4 分，后两个，每个 1 分）

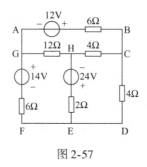

图 2-57

2. 试分别解释基尔霍夫电流定律和基尔霍夫电压定律的含义和使用范围。（10 分，每个 5 分）

3. 电路如图 2-58 所示，已知 $R_1 = R_2 = 2\Omega$，$R_3 = R_4 = 4\Omega$，试求开关闭合和断开时的等效电阻 R_{ab}。（8 分，每个 4 分）

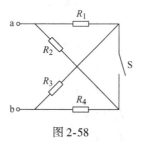

图 2-58

4. 画图说明电源支路串并联等效的具体过程。(12 分,每个 3 分)
5. 试用电源模型的等效变换方法,计算图 2-59 所示电路 2Ω 电阻中的电流 I。(13 分)

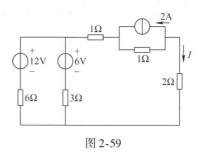

图 2-59

6. 简述叠加定理的内容。(3 分)
7. 用叠加定理求图 2-60 所示电路中的电流 I。(13 分)

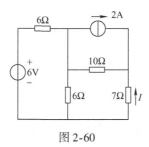

图 2-60

8. 简述戴维南定理的内容。(3 分)
9. 用戴维南定理求图 2-61 所示电路中的电压 U。(13 分)

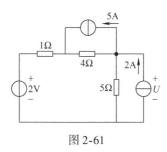

图 2-61

10. 用支路电流法求图 2-62 所示电路中各支路的电流。(11 分)

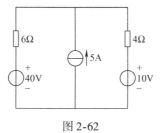

图 2-62

项目3　荧光灯电路的连接与测试

【项目描述】

荧光灯电路是日常生活中常见的单相正弦稳态电路，相量的引入使得单相正弦稳态电路的分析与计算过程有了自己的特点。在一定条件下正弦稳态电路将发生谐振。

【项目目标】

掌握正弦交流电的表示方法；能用相量形式表示电路的基本定律、基本元件的伏安特性、阻抗和导纳；掌握正弦稳态电路的分析方法；会计算正弦稳态电路的功率；了解功率因数提高的方法和电路谐振的条件；能使用示波器观察正弦交流信号；能够熟练使用交流电压表、交流电流表、功率表和功率因数表；熟练连接荧光灯电路并测试其功率和功率因数。

【项目实施】

任务1　观察正弦交流信号

[任务描述]

从认识正弦交流信号开始，用相量表示正弦信号并将电路基本定律及基本元件的伏安特性相量化。

[任务目标]

知识目标　1. 掌握正弦交流电的三要素、有效值、相位及相位差。
　　　　　2. 掌握正弦交流电的相量表示方法。
　　　　　3. 掌握基尔霍夫定律以及电阻、电感、电容伏安特性的相量形式。

技能目标　会使用信号发生器和示波器观察正弦交流电。

[知识准备]

一、正弦量的数学表达式及基本参数分析

1. 正弦量的数学表达式和三要素

随时间按正弦规律变化的物理量，称为正弦量。正弦量的瞬时值表达式通式为 $f(t) = A_m \sin(\omega t + \varphi_t)$，其波形为一正弦波。

1) A_m 是正弦量的振幅，也称为最大值。正弦量是一个等幅振荡、正负交替变化的周期函数。振幅是正弦量在整个振荡过程中达到的最大值，正弦量的最大值用带下角标 m 的大写字母表示。

2) ω 称为正弦量的角频率,在国际单位制(SI)中的单位是弧度·秒$^{-1}$ (rad·s^{-1}),它反映正弦量变化的快慢。

正弦量交变一次所需要的时间称为周期,用字母 T 表示,在国际单位制(SI)中的单位是秒(s)。

单位时间内正弦量变化的次数称为频率,用 f 表示,在国际单位制(SI)中的单位是赫兹(Hz),简称赫,常用的单位千赫(kHz)、兆赫(MHz)、吉赫(GHz)。

ω 在数值上等于单位时间内正弦函数辐角的增长值。在一个周期 T 内辐角增长 2π 弧度,因此有

$$\omega = \frac{2\pi}{T}$$

周期与频率互为倒数,即

$$f = \frac{1}{T}$$

因此有
$$\omega = 2\pi f$$

T、f、ω 从不同的侧面反映正弦量变化的快慢,只要知道其中一个,就可求出其他两个。

我国工业用电频率为 50Hz,称为工频。在其他技术领域中则使用各种不同的频率信号。有些国家(如美国、日本)工频采用 60Hz。

3)$\omega t + \varphi_i$ 称为正弦量的相位角,简称为相位,是正弦量随时间变化的角度。其中 $t=0$ 时的相位角,称为初相角或初相位。初相位的单位用弧度或度表示。

以上所讲述的振幅 A_m、角频率 ω(或频率 f)、初相角 φ_i 称为正弦量的三要素,因为这三者能唯一地确定正弦量的瞬时值表达式或波形。

按正弦规律周期变化的电压和电流统称为正弦电量,或称为正弦交流电。图3-1为正弦交流电波形图。以电流为例,其瞬时值表达式为

$$i = I_m \sin(\omega t + \varphi_i) \tag{3-1}$$

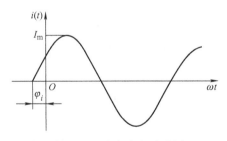

图3-1 正弦交流电波形图

2. 有效值

为了确切反映交流电在能量转换方面的实际效果,工程上常用有效值来表述正弦量,以交流电流为例,它的有效值定义是:当某一交流电流和一直流电流分别通过同一电阻 R 时,如果在一个周期 T 内产生的热量相等,那么这个直流电流 I 的数值称为交流电流的有效值。有效值用相应的大写字母表示。根据定义有

$$W_i = \int_0^T i^2 R\,dt = R\int_0^T i^2\,dt$$

$$W_I = I^2 RT$$

由 $W_i = W_I$ 得到

$$I = \sqrt{\frac{1}{T}\int_0^T i^2\,dt} \tag{3-2}$$

它表明正弦电流的有效值是其瞬时电流值 i 的二次方在一个周期内积分的平均值再取二次方根，所以有效值又称为方均根值。适用于任何周期性交流量。

假设电流瞬时值表达式为 $i = I_m\sin(\omega t + \varphi_i)$，则其有效值为

$$I = \sqrt{\frac{1}{T}\int_0^T I_m^2\sin^2(\omega t + \varphi_i)\,dt} = \sqrt{\frac{1}{T}\int_0^T I_m^2\frac{1-\cos2(\omega t+\varphi_i)}{2}\,dt}$$

$$= \sqrt{\frac{I_m^2}{2T}T} = \frac{I_m}{\sqrt{2}} = 0.707 I_m$$

即
$$I_m = \sqrt{2}\,I \tag{3-3}$$

同理
$$U_m = \sqrt{2}\,U \tag{3-4}$$

工程上一般所说的交流电流、电压的大小，如无特别说明，均指有效值。交流电气设备铭牌上所标的额定值以及交流电表标尺上的刻度指示都是有效值。

例 3-1　已知某交流瞬时电压 $u = 220\sqrt{2}\sin314t\,\text{V}$，试求：(1) 此交流电压最大值和有效值。(2) 该电压的频率、角频率、周期。

解：(1) 最大值为

$$U_m = 220\sqrt{2}\,\text{V} = 311.13\,\text{V}$$

有效值为

$$U = \frac{U_m}{\sqrt{2}} = \frac{220\sqrt{2}}{\sqrt{2}}\,\text{V} = 220\,\text{V}$$

(2)
$$\omega = 314\,\text{rad/s}$$

$$f = \frac{\omega}{2\pi} = \frac{314}{2\times3.14}\,\text{Hz} = 50\,\text{Hz}$$

$$T = \frac{1}{f} = \frac{1}{50}\,\text{s} = 0.02\,\text{s}$$

3. 相位差

把频率相同的同种函数形式的正弦量的相位之差称为相位差，用 φ 表示，一般情况下，规定 $|\varphi|\leq\pi$。在正弦交流电路中，电压与电流都是同频率的正弦量，但是它们的初相角并不一定相同，分析电路时常常要比较它们的相位。例如，电压和电流的瞬时值表达式分别为

$$u = U_m\sin(\omega t + \varphi_u)$$

$$i = I_m\sin(\omega t + \varphi_i)$$

则电压 u 和电流 i 的相位差为

$$\varphi = (\omega t + \varphi_u) - (\omega t + \varphi_i) = \varphi_u - \varphi_i \tag{3-5}$$

一些常见的相位关系为：

$\varphi > 0$ ($\varphi_u > \varphi_i$) —— u（相位）超前于 i，或 i 滞后于 u；

$\varphi < 0$ ($\varphi_u < \varphi_i$) —— u 滞后于 i，或 i 超前于 u；

$\varphi = 0$ —— u、i 同相；

$\varphi = \pm \dfrac{\pi}{2} = \pm 90°$ —— u、i 正交；

$\varphi = \pm \pi = \pm 180°$ —— u、i 反相。

不同相位的 u 和 i 的波形图如图 3-2 所示。当两个同频率正弦量的计时起点改变时，它们的初相角也随之改变，但两者之间的相位差却保持不变。对于两个频率不相同的正弦量，其相位差随时间而变化，不再是常量，因此今后涉及到的相位差都是对相同频率的正弦量而言。

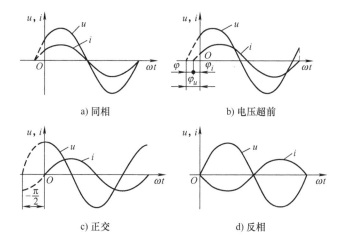

图 3-2 不同相位 u 和 i 的波形图

例 3-2 已知某正弦电流在 $t = 0$ 时为 $2\sqrt{2}$ A，初相角为 $30°$，求其有效值。

解： 此正弦电流瞬时表达式为 $i = I_m \sin(\omega t + 30°)$

$t = 0$ 时，$i(0) = I_m \sin 30° = 2\sqrt{2}$ A

$i_m = \dfrac{i(0)}{\sin 30°} = \dfrac{2\sqrt{2}}{0.5}\text{A} = 4\sqrt{2}$ A

$I = \dfrac{I_m}{\sqrt{2}} = \dfrac{4\sqrt{2}}{\sqrt{2}}\text{A} = 4$ A

例 3-3 有两个正弦电压分别为 $u_1(t) = 100\sqrt{2}\sin(\omega t + 135°)$ V，$u_2(t) = 50\sqrt{2}\sin(\omega t - 135°)$ V，问两个电压的相位关系如何？

解： $\varphi_{12} = \varphi_1 - \varphi_2 = 135° - (-135°) = 270°$

按照 $|\varphi| \leq \pi$ 的规定，根据 $\sin 270° = \sin(270° - 360°)$，将 φ_{12} 转换后表示为

$$\varphi_{12} = 270° - 360° = -90°$$

因此，u_1 相位滞后于 u_2 相位 $90°$。

二、正弦量的相量表示及运算

1. 复数及四则运算

(1) 复数

在数学上常用 $A = a + bi$ 表示复数。其中 a 为实部，b 为虚部，$i = \sqrt{-1}$ 称为虚数单位。在电工技术中，为区别于电流的符号，虚数单位常用 j 表示，如图 3-3 所示。

(2) 复数的四种表示形式

① 复数的代数形式：
$$A = a + \mathrm{j}b$$

② 复数的三角形式：
$$A = |A|(\cos\theta + \mathrm{j}\sin\theta)$$

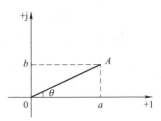

图 3-3 复数的复平面表示

$|A|$ 为复数 A 的模，即线段 $\overline{OA}$ 的长度；θ 为复数 A 的辐角，$\theta = \arctan\dfrac{b}{a}$，为有向线段 OA 与实轴正方向的夹角。它们之间的关系为
$$a = |A|\cos\theta, \quad b = |A|\sin\theta$$

③ 复数的指数形式：
$$A = |A|\mathrm{e}^{\mathrm{j}\theta}$$

根据欧拉公式 $\mathrm{e}^{\mathrm{j}\theta} = \cos\theta + \mathrm{j}\sin\theta$，代入到复数的三角形式中，可以推导得此结论。

④ 复数的极坐标形式：
$$A = |A|\angle\theta$$

为了与一般的复数相区别，常把正弦量的复数称为相量，并在大写字母上打"·"表示。因此，正弦电压 $u = U_\mathrm{m}\sin(\omega t + \varphi)$ 的相量表示为 $\dot{U}_\mathrm{m} = U_\mathrm{m}\sin(\omega t + \varphi) = U_\mathrm{m}\mathrm{e}^{\mathrm{j}\varphi} = U_\mathrm{m}\angle\varphi$。

(3) 复数的四则运算

① 加、减运算：如果两个复数相加减则利用代数形式比较简便。

设　　$A_1 = a_1 + \mathrm{j}b_1, \quad A_2 = a_2 + \mathrm{j}b_2$

则　　$A_1 \pm A_2 = (a_1 + \mathrm{j}b_1) \pm (a_2 + \mathrm{j}b_2) = (a_1 \pm a_2) + \mathrm{j}(b_1 \pm b_2)$

② 乘除运算：如果两个复数相乘除，则利用极坐标形式比较简便。

设　　$A_1 = |A_1|\angle\theta_1, \quad A_2 = |A_2|\angle\theta_2$

则　　$A_1 A_2 = |A_1|\angle\theta_1 \cdot |A_2|\angle\theta_2 = |A_1||A_2|\angle\theta_1 + \theta_2$

$$\frac{A_1}{A_2} = \frac{|A_1|\angle\theta_1}{|A_2|\angle\theta_2} = \frac{|A_1|}{|A_2|}\angle\theta_1 - \theta_2$$

例 3-4 已知复数 $A = 8 + \mathrm{j}6$，$B = 6 - \mathrm{j}8$，求 $A + B$、$A - B$、AB、A/B。

解：$A + B = (8 + \mathrm{j}6) + (6 - \mathrm{j}8) = 14 - \mathrm{j}2$

$A - B = (8 + \mathrm{j}6) - (6 - \mathrm{j}8) = 2 + \mathrm{j}14$

$AB = (8 + \mathrm{j}6)(6 - \mathrm{j}8) = 10\angle 36.9° \times 10\angle -53.1° = 100\angle -16.2°$

$$\frac{A}{B} = \frac{8 + \mathrm{j}6}{6 - \mathrm{j}8} = \frac{10\angle 36.9°}{10\angle -53.1°} = 1\angle 90°$$

(4) 旋转因子（见图 3-4）和旋转矢量

① 因为 $e^{j\omega t} = 1 \angle \omega t$，即 $e^{j\omega t}$ 的模为 1，辐角 ωt 随 t 增长而增大，此复数矢量在复平面上以角速度 ω 逆时针旋转，故称之为旋转因子。

② $Ae^{j\omega t}$ 称为旋转矢量。设 $A = \rho \angle \Phi$，则 $Ae^{j\omega t}$ 表示将 A 逆时针旋转一角度 ωt。

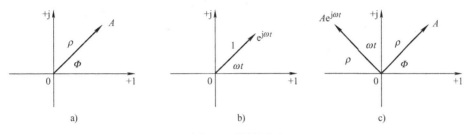

图 3-4　旋转因子

③ 常用的旋转因子有

$$e^{j\frac{\pi}{2}} = \cos\frac{\pi}{2} + j\sin\frac{\pi}{2} = j, \quad e^{-j\frac{\pi}{2}} = -j = 1 \angle -\frac{\pi}{2}$$

则 $1 \angle \pm 90° = \pm j$，$e^{\pm j\pi} = -1$，即 $1 \angle \pm 180° = -1$

可见，j、-j、-1 均可记为旋转因子。

2. 正弦量的相量表示法

若正弦量 $u = U_m \sin(\omega t + \varphi)$，在复平面上作一矢量，如图 3-5 所示，矢量的长度按比例等于振幅 U_m，矢量和横轴正方向之间的夹角等于初相角 φ，矢量以角速度 ω 绕坐标原点逆时针旋转。当 $t = 0$ 时，该矢量在纵轴上的投影 $O'a = U_m \sin\varphi$。经过一定时间 t_1，矢量从 OA 转到 OB，这时矢量在纵轴上的投影为 $U_m \sin(\omega t + \varphi)$，等于 t_1 时刻正弦量的瞬时值 $O'b$。由此可见，上述旋转矢量即能反映正弦量的三要素，又能通过它在纵轴上的投影确定正弦量的瞬时值，所以复平面上的一个旋转矢量可以完整地表示一个正弦量。

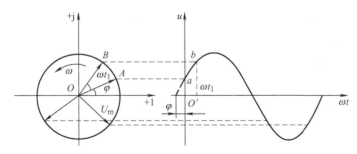

图 3-5　正弦量的复数表示

复平面上的矢量与复数是一一对应的，用复数 $U_m e^{j\varphi}$ 表示起始位置，再乘以旋转因子 $e^{j\omega t}$ 便为上述旋转矢量，即

$$U_m e^{j\varphi} \cdot e^{j\omega t} = U_m e^{j(\omega t + \varphi)} = U_m \cos(\omega t + \varphi) + jU_m \sin(\omega t + \varphi)$$

该矢量的虚部即为正弦量的解析式，由于复数本身并不是正弦函数，因此用复数对应地表示一个正弦量并不意味着两者相等。

在同一正弦交流电路中，由于角频率 ω 常为定值，各电压和电流都是同频率的正弦量，这样，便可用起始位置的矢量来表示正弦量，即把旋转因子 $e^{j\omega t}$ 省去，而用复数 $U_m e^{j\varphi}$ 对应地表示一个正弦量。

在正弦稳态交流电路中，因为所有的激励和响应都是同频率的正弦量，所以作为正弦量三要素之一的角频率就可不必加以区分，而有效值及初相角就成为表征各个正弦量的主要内容，由此可以得出结论：一个复数的模和辐角正好能反映正弦量的这两个要素，复数的辐角对应正弦量的初相角。把这个能表示正弦量特征的复数称为"相量"，用上面带一个小圆点的大写字母表示，如 $\dot{I}$ 表示电流相量，$\dot{U}$ 表示电压相量。以电压为例，则表示正弦电压 $u = U_m \sin(\omega t + \varphi)$ 的相量为

$$\dot{U}_m = U_m(\cos\varphi + j\sin\varphi) = U_m e^{j\varphi} = U_m \angle \varphi$$

或

$$\dot{U} = U(\cos\varphi + j\sin\varphi) = U e^{j\varphi} = U \angle \varphi$$

式中，$\dot{U}_m$ 是电压幅值相量；$\dot{U}$ 是电压的有效值相量。

几个同频率的正弦量按照大小和相位关系用初始位置的有向线段画出的若干个相量的图形，称为相量图。在相量图上能形象地看出各个正弦量的大小和相互间的相位关系。只有正弦周期量才能用相量表示，而且只有同频率正弦量才能画在同一相量图上，不同频率的正弦量不能画在同一相量图上，否则无法比较和计算。图 3-2b 中的电压 u 和电流 i 两个正弦量，如用相量图表示，则如图 3-6 所示。电压相量 $\dot{U}$ 比电流相量 $\dot{I}$ 超前 φ 角，也就是正弦电压 u 比正弦电流 i 超前 φ 角。

图 3-6 相量图

例 3-5 用相量形式表示 $u_A = 380\sin 314t \text{V}$、$u_B = 380\sin(314t - 120°)\text{V}$ 和 $u_C = 380\sin(314t + 120°)\text{V}$，并画出相量图。

解：分别用有效值相量 $\dot{U}_A$、$\dot{U}_B$、$\dot{U}_C$ 表示正弦电压 u_A、u_B 和 u_C，则

$$\dot{U}_A = \frac{380}{\sqrt{2}} \angle 0° \text{ V} = 268.7\text{V}$$

$$\dot{U}_B = \frac{380}{\sqrt{2}} \angle -120° \text{ V} = 268.7\text{V} \angle -120° \text{ V}$$

$$\dot{U}_C = \frac{380}{\sqrt{2}} \angle 120° \text{ V} = 268.7\text{V} \angle 120° \text{ V}$$

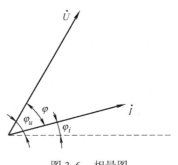

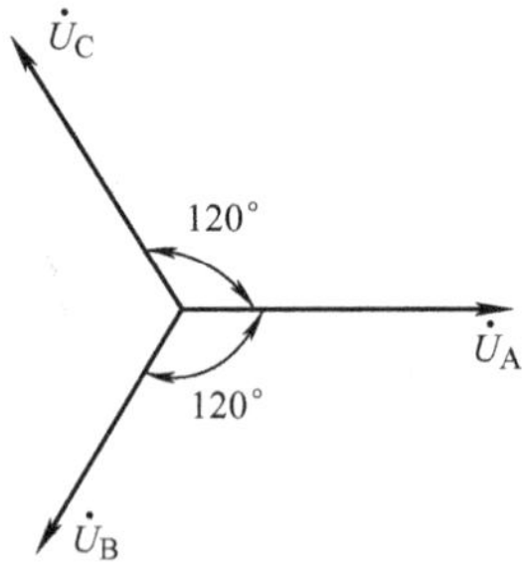

图 3-7 例 3-5 相量图

相量图如图 3-7 所示。

例 3-6 已知工频条件下，两正弦量的相量分别为 $\dot{U}_1 = 10\sqrt{2} \angle 60° \text{ V}$，$\dot{U}_2 = 20\sqrt{2} \angle -30° \text{ V}$。试求两正弦电压的解析式。

解：由于 $\omega = 2\pi f = 2\pi \times 50 \text{rad/s} = 100\pi \text{rad/s}$

$$U_1 = 10\sqrt{2}\text{V}, \quad \varphi_1 = 60°$$

$$U_2 = 20\sqrt{2}\text{V}, \quad \varphi_2 = -30°$$

所以
$$u_1 = \sqrt{2}U_1\sin(\omega t + \varphi_1) = 20\sin(100\pi t + 60°)\text{V}$$
$$u_2 = \sqrt{2}U_2\sin(\omega t + \varphi_2) = 40\sin(100\pi t - 30°)\text{V}$$

三、电路基本定律及元件伏安特性的相量表示

1. 基尔霍夫定律的相量形式

正弦电路中，各支路电流、电压都是同频率的正弦量，因此可以用相量法将基尔霍夫定律转换为相量形式。

对于电路中的任意节点，流入和流出节点的各支路电流的相量和为零，即

$$\sum \dot{I} = 0$$

同理，正弦交流电路中，一个回路的各支路电压的相量和为零，即

$$\sum \dot{U} = 0$$

必须强调指出，KCL、KVL 的相量形式所表示的是相量和恒等于零，并非是有效值的和恒等于零。

2. 电阻元件伏安关系的相量形式

（1）电阻元件上电压与电流的关系

如图 3-8 所示，当线性电阻 R 两端加上正弦电压 u_R 时，电阻中便有电流 i_R 通过。在任一瞬间，电压 u_R 和电流 i_R 的瞬时值仍服从欧姆定律。在图 3-8 所示电压和电流的关联参考方向下，便可得到交流电路中电阻元件的关系式。

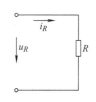

图 3-8　纯电阻电路

① 电阻元件上电流和电压之间的瞬时关系：

$$i_R = \frac{u_R}{R}$$

② 电阻元件上电流和电压有效值之间的关系：

若
$$u_R = U_{Rm}\sin(\omega t + \varphi)$$

则
$$i_R = \frac{u_R}{R} = \frac{U_{Rm}}{R}\sin(\omega t + \varphi) = I_{Rm}\sin(\omega t + \varphi)$$

其中，$I_{Rm} = \dfrac{U_{Rm}}{R}$。由此可知，其有效值之间的关系为 $I_R = \dfrac{U_R}{R}$。

③ 电阻元件上电流和电压之间的相位关系：当电阻上的电压和电流为关联参考方向时，电流和电压同相。图 3-9a 所示为电阻元件上电流和电压的波形图。

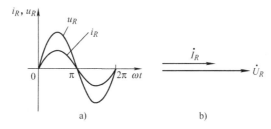

图 3-9　电阻元件上电流和电压的波形图及相量图

④ 电阻元件上电压与电流的相量关系：在关联参考方向下，流过电阻元件的电流瞬时值及相量为

$$i_R = I_{Rm}\sin(\omega t + \varphi)$$

$$\dot{I}_R = I_R \angle \varphi$$

则加在电阻元件上的电压瞬时值及相量为

$$u_R = U_{Rm}\sin(\omega t + \varphi)$$

$$\dot{U}_R = U_R \angle \varphi = I_R R \angle \varphi$$

所以有
$$\dot{U}_R = \dot{I}_R R \tag{3-6}$$

式(3-6)就是电阻元件上电压与电流的相量关系，也是相量形式的欧姆定律。图 3-9b 是电阻元件上电流和电压的相量图，二者是同相关系。

(2) 电阻电路中的功率

电路任一瞬时所吸收的功率称为瞬时功率，用 p 表示。它等于该时刻的电压 u 和电流 i 的乘积，电阻电路所吸收的瞬时功率为

$$p = ui = U_m\sin\omega t I_m\sin\omega t = \sqrt{2}U\sqrt{2}I\sin^2\omega t = UI(1 - \cos2\omega t)$$

由此可见，电阻从电源吸收的瞬时功率是由两部分组成的，第一部分是恒定值 UI，第二部分是幅值为 UI 并以 2ω 的角频率随时间变化的交变量 $UI\cos2\omega t$。p 的变化曲线如图 3-10 所示。从功率曲线可以看出，电阻所吸收的功率在任一瞬时总是大于零的，这一事实说明电阻是耗能元件。

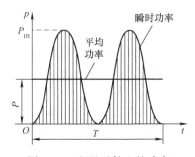

图 3-10　电阻元件上的功率

瞬时功率无实用意义，通常所说的功率是指一个周期内电路所消耗（吸收）功率的平均值，称为平均功率或有功功率，简称功率，用 P 表示：

$$P = \frac{1}{T}\int_0^T UI(1 - \cos2\omega t)\mathrm{d}t = UI = I^2R = \frac{U^2}{R}$$

上式说明，正弦交流电路中电阻所消耗的功率与直流电路有相似的公式，但要记住上式中的 U 与 I 是正弦电压与正弦电流的有效值。平时所讲的 60W 灯泡、100W 的电烙铁等都是指有功功率。

综上所述，电阻电路中的电压与电流的关系可用欧姆定律 $\dot{U}_R = \dot{I}_R R$ 来表达，电阻消耗的功率与直流电路有相似的公式，即 $P = UI = I^2R = \dfrac{U^2}{R}$。

(3) 电阻电路中的能量转换

由以上分析可知，电阻元件是消耗功率的，吸收电源提供的电能转换为热能散发掉，是一种不可逆转换。在一周期内转换成的热能为

$$W_R = \int_0^T p\,dt = UIT = I^2RT = \frac{U^2}{R}T$$

例 3-7 已知电阻 $R=100\Omega$，R 两端的电压 $u_R(t)=100\sqrt{2}\sin(\omega t - 30°)$ V。求（1）通过电阻 R 的电流 I_R 和 i_R；（2）电阻 R 吸收的功率 P_R；（3）作出 U_R 和 I_R 的相量图。

解：（1）因为 $\dot{U}_R = 100\angle -30°$ V

所以 $\dot{I}_R = \dfrac{\dot{U}_R}{R} = \dfrac{100\angle -30°}{100}\text{A} = 1\angle -30°$ A

可得 $I_R = 1$ A

$i_R(t) = \sqrt{2}\sin(\omega t - 30°)$ A

（2）$P_R = U_R I_R = 100\text{V} \times 1\text{A} = 100$ W

（3）相量图如图 3-11 所示。

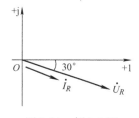

图 3-11 例 3-7 图

3. 电感元件伏安关系的相量形式

（1）电感元件上电压与电流的关系

① 电感元件上电压与电流的瞬时关系：电感元件上的伏安关系由项目 1 内容可知，在图 3-12 所示的关联参考方向下，电感元件上电压与电流的瞬时关系为

$$u_L = L\frac{di_L}{dt}$$

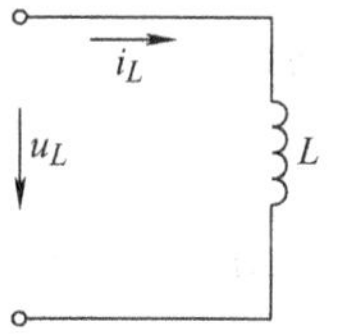

② 电感元件上电压与电流的大小关系：设流过电感上的电流为

$$i_L = I_{Lm}\sin(\omega t + \varphi_i)$$

$$u_L = L\frac{di_L}{dt} = I_{Lm}\omega L\cos(\omega t + \varphi_i)$$

代入得

$$= I_{Lm}\omega L\sin\left(\omega t + \frac{\pi}{2} + \varphi_i\right)$$

$$= U_{Lm}\sin(\omega t + \varphi_u) \tag{3-7}$$

图 3-12 纯电感电路

式中，$U_{Lm} = I_{Lm}\omega L$；$\varphi_u = \dfrac{\pi}{2} + \varphi_i$。

则有效值关系为

$$U_L = I_L \omega L = I_L X_L$$

式中，$X_L = \omega L = 2\pi f L$。$X_L$ 称为感抗，当 ω 的单位为 1/s，L 的单位为 H，X_L 的单位为 Ω。感抗是用来表示电感线圈对电流阻碍作用的一个物理量。在电压一定的条件下，ωL 越大，电路中的电流越小。感抗与电源频率（角频率）成正比，电源频率越高，感抗越大，表示电感对电流的阻碍作用越大；反之，频率越低，线圈的感抗也就越小。对于直流电来说，频率 $f=0$，感抗也就为零，因此电感元件在直流电路中相当于短路。

③ 电感元件上电压与电流的相位关系：由式（3-7）可知电感元件上电压和电流的相位关系为

$$\varphi_u = \varphi_i + \frac{\pi}{2}$$

即电感元件上电压较电流超前90°，图3-13a给出了电流和电压的波形图。

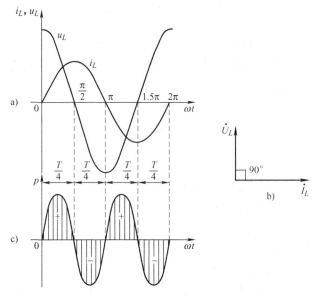

图3-13 电感电路的波形图和相量图

④ 电感元件上电压与电流的相量关系：在关联参考方向下，流过电感元件的电流相量为

$$\dot{I}_L = I_L \angle \varphi_i$$

由式(3-7)可知加在电感元件上的电压相量为

$$\dot{U}_L = U_L \angle \varphi_u = jX_L \dot{I}_L$$

所以有
$$\dot{U}_L = jX_L \dot{I}_L$$

上述表明：

➢ 在正弦电流电路中，线性电感的电压和电流在有效值之间、相量之间成正比。

有效值之间的关系：$U_L = \omega L I_L = X_L I_L$

最大值之间的关系：$U_{Lm} = \omega L I_{Lm} = X_L I_{Lm}$

伏安关系的相量形式：$\dot{U}_L = j\omega L \dot{I}_L = jX_L \dot{I}_L = X_L \dot{I}_L \angle 90°$

➢ 电压与电流有效值之间的关系不仅与 L 有关，还与角频率 ω 有关。当 L 值不变，流过的电流值 I_L 一定时，ω 越高则 U_L 越大；ω 越低，则 U_L 越小。

➢ 在相位上电感电压超前电流90°。相量图如图3-13b所示。

(2) 功率

① 瞬时功率：当电感两端的电压为 $u_L(t) = \sqrt{2} U_L \cos\omega t$，流过电感的电流为 $i_L(t) = \sqrt{2} I_L \cos\left(\omega t - \frac{\pi}{2}\right)$ 时，则瞬时功率为

$$p_L(t) = u_L i_L = 2U_L I_L \cos\omega t \sin\omega t = U_L I_L \sin 2\omega t$$

正弦稳态电路中电感元件瞬时功率的波形图如图3-13c所示。

② 平均功率：瞬时功率 $p_L(t)$ 在一个周期内的平均值即为平均功率。$p_L(t)$ 仅为一个两倍于原电流频率的正弦量，其平均值为零，即

$$P_L = \frac{1}{T}\int_0^T p_L dt = \frac{1}{T}\int_0^T UI\sin 2\omega t dt = 0$$

即在正弦电流电路中，电感元件不吸收功率。

③ 无功功率：为了描述电感元件与外部能量交换的规模，引入无功功率的概念。电感元件与外部能量交换的最大速率（即瞬时功率的振幅）定义为无功功率，即

$$Q_L = U_L I_L = I_L^2 X_L = \frac{U_L^2}{X_L}$$

为区别有功功率，在国际单位制（SI）中，无功功率的单位为乏（var），常用单位还有千乏（kvar）。详细了解无功功率的概念可参考本项目任务3中的内容。

(3) 能量

电感元件的瞬时能量为

$$W_L(t) = \int_{t_0}^{t} p d\xi = \int_{i_L(t_0)}^{i_L(t)} Li_L(\xi) di_L(\xi) = \frac{1}{2}L[i_L^2(t) - i_L^2(t_0)]$$

若 $i_L(t_0) = 0$，即在初始时刻电感中没有电流，也就没有初始储能。那么电感在 t 时刻储存的磁场能量为

$$W_L(t) = \frac{1}{2}Li_L^2(t)$$

由电感元件瞬时功率波形图3-13c看出，当 $p_L > 0$ 时，电感吸收能量，其储能增长；当 $p_L < 0$ 时，电感输出能量，其储能减少。在正弦稳态电路中，电感元件与外部电路之间不断进行能量交换，这是由电感的储能本质所确定的。

还可以看出，电感元件是一种储能元件，储能的多少与其电流的二次方成正比。电流增大时，储能增加，电感吸收能量；电流减小时，储能减少，电感向外释放能量。

例3-8 已知0.1H的电感线圈（不考虑其内部电阻损耗）接在10V的工频电源上。求：(1) 线圈的感抗；(2) 电流的有效值；(3) 线圈的无功功率；(4) 线圈的最大储能；(5) 设电压的初相位为零，求 $\dot{I}$；(6) 若其他参数不变，电源电压的频率为5000Hz，再求电流 I。

解：(1) 感抗 $X_L = \omega L = 2\pi f L = 2\pi \times 50 \times 0.1\Omega = 31.4\Omega$

(2) 电流的有效值 $I = \dfrac{U}{X_L} = \dfrac{10}{31.4}A = 0.318A$

(3) 无功功率 $Q_L = UI = 10V \times 0.318A = 3.18var$

(4) 最大储能 $W_{Lm} = \dfrac{1}{2}LI_m^2 = \dfrac{1}{2} \times 0.1 \times (\sqrt{2}\times 0.318)^2 J = 0.01J$

(5) 令 $\dot{U} = 10\angle 0°$ V，则 $\dot{I} = \dfrac{\dot{U}}{jX_L} = \dfrac{10\angle 0°\ \text{V}}{31.4\angle 90°\ \Omega} = 0.318\angle -90°$ A $= -j0.318$A

（6）当 $f=5000\mathrm{Hz}$ 时，$X_L = 2\pi \times 5000 \times 0.1\Omega = 3140\Omega$

$$I = \frac{10\mathrm{V}}{3140\Omega} = 0.00318\mathrm{A}$$

可见，频率增高后，电感线圈中的电流减小了。

4. 电容元件伏安关系的相量形式

（1）电容元件上电压与电流的关系

① 电容元件上电压与电流的瞬时关系：当电压和电流参考方向关联时，如图3-14所示，电容上电压与电流为关联参考方向，电压为 $u_C(t)$，电流为 $i_C(t)$，由项目1可知电容 C 的伏安关系的时域形式为

$$i_C = C\frac{\mathrm{d}u_C}{\mathrm{d}t}$$

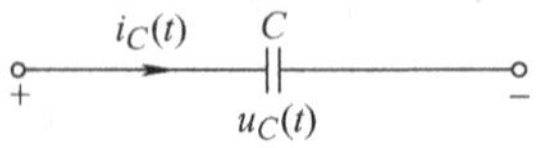

图 3-14　电容元件伏安关系

② 电容元件上电压与电流的大小关系：当正弦电压 $u_C(t) = \sqrt{2}U_C\sin(\omega t + \varphi_u)$ 加在电容 C 上时

$$\begin{aligned} i_C &= C\frac{\mathrm{d}}{\mathrm{d}t}u_C(t) = \sqrt{2}U_C\omega C\cos(\omega t + \varphi_u) \\ &= \sqrt{2}U_C\omega C\sin\left(\omega t + \varphi_u + \frac{\pi}{2}\right) \\ &= \sqrt{2}I_C\sin(\omega t + \varphi_i) \end{aligned} \quad (3\text{-}8)$$

式中，$I_C = U_C\omega C$；$\varphi_i = \varphi_u + \frac{\pi}{2}$。

即有效值关系为

$$U_C = I_C\frac{1}{\omega C} = I_C X_C$$

式中，$X_C = \frac{1}{\omega C} = \frac{1}{2\pi f C}$。$X_C$ 称为电容的电抗，简称容抗。它反映了电容元件在正弦电路中限制电流通过的能力，单位与电阻单位相同。

容抗与电源的频率（角频率）成反比，当 $\omega \to \infty$ 时，$X_C = 0$，电容相当于短路；在直流电路中，$\omega = 0(f=0)$，$X_C \to \infty$，电容相当于开路，故电容有隔直流通交流的特性。

③ 电容元件上电压与电流的相位关系：由式（3-8）可得出电容元件上电压和电流的相位关系为

$$\varphi_i = \varphi_u + \frac{\pi}{2}$$

上式表明：电容元件上的电压比电流滞后 $\frac{\pi}{2}$，图3-15a给出了电流和电压的波形图。

④ 电容元件上电压与电流的相量关系：在关联参考方向下，电容元件两端的电压相量为

$$\dot{U}_C = U_C \angle \varphi_u$$

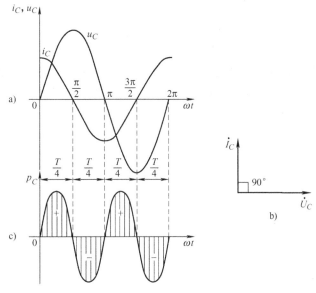

图 3-15 电容元件的波形图与相量图

由式(3-8)可知，流过电容元件上的电流相量为

$$\dot{I}_C = I_C \angle \varphi_i = \omega C U_C \angle \varphi_u + 90° = j\omega C U_C \angle \varphi_u = j\omega C \dot{U}_C$$

所以有

$$\dot{I}_C = j\omega C \dot{U}_C$$

$$\dot{U}_C = \frac{1}{j\omega C} \dot{I}_C = -j\frac{1}{\omega C} \dot{I}_C = -jX_C \dot{I}_C$$

上述表明：

- 在正弦电流电路中，线性电容的电压和电流在有效值之间、相量之间成正比。

  有效值之间的关系：$U_C = \frac{1}{\omega C} I_C = X_C I_C$

  最大值之间的关系：$U_{Cm} = \frac{1}{\omega C} I_{Cm} = X_C I_{Cm}$

  伏安关系的相量形式：$\dot{U}_C = \frac{1}{j\omega C} \dot{I}_C = (-jX_C) \dot{I}_C = X_C \dot{I}_C \angle -90°$

- 电压与电流有效值之间的关系不仅与 C 有关，还与角频率 ω 有关。当 C 值不变，流过的电流值 I_C 一定时，ω 越高则 U_C 越小；ω 越低，则 U_C 越大。
- 在相位上电容上电压滞后电流 90°。相量图如图 3-15b 所示。

(2) 功率

① 瞬时功率：当电容两端的电压为 $u_C(t) = \sqrt{2} U_C \cos\omega t$，流过电容的电流为 $i_C(t) = \sqrt{2} I_C \cos(\omega t + \pi/2)$ 时，瞬时功率为

$$P_C(t) = u_C i_C = 2U_C I_C \sin\omega t \cos\omega t = U_C I_C \sin 2\omega t$$

正弦稳态电路中电容瞬时功率的波形图如图 3-15c 所示。

② 平均功率：在电容元件电路中，平均功率为

$$P_C = \frac{1}{T}\int_0^T p_C \mathrm{d}t = \frac{1}{T}\int_0^T UI\sin2\omega t \mathrm{d}t = 0$$

这说明电容元件是不消耗能量的，在电源与电容元件之间只发生能量互换。

能量互换的规模，用无功功率来衡量，它等于瞬时功率 p_C 的幅值。

③ 无功功率：与电感相似，电容与电源功率交换的最大值称为电容元件的无功功率，用 Q_C 表示，详细了解无功功率的概念可参考本项目任务 3 中的内容。

$$Q_C = -U_C I_C = -I_C^2 X_C = -\frac{U_C^2}{X_C}$$

$Q_C < 0$ 表示电容元件是发出无功功率的，Q_C 与 Q_L 一样，单位也是乏（var），常用单位还有千乏（kvar）。

（3）能量

电容元件的瞬时能量为

$$W_C(t) = \int_{t_0}^t p \mathrm{d}\xi = \int_{t_0}^t C\frac{\mathrm{d}u_C}{\mathrm{d}\xi}u_C(\xi)\mathrm{d}\xi$$

$$= \int_{u_C(t_0)}^{u_C(t)} u_C(\xi)\mathrm{d}u_C(\xi) = \frac{1}{2}C[u_C^2(t) - u_C^2(t_0)]$$

若 $u_C(t_0) = 0$，即在初始时刻电容上没有电压，也就没有初始储能，那么电容在 t 时刻储存的电场能量为

$$W_C(t) = \frac{1}{2}Cu_C^2(t)$$

由图 3-15 可以看出，当 $p_C < 0$ 时，电容输出能量，其储能减少；当 $p_C > 0$ 时，电容吸收能量，其储能增加。在正弦稳态电路中，电容元件与外部电路不断进行能量交换也是由电容的储能本质确定的。同时，还可以看出，电容元件是一种储能元件，储能的多少与其电压的二次方成正比。电压增大时，储能增加，电容吸收能量；电压减小时，储能减少，电容向外释放能量。

例 3-9 已知一电容 $C = 50\mu F$，接到 220V、50Hz 的正弦交流电源上。求：（1）X_C；（2）电路中的电流 I_C 和无功功率 Q_C；（3）电源频率变为 1000Hz 时的容抗。

解：（1）$X_C = \dfrac{1}{\omega C} = \dfrac{1}{2\pi fC} = \dfrac{1}{2\times 3.14\times 50\times 50\times 10^{-6}}\Omega = 63.7\Omega$

（2）$I_C = \dfrac{U_C}{X_C} = \dfrac{220\text{V}}{63.7\Omega} = 3.45\text{A}$

$Q_C = -U_C I_C = -220\text{V} \times 3.45\text{A} = -759\text{var}$

（3）当 $f = 1000$Hz 时，有

$$X_C = \frac{1}{\omega C} = \frac{1}{2\pi fC} = \frac{1}{2\times 3.14\times 1000\times 50\times 10^{-6}}\Omega = 3.18\Omega$$

现将三种基本电路元件电压与电流关系的相量形式进行总结，见表 3-1。

表 3-1　单一参数电路元件在交流电路中的基本性质

电路参数		电阻 R	电感 L	电容 C
电路模型		$u_R\ i_R\ R$	$u_L\ i_L\ L$	$u_C\ i_C\ C$
电压与电流的关系	瞬时值	$u_R = i_R R$	$u_L = L \dfrac{di_L}{dt}$	$i_C = C \dfrac{du_C}{dt}$
	有效值	$U_R = U_R R$	$U_L = X_L I_L$	$U_C = X_C I_C$
	相位	电压与电流同相	电压超前电流 90°	电压滞后电流 90°
电阻或电抗		R	$X_L = \omega L$	$X_C = \dfrac{1}{\omega C}$
用相量表示电压与电流关系	相量关系式	$\dot{U}_R = \dot{I}_R R$	$\dot{U}_L = jX_L \dot{I}_L$	$\dot{U}_C = -jX_C \dot{I}_C$
	相量图	$\dot{I}_R\ \dot{U}_R$	$\dot{U}_L$ ⊥ $\dot{I}_L$	$\dot{I}_C$ ⊥ $\dot{U}_C$
功率	有功功率	$P = UI = I^2 R$	$P = 0$	$P = 0$
	无功功率	$Q = 0$	$Q_L = U_L I_L = I_L^2 X_L$	$Q_C = -U_C I_C = -I_C^2 X_C$

[技能训练]

技能训练 1　练习使用双踪示波器和信号发生器

一、训练地点

电工基础实训室。

二、训练器材

双踪示波器、信号发生器。

三、双踪示波器和信号发生器的使用方法

1. 双踪示波器的使用方法

双踪示波器的外形如图 3-16 所示。

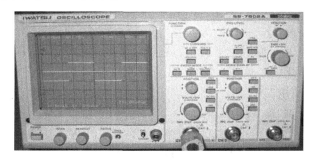

图 3-16　双踪示波器的外形

1)图 3-17 所示是通道控制开关。
通道控制 CH1、CH2:通道 1、2 开关。
GND:通道信号接地。
DC/AC:直/交流档位选择。
ADD:两通道信号相加。
INV:信号翻转。

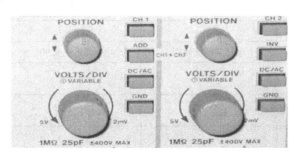

图 3-17　通道控制开关

2)图 3-18 所示是横轴调节旋钮。
POSITION:调节横向位置。
TIME/DIV:调节扫描速度(横轴单位),数值可在显示屏读取。
3)图 3-19 所示是纵轴(Y 轴)调节旋钮。
POSITION:调节纵向位置。
VOLTS/DIV:Y 轴灵敏度调节。

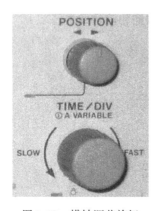 

图 3-18　横轴调节旋钮　　　　图 3-19　纵轴调节旋钮

4)图 3-20 所示是调节触发电平旋钮,它可以使波形稳定。先按 SOURCE 键选择 CH1、CH2,然后调节 TRIG LEVEL 旋钮,使得 TRIG'D 灯点亮,波形稳定显示。

2. 信号发生器的使用方法

信号发生器的外形如图 3-21 所示。
1)方波调节:打开电源,按 Shift 键,按"1"键,出现方波。
2)频率调节:按"频率"键,输入 1000,按"触发"键。
3)偏移调节:连续按"选项"键,当出现"A 路偏移"时,输入 5,按"触发"键。

图 3-20　调节触发电平旋钮

图 3-21　信号发生器的外形

四、训练内容与步骤

1. 用双踪示波器观察信号

1) 用一条同轴信号线（也称探头）连接信号发生器的输出端与示波器的信号输入端（通道 CH1 或通道 CH2），开启信号发生器、示波器的电源。接线时需注意分别从示波器和信号发生器引出的两根同轴线，将红色端对应连接，黑色端对应连接。

2) 调整示波器的垂直灵敏度、垂直位移、水平位移、扫描频率、触发电平等旋钮、按键等，使示波器的扫描频率在 100μs ~ 1ms 间，Y 轴灵敏度在 200mV ~ 2V 间，触发电平正常（触发电平信号灯亮），使得波形清晰、稳定显示。用示波器观察信号发生器开机后输出的默认波形，比如频率为 1000Hz、峰值为 1V 的正弦波信号。

3) 改变示波器的垂直（Y 轴）灵敏度、扫描速度，观察波形变化，体会垂直灵敏度和扫描速度的作用。

4) 学习用示波器上的 $\triangle t$ 频率测量、$\triangle V$ 电压测量功能，测量信号的频率和幅值。

5) 从信号发生器 A、B 两路输出信号，分别接入到示波器的 CH1、CH2 两个通道，调节信号发生器和示波器，使得两路信号（如正弦波）正常显示，观察两路信号。在信号发生器上改变输出信号的频率、幅值，在示波器上观察波形变化，可以用 $\triangle t$ 测量两个信号波形的相位差。调节示波器的各种功能按键、旋钮，观察并体会调节对波形的影响。

2. 信号发生器各种信号的输出

操作信号发生器，使其输出正弦波形、方波、三角波、锯齿波等信号，在示波器上观察。调整信号的频率、幅值，用示波器观察波形变化。

五、训练注意事项

1)实验操作时,阅读示波器、信号发生器的使用说明书,知晓要进行的操作及其主要功能。

2)注意轻柔操作调节示波器、信号发生器的开关、旋钮,动作不要过大、过猛。

3)当用示波器的两个通道同时测量两个信号时,注意共地接线,避免进入示波器的信号短接、错接,引起测量错误。

4)示波器的辉度不宜过亮,尤其应避免光点长期停留在荧光屏上不动,可按动 A 键,调节扫描速度,让波形扫描;或将辉度调暗,以保护示波器。

技能训练 2 在双踪示波器上观察正弦交流信号

一、训练地点

电工基础实训室。

二、训练器材

双踪示波器、低频脉冲信号发生器、交流毫伏表、频率计。

三、训练内容与步骤

1. 双踪示波器的自检

将示波器面板部分的"标准信号"插口,通过示波器专用同轴电缆接至双踪示波器的 Y 轴输入插口 Y_A 或 Y_B 端,然后开启示波器电源,指示灯亮。稍后,调节示波器面板上的"辉度""聚焦""辅助聚焦""X 轴位移""Y 轴位移"等旋钮,使在荧光屏的中心部分显示出线条细而清晰、亮度适中的方波波形;调节幅度和扫描速度,并将它们的微调旋钮旋至"校准"位置,从荧光屏上读出该"标准信号"的幅值与频率,并与标称值(1V,1kHz)进行比较,如相差较大,请指导老师给予校准。

2. 正弦波信号的观测

1)将示波器的幅度和扫描速度微调旋钮旋至"校准"位置。

2)通过电缆线,将信号发生器的正弦波输出口与示波器的 Y_A 插座相连。

3)接通信号发生器的电源,选择正弦波输出。通过相应调节,使输出频率分别为 50Hz、1.5kHz 和 20kHz(由频率计读出);再使输出幅值分别为有效值 0.1V、1V、3V(由交流毫伏表读得)。调节示波器 Y 轴和 X 轴的偏转灵敏度至合适的位置,从荧光屏上读得幅值及周期,记入表 3-2 和表 3-3 中。

表 3-2

频率计所测项目	正弦波信号频率的测定		
	50Hz	1500Hz	20000Hz
示波器"TIME/DIV"旋钮位置			
一个周期占有的格数			
信号周期/s			
计算所得频率/Hz			

表 3-3

交流毫伏表所测项目	正弦波信号幅值的测定		
	0.1V	1V	3V
示波器"VOLTS/DIV"位置			
峰-峰值波形格数			
峰-峰值			
计算所得有效值			

四、训练注意事项

1) 示波器的辉度不要过亮。

2) 调节仪器旋钮时，动作不要过快、过猛。

3) 调节示波器时，要注意触发开关和电平调节旋钮的配合使用，以使显示的波形稳定。

4) 定量测定时，"TIME/DIV"和"VOLTS/DIV"的微调旋钮应旋至"标准"位置。

5) 为防止外界干扰，信号发生器的接地端与示波器的接地端要相连（称共地）。

6) 不同品牌的示波器，各旋钮、功能的标注不尽相同，训练前请详细阅读所用示波器的说明书。

7) 训练前应认真阅读信号发生器的使用说明书。

[课后巩固]

3-1-1 在某电路中，$u(t) = 141\cos(314t - 20°)$ V。（1）指出它的频率、周期、角频率、幅值、有效值和初相角各是多少？（2）画出波形图。（3）如果 $u(t)$ 的正方向选相反方向，写出 $u(t)$ 的表达式，画出波形图，并确定（1）中各项是否改变。

3-1-2 已知复数 $A_1 = -5 + j2$ 和 $A_2 = 3 + j4$，试求 $A_1 + A_2$、$A_1 - A_2$、$A_1 A_2$、A_1/A_2。

3-1-3 已知 $\dot{I}_1 = 3 + j4$，$\dot{I}_2 = 3 - j4$，$\dot{I}_3 = -3 + j4$ 和 $\dot{I}_4 = -3 - j4$，试把它们转化为极坐标形式，并写出对应的正弦量。

3-1-4 将下列复数化为极坐标形式。

（1）$F_1 = -5 - j5$　（2）$F_2 = -4 + j3$　（3）$F_3 = 30 + j5$　（4）$F_2 = 4 - j3$

3-1-5 将下列复数化为代数形式。

（1）$F_1 = 1.2\angle 152°$　（2）$F_2 = 10\angle -90°$

（3）$F_3 = 10\angle -135°$　（4）$F_3 = 22\angle 135°$

3-1-6 设电阻 R 上电压、电流参考方向一致，电阻上的电流相量为 $(30 - j10)$ mA，$\omega = 1000$ rad·s^{-1}，$R = 40\Omega$。求：（1）电阻两端的电压相量；（2）$t = 1$ms 时电阻两端的电压是多少？

3-1-7 电容两端的电压为 $u(t) = 141\cos(3140t + 15°)$ V，若 $C = 0.01\mu$F，求电容上的电流 $i(t)$。

3-1-8 电感两端的电压为 $u(t) = 141\cos(3140t - 60°)$ V，若 $L = 0.05$H，求电感上的电流 $i(t)$。

3-1-9 若已知 $i_1 = 10\cos(314t + 60°)\,\text{A}$，$i_2 = 5\sin(314t + 60°)\,\text{A}$，$i_3 = -4\cos(314t + 60°)\,\text{A}$。(1) 绘出它们的相量图；(2) 求 i_1 与 i_2、i_1 与 i_3 的相位差。

3-1-10 有一 RLC 串联的交流电路，已知 $R = X_L = X_C = 3\,\Omega$，$I = 2\,\text{A}$，求电路两端的电压 U。

任务2 荧光灯电路的连接

[任务描述]

从计算正弦稳态电路的阻抗与导纳开始，对正弦稳态电路进行相量分析，探讨正弦稳态电路发生串联谐振和并联谐振的条件，最后连接荧光灯电路并利用交流电流表和电压表测试其电流、电压。

[任务目标]

知识目标 1. 掌握正弦稳态电路计算阻抗与导纳的方法。
2. 能绘制正弦稳态电路的相量图。
3. 掌握正弦稳态电路相量分析的方法。
4. 理解 RLC 串、并联电路的谐振条件与特征。

技能目标 能够熟练连接荧光灯电路并测试其电流、电压。

[知识准备]

一、计算正弦稳态电路的阻抗与导纳

对一个含线性电阻、电感和电容等元件，但不含独立源的二端电路 N_0，如图 3-22a 所示，当它在角频率为 ω 的正弦电压（或正弦电流）激励下处于稳定状态时，端口的电流（或电压）将是同频率的正弦量。

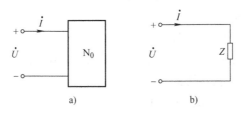

图 3-22 无源二端电路

1. 阻抗

无源二端电路，其端电压相量与电流相量的比值定义为二端电路的阻抗。

$$Z = \frac{\dot{U}}{\dot{I}} = \frac{U\angle\varphi_u}{I\angle\varphi_i} = \frac{U}{I}\angle\varphi_u - \varphi_i = |Z|\angle\varphi_Z$$

式中，$|Z| = \dfrac{U}{I}$ 为阻抗的模；$\varphi_Z = \varphi_u - \varphi_i$ 为阻抗角；阻抗 Z 是复数，它还可表示为

$$Z = R + jX$$

式中，$R = \text{Re}[Z] = |Z|\cos\varphi_Z$，称为 Z 的电阻分量。

$X = \text{Im}[Z] = |Z|\sin\varphi_Z$，称为 Z 的电抗分量。

$\varphi_Z = \varphi_u - \varphi_i$ 为阻抗角，也是电压与电流的相位差。

阻抗 Z 与电阻具有相同的量纲。

（1）单个元件的阻抗

如果无源二端电路分别为单个元件 R、L、C，它们的阻抗分别为

$$R: Z_R = R$$

$$L: Z_L = j\omega L = jX_L, \quad X_L = \omega L$$

$$C: Z_C = \frac{1}{j\omega C} = -jX_C, \quad X_C = \frac{1}{\omega C}$$

（2）RLC 串联电路阻抗

RLC 串联电路如图 3-23a 所示，图 3-23b 所示为其相量模型，则电路阻抗为

$$Z = \frac{\dot{U}}{\dot{I}} = R + j\omega L + \frac{1}{j\omega C} = R + j\left(\omega L - \frac{1}{\omega C}\right)$$

$$= R + jX = |Z|\angle\varphi_Z$$

式中，$X = X_L - X_C = \omega L - \frac{1}{\omega C}$；$|Z| = \sqrt{R^2 + X^2}$；$\varphi_Z = \arctan\frac{X}{R}$。

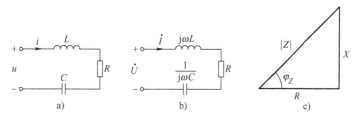

图 3-23 RLC 串联电路

显然 $|Z|$、R、X 构成一个直角三角形，如图 3-23c 所示，称为阻抗三角形。$|Z|$ 是它的端电压与电流有效值之比，称为电路阻抗的模。阻抗的辐角 φ_Z 是电压相位角减去电流相位角，称为电路的阻抗角。所以阻抗 Z 综合反映了电压与电流间的大小及相位关系。

当 $X > 0$，$\omega L > \frac{1}{\omega C}$ 时，φ_Z 为正，电路中电压超前电流，称 Z 是感性的；

当 $X < 0$，$\omega L < \frac{1}{\omega C}$ 时，φ_Z 为负，则电流超前电压，Z 是容性的；

当 $X = 0$，$\omega L = \frac{1}{\omega C}$ 时，φ_Z 为零，则电流与电压同相，称 Z 是电阻性的。

例 3-10 电路如图 3-24a 所示，已知 $u_S(t) = 100\sqrt{2}\sin(2t + 90°)$ V，$R = 2\Omega$，$L = 2$H，$C = 0.25$F，求电路中电流和各元件上的电压。

解：画出原电路的相量模型如图 3-24b 所示，根据已知条件得到

$$\dot{U}_S = 100\angle 90° \text{ V}$$

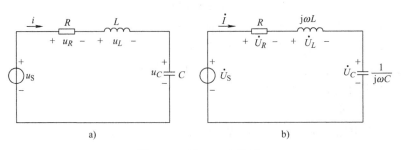

图 3-24 例 3-10 电路图

由图可知，$Z = Z_R + Z_L + Z_C = \left(2 + j2 \times 2 - j\dfrac{1}{2 \times 0.25}\right)\Omega = (2 + j2)\Omega = 2\sqrt{2}\angle 45° \ \Omega$

故 $\dot{I} = \dfrac{\dot{U}_S}{Z} = \dfrac{100\angle 90°}{2\sqrt{2}\angle 45°}\text{A} = 25\sqrt{2}\angle 45° \ \text{A}$

$\dot{U}_R = Z_R \dot{I} = 2 \times 25\sqrt{2}\angle 45° \ \text{V} = 50\sqrt{2}\angle 45° \ \text{V}$

$\dot{U}_L = Z_L \dot{I} = j2 \times 2 \times 25\sqrt{2}\angle 45° \ \text{V} = 100\sqrt{2}\angle 135° \ \text{V}$

$\dot{U}_C = Z_C \dot{I} = -j\dfrac{1}{2 \times 0.25} \times 25\sqrt{2}\angle 45° \ \text{V} = 50\sqrt{2}\angle -45° \ \text{V}$

瞬时表达式为
$\begin{cases} i(t) = 50\sin(2t + 45°) \ \text{A} \\ u_R(t) = 100\sin(2t + 45°) \ \text{V} \\ u_L(t) = 200\sin(2t + 135°) \ \text{V} \\ u_C(t) = 100\sin(2t - 45°) \ \text{V} \end{cases}$

2. 导纳

无源二端电路，其端口电流相量与电压相量的比值定义为二端电路的导纳。

$$Y = \dfrac{\dot{I}}{\dot{U}} = \dfrac{I}{U}\angle \varphi_i - \varphi_u = |Y|\angle \varphi_Y$$

上式还可以表示为 $Y = G + jB$

式中，$G = \text{Re}[Y] = |Y|\cos\varphi_Y$，称为 Y 的电导分量，简称电导；$B = \text{Im}[Y] = |Y|\sin\varphi_Y$，称为 Y 的电纳分量，简称电纳。

(1) 单个元件的导纳

如果无源二端电路分别为单个元件 R、L、C，它们的导纳分别为

R：$Y_R = G = \dfrac{1}{R}$

L：$Y_L = \dfrac{1}{j\omega L} = -j\dfrac{1}{\omega L} = -jB_L$，$B_L = \dfrac{1}{\omega L}$ 称为感纳

C：$Y_C = j\omega C = jB_C$，$B_C = \omega C$ 称为容纳

(2) *RLC* 并联电路的导纳

RLC 并联电路如图 3-25a 所示，图 3-25b 为其相量模型，则电路导纳为

$$Y = \frac{1}{R} + \frac{1}{j\omega L} + j\omega C = \frac{1}{R} + j\left(\omega C - \frac{1}{\omega L}\right)$$
$$= G + jB = |Y|\angle \varphi_Y$$

式中，$B = \omega C - \dfrac{1}{\omega L} = B_C - B_L$。

$$|Y| = \sqrt{G^2 + B^2}, \quad \varphi_Y = \arctan \frac{B}{G} = \arctan \frac{\omega C - \dfrac{1}{\omega L}}{G}$$
$$G = |Y|\cos\varphi_Y, \quad B = |Y|\sin\varphi_Y$$

导纳角 $$\varphi_Y = \arctan \frac{B_C - B_L}{G}$$

显然，$|Y|$、G、B 构成一个直角三角形，如图 3-25c 所示。

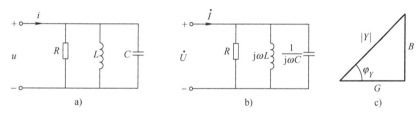

图 3-25 RLC 并联电路

同理可知：

当 $B > 0$，$\omega C > \dfrac{1}{\omega L}$ 时，$\varphi_Y > 0$，电流超前电压，Y 呈容性；

当 $B < 0$，$\omega C < \dfrac{1}{\omega L}$ 时，$\varphi_Y < 0$，电流滞后电压，Y 呈感性；

当 $B = 0$，$\omega C = \dfrac{1}{\omega L}$ 时，$\varphi_Y = 0$，电流与电压同相，Y 呈电阻性。

3. 阻抗与导纳的关系

对于同一个二端电路，由阻抗与导纳的定义可知二者的关系为

$$Y = \frac{1}{Z} \qquad |Y| = \frac{1}{|Z|} \qquad \varphi_Y = -\varphi_Z$$

若该电路的阻抗 $Z = R + jX$，导纳 $Y = G + jB$，则

$$Y = \frac{1}{Z} = \frac{1}{R + jX} = \frac{R - jX}{R^2 + X^2} = G + jB$$

式中，$G = \dfrac{R}{R^2 + X^2}$；$B = -\dfrac{X}{R^2 + X^2}$。导纳 Y 具有与电导相同的量纲。

4. 阻抗、导纳的串联和并联

（1）阻抗的串联电路

n 个阻抗串联而成的电路，如图 3-26a 所示，其等效阻抗为

$$Z_{eq} = Z_1 + Z_2 + \cdots + Z_n$$

各阻抗的电压分配为

$$\dot{U}_k = \frac{Z_k}{Z_{eq}} \dot{U} \quad k=1,2,\cdots,n$$

式中，$\dot{U}$ 为二端电路的端电压；$\dot{U}_k$ 为阻抗 Z_k 上的电压。

n 个阻抗串联可以用一个等效阻抗替代，如图 3-26b 所示。

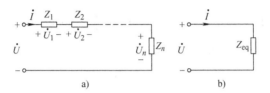

图 3-26 阻抗的串联电路及其等效电路

（2）阻抗的并联电路

n 个导纳并联而成的电路，如图 3-27a 所示，其等效导纳为

$$Y_{eq} = Y_1 + Y_2 + \cdots + Y_n$$

各导纳的电流分配为

$$\dot{I}_k = \frac{Y_k}{Y_{eq}} \dot{I} \quad k=1,2,\cdots,n$$

式中，$\dot{I}$ 为二端电路的总电流；$\dot{I}_k$ 为第 k 个阻抗上的电流。

n 个导纳并联可以用一个等效导纳替代，如图 3-27b 所示。

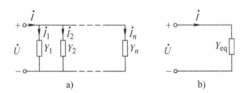

图 3-27 阻抗的并联电路及其等效电路

两个阻抗 Z_1 和 Z_2 并联，其等效阻抗为

$$Z = \frac{Z_1 Z_2}{Z_1 + Z_2}$$

两阻抗的分流公式为 $\quad \dot{I}_1 = \frac{Z_2}{Z_1+Z_2}\dot{I} \quad \dot{I}_2 = \frac{Z_1}{Z_1+Z_2}\dot{I}$

例 3-11 电路如图 3-28 所示，$R_1=20\Omega$、$R_2=15\Omega$、$X_L=15\Omega$、$X_C=15\Omega$，电源电压 $\dot{U}=220\angle 0°$ V。试求（1）电路的等效阻抗 Z；（2）电流 $\dot{I}_1$、$\dot{I}_2$ 和 $\dot{I}$。

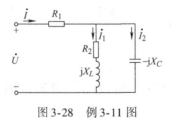

图 3-28 例 3-11 图

解：（1）

$$Z = R_1 + \frac{(R_2 + jX_L)(-jX_C)}{(R_2 + jX_L) + (-jX_C)}$$

$$= 20\Omega + \frac{(15 + j15)(-j15)}{(15 + j15) + (-j15)}\Omega$$

$$= 20\Omega + \frac{15\sqrt{2} \angle 45° \times 15 \angle -90°}{15}\Omega$$

$$= 20\Omega + 15\sqrt{2} \angle -45° \ \Omega$$

$$= (35 - j15)\Omega$$

$$= 38.1 \angle -23.2° \ \Omega$$

（2）

$$\dot{I} = \frac{\dot{U}}{Z} = \frac{220 \angle 0°}{38.1 \angle -23.2°}A = 5.77 \angle 23.2° \ A$$

由分流公式可知

$$\dot{I}_1 = \frac{-jX_C}{(R_2 + jX_L) + (-jX_C)}\dot{I}$$

$$= \frac{-j15}{(15 + j15) + (-j15)} \times 5.77 \angle 23.2° \ A$$

$$= 5.77 \angle -66.8° \ A$$

$$\dot{I}_2 = \frac{R_2 + jX_L}{(R_2 + jX_L) + (-jX_C)}\dot{I}$$

$$= \frac{15 + j15}{(15 + j15) + (-j15)} \times 5.77 \angle 23.2° \ A$$

$$= 8.16 \angle 68.2° \ A$$

二、绘制正弦稳态电路的相量图

1. 相量图的概念

正弦量的相量可以用复平面上的有向线段来表示，把相量在复平面上用有向线段表示的图形称为正弦量的相量图。

在正弦交流电路分析中，画出一种能反映 KCL 和 KVL 及电压与电流之间相量关系的图，即为电路的相量图。相量图用几何图形表示各相量间的关系，可以辅助进行电路的分析和计算。

图 3-29c 所示的相量图，能够直观地显示出各相量的关系，在相量图上除了按比例反映各相量的模（有效值）以外，最重要的是还可以根据各相量的相位相对地确定各相量在图上的方位。

2. 相量图的一般画法

用相量法求解正弦交流电路时，首先应选定参考相量。适当地选好参考相量，用相量图求解电路会顺利进行，否则将造成很大困难。

并联电路一般以电压为参考相量，然后根据欧姆定律确定各并联支路的电流相量与电压相量之间的关系，再根据节点上的 KCL 方程，用相量平移求和法则，画出节点上各支路电流相量组成的多边形。

串联电路一般以电流为参考相量,然后根据欧姆定律确定串联电路上有关元件电压相量与电流相量之间的相位关系,再根据回路的 KVL 方程,用相量平移求和法则,画出回路上各电压相量所组成的多边形。

对于混联电路,参考相量的选择,一般根据已知条件综合考虑。例如,可根据已知条件选定电路内部某并联部分电压或某串联部分电流为参考相量;较复杂的电路,常选择末端电压或电流为参考相量。

例 3-12 图 3-29a 所示正弦稳态电路中,电流表 A_1 的指示值为 10A,$R = 1\Omega$,$L = 0.01H$,$C = 0.01F$,$\omega = 100 \text{rad} \cdot \text{s}^{-1}$。求电流表 A_2、A 的读数和电压表 V_1、V_2、V 的读数,画出相量图。

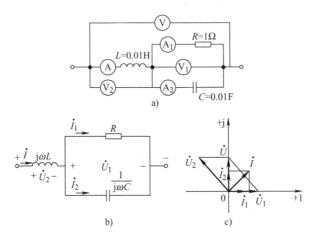

图 3-29 例 3-12 图

解:画出原电路的相量模型如图 3-29b 所示,其中电流、电压均用相量表示。电流表 A_1 的读数为正弦电流 i_1 的有效值,即 $I_1 = 10\text{A}$。

由于 $U_1 = RI_1 = 1 \times 10\text{V} = 10\text{V}$

令并联支路电压 $\dot{U}_1 = U_1 \angle 0° = 10 \angle 0°$ V

则 $\dot{I}_1 = 10 \angle 0°$ A

又 $\dot{I}_2 = j\omega C \dot{U}_1 = j \times 100 \times 0.01 \times 10 \angle 0°$ A $= 10 \angle 90°$ A

所以,电流表 A_2 的读数为 $I_2 = 10\text{A}$。

由 KCL 可知,$\dot{I} = \dot{I}_1 + \dot{I}_2 = 10 \angle 0°$ A $+ 10 \angle 90°$ A $= 10\sqrt{2} \angle 45°$ A,所以电流表 A 的读数为 $10\sqrt{2}$ A,即 14.14A。

$\dot{U}_2 = j\omega L \dot{I} = j \times 100 \times 0.01 \times 10\sqrt{2} \angle 45°$ V $= 10\sqrt{2} \angle 135°$ V

所以,电压表 V_2 的读数为 $10\sqrt{2}$ V,即 14.14V。

$\dot{U} = \dot{U}_1 + \dot{U}_2 = 10 \angle 0°$ V $+ 10\sqrt{2} \angle 135°$ V $= 10 \angle 90°$ V

所以,电压表 V 的读数为 10V。

初学者往往容易犯这样的错误:认为电流表 A 的读数是电流表 A_1 和 A_2 的读数之和,认为电压表 V 的读数是电压表 V_1 和 V_2 的读数之和。实际上,汇集在节点处电流的有效值一般不满足 KCL，回路中电压的有效值一般也不满足 KVL，但是它们都满足相量形式的 KCL、KVL。

画相量图如图 3-29c 所示，在水平方向作 $\dot{U}_1$ 相量，其初相角为零，称为参考相量。因电阻的电压、电流同相，故相量 $\dot{I}_1$ 与 $\dot{U}_1$ 同相；因电容的电流超前电压 $90°$，故相量 $\dot{I}_2$ 垂直 $\dot{U}_1$ 且处于超前 $\dot{U}_1$ 的位置。根据已知条件，相量 $\dot{I}_1$、$\dot{I}_2$ 的长度相等，都等于 10A。由相量 $\dot{I}_1$、$\dot{I}_2$ 所构成的平行四边形的对角线确定了相量 $\dot{I}$，且由相量图的几何关系可知 $I = 10\sqrt{2}$ A，故得电流表 A 的读数是 $10\sqrt{2}$ A，因为电感的电压超前电流 $90°$，故相量 $\dot{U}_2$ 垂直 $\dot{I}$ 且处于超前 $\dot{I}$ 的位置。由 $\dot{U}_1$、$\dot{U}_2$ 这两相量所构成的平行四边形的对角线确定了相量 $\dot{U}$，且由相量图的几何关系可知 $U = 10$V，故得电压表 V 的读数为 10V。

三、正弦稳态电路的相量分析

我们讨论了正弦量的相量表示方法和基尔霍夫定律及欧姆定律的相量形式，对各分立元件伏安关系的相量式也进行了讨论，引入了阻抗、导纳的概念，它们在形式上与线性电阻电路相似。

对电阻电路：根据 KCL 得 $\sum i = 0$

根据 KVL 得 $\sum u = 0$

根据欧姆定律得 $u = Ri$ 或 $i = Gu$

对正弦交流电路：根据 KCL 得 $\sum \dot{I} = 0$

根据 KVL 得 $\sum \dot{U} = 0$

根据欧姆定律得 $\dot{U} = Z\dot{I}$ 或 $\dot{I} = Y\dot{U}$

因此分析线性电阻电路的各种定律、定理和分析方法，如 KCL、KVL 定律，电阻串、并联的规则和等效变换方法，支路电流法，节点电压法，网孔电流法，叠加定理及戴维南定理等均可推广应用于正弦交流电路中。二者的区别在于电阻电路得到的方程为代数方程，运算为代数运算；而正弦交流电路得到的方程为相量形式的代数方程（复数方程），运算为复数运算。即用电压相量和电流相量取代了以前的直流电压和电流；用阻抗和导纳取代了直流电阻和电导，这就是分析正弦交流电路的相量法。

分析正弦交流电路的步骤为：
1) 画出与时域电路相对应电路的相量模型。
2) 建立电路相量形式的方程，并求相量形式的响应。
3) 将相量形式的响应变成正弦函数的形式(没有要求时，也可只用相量形式表示)。

例 3-13 电路如图 3-30 所示，已知 $u_S(t) = 40\sqrt{2}\cos 3000t$ V。求：$i(t)$、$i_L(t)$、$i_C(t)$。

解：将电路转化为相量模型，如图 3-30b 所示，则有

$$Z_L = j\omega L = j3000 \times \frac{1}{3} \Omega = j1 k\Omega$$

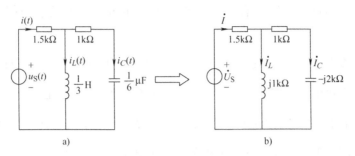

图 3-30　例 3-13 图

$$Z_C = -j\frac{1}{3000 \times \frac{1}{6} \times 10^{-6}}\Omega = -j2\text{k}\Omega$$

$$Z_{eq} = \left[\frac{(1-j2)j1}{(1-j2)+j1} + 1.5\right]\text{k}\Omega = \left(\frac{2+j1}{1-j1} + 1.5\right)\text{k}\Omega$$

$$= \left[\frac{(2+j1)(1+j1)}{2} + 1.5\right]\text{k}\Omega = (2+j1.5)\text{k}\Omega = 2.5\angle 36.9° \text{ k}\Omega$$

$$\dot{I} = \frac{\dot{U}_S}{Z_{eq}} = \frac{40\angle 0°}{2.5\angle 36.9°}\text{mA} = 16\angle -36.9° \text{ mA}$$

$$\dot{I}_C = \frac{j1}{(1-j2)+j1}\dot{I} = \frac{j1}{1-j1}\dot{I} = \frac{1\angle 90°}{\sqrt{2}\angle -45°} \times 16\angle -36.9° \text{ mA} = 8\sqrt{2}\angle 98.1° \text{ mA}$$

$$\dot{I}_L = \frac{1-j2}{(1-j2)+j1}\dot{I} = \dot{I} - \dot{I}_C = 25.3\angle -55.3° \text{ mA}$$

所以有
$$i(t) = 16\sqrt{2}\cos(3000t - 36.9°)\text{ mA}$$
$$i_C(t) = 16\cos(3000t + 98.1°)\text{ mA}$$
$$i_L(t) = 25.3\sqrt{2}\cos(3000t - 55.3°)\text{ mA}$$

例 3-14　相量模型如图 3-31 所示，试列出节点电压相量方程。

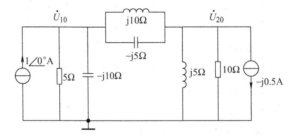

图 3-31　例 3-14 图

解：
$$\left(\frac{1}{5} + \frac{1}{-j10} + \frac{1}{j10} + \frac{1}{-j5}\right)\dot{U}_{10} - \left(\frac{1}{j10} + \frac{1}{-j5}\right)\dot{U}_{20} = 1\angle 0°$$

$$-\left(\frac{1}{j10} + \frac{1}{-j5}\right)\dot{U}_{10} + \left(\frac{1}{10} + \frac{1}{j5} + \frac{1}{-j5} + \frac{1}{j10}\right)\dot{U}_{20} = -(-j0.5)$$

$$\begin{cases} (0.2+j0.2)\dot{U}_{10} - j0.1\dot{U}_{20} = 1 \\ -j0.1\dot{U}_{10} + (0.1-j0.1)\dot{U}_{20} = j0.5 \end{cases}$$

例 3-15 电路如图 3-32 a 所示，已知 $u(t) = 220\sqrt{2}\sin(1000t + 45°)$ V，$R = 20\Omega$，$L = 20$mH，$C = 100\mu$F，求 $i(t)$。

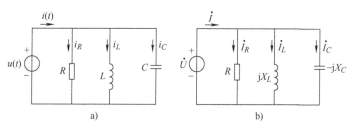

图 3-32 例 3-15 图

解：画出图 3-32a 所示电路的相量模型图，如图 3-32b 所示，根据已知条件电压源相量为

$$\dot{U} = 220\angle 45° \text{ V}$$

则

$$\dot{I}_R = \frac{\dot{U}}{R} = \frac{220\angle 45°}{20}\text{A} = 11\angle 45° \text{ A} = (5.5\sqrt{2} + j5.5\sqrt{2})\text{A}$$

$$\dot{I}_C = j\omega C\dot{U} = j1000 \times 100 \times 10^{-6} \times 220\angle 45° \text{ A}$$
$$= 22\angle 135° \text{ A} = (-11\sqrt{2} + j11\sqrt{2})\text{A}$$

$$\dot{I}_L = \frac{\dot{U}}{j\omega L} = \frac{220\angle 45°}{j1000 \times 20 \times 10^{-3}}\text{A}$$
$$= 11\angle -45° \text{ A} = (5.5\sqrt{2} - j5.5\sqrt{2})\text{A}$$

由 KCL 得

$$\dot{I} = \dot{I}_R + \dot{I}_C + \dot{I}_L$$
$$= [(5.5\sqrt{2} + j5.5\sqrt{2}) + (-11\sqrt{2} + j11\sqrt{2}) + (5.5\sqrt{2} - j5.5\sqrt{2})]\text{A}$$
$$= j11\sqrt{2}\text{ A} = 11\sqrt{2}\angle 90° \text{ A}$$

瞬时值表达式为 $i(t) = 22\sin(1000t + 90°)$ A

例 3-16 电路如图 3-33a 所示，$Z = (5 + j5)\Omega$，用戴维南定理求解 $\dot{I}$。

解：将待求支路断开，如图 3-33b 所示电路，求开路电压 $\dot{U}_{OC}$，得

$$\dot{U}_{OC} = \frac{100\angle 0°}{10 + j10} \times j10\text{V} = 50\sqrt{2}\angle 45° \text{ V}$$

求等效内阻抗 Z_0，将电压源短路，如图 3-33c 所示电路，得

$$Z_0 = \left[\frac{10 \times j10}{10 + j10} + (-j10)\right]\Omega = 5\sqrt{2}\angle -45° \text{ }\Omega$$

戴维南等效电路如图 3-34 所示，电流为

$$\dot{I} = \frac{\dot{U}_{OC}}{Z_0 + Z} = \frac{50\sqrt{2}\angle 45°}{5\sqrt{2}\angle -45° + 5 + j5} A = 5\sqrt{2}\angle 45° \text{ A}$$

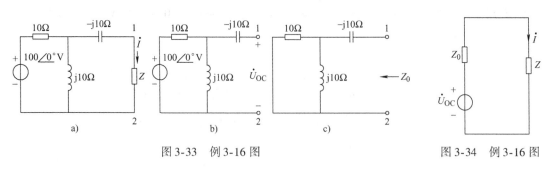

图 3-33 例 3-16 图   图 3-34 例 3-16 图

四、串联谐振与并联谐振

1. 串联谐振原理分析

含有电阻、电容和电感元件，而不含独立电源的二端网络，其端口可能呈现容性、感性及电阻性质。当在一定条件下，电路呈现电阻性，即网络的电压与电流同相位，这种状态就称为谐振。RLC 串联电路发生的谐振现象称为串联谐振。图 3-35a 所示的 RLC 串联电路，在正弦激励情况下，其阻抗为

$$Z = R + j\left(\omega L - \frac{1}{\omega C}\right) = R + j(X_L - X_C) = R + jX$$

式中，X_L、X_C、X 都随激励的频率变化而变化，它们的频率特性曲线如图 3-35b 所示。从图中可见，在 $\omega < \omega_0$ 时，$X_L < X_C$，$X < 0$，电路呈容性；在 $\omega > \omega_0$ 时，$X_L > X_C$，$X > 0$，电路呈感性；在 $\omega = \omega_0$ 时，$X_L = X_C$，$X = 0$，电路呈阻性，发生谐振。因此串联谐振的条件为

$$\omega L = \frac{1}{\omega C}$$

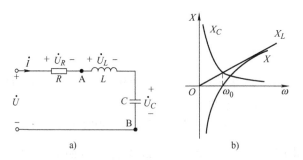

图 3-35 串联谐振电路及其频率特性

谐振角频率用 ω_0 表示，由上式得

$$\omega_0 = \frac{1}{\sqrt{LC}} \tag{3-9}$$

与之相对应的谐振频率为

$$f_0 = \frac{1}{2\pi\sqrt{LC}} \tag{3-10}$$

图 3-35b 所示为电抗随频率变化的特性。显然,从式(3-10) 可知,谐振频率仅与电路参数 L、C 有关,与电阻 R 无关。为了实现谐振或消除谐振,在电源激励频率确定时,可改变 L 或 C;在固定 L 和 C 时,可改变电源激励频率。如调谐式收音机就是通过改变电容 C 以达到选台目的的,所选电台的频率就是谐振频率。

串联谐振时,由于阻抗的虚部为零,电路阻抗就等于电路中的电阻,阻抗的模达到最小值。在一定值的电压作用下,谐振时的电流将达到最大值,称为谐振电流,用 I_0 表示为

$$I_0 = \frac{U}{R}$$

以上结论,是串联谐振电路的一个重要特征,常以此来判断电路是否发生了谐振。

串联谐振时,各元件上的电压分别为

$$\dot{U}_R = \dot{I} R = \frac{\dot{U}}{R} R = \dot{U}$$

$$\dot{U}_L = \dot{I} jX_L = \dot{I} j\omega_0 L$$

$$\dot{U}_C = \dot{I}(-jX_C) = \dot{I}\left(-j\frac{1}{\omega_0 C}\right)$$

由于串联谐振时,阻抗的虚部为 0,即电感电压与电容电压的有效值相等,相位相反,互相抵消,所以图 3-35a 中的 A、B 两点之间可看作短路。电阻电压等于电源电压,故串联谐振也称电压谐振。

2. 串联谐振的状态特征及其描述

(1) 特性阻抗

串联谐振时,虽然电路的电抗 $X = 0$,但感抗 X_L 和容抗 X_C 并不为零,它们彼此相等,即

$$\omega_0 L = \frac{1}{\omega_0 C} = \sqrt{\frac{L}{C}} = \rho$$

式中,ρ 称为串联电路的特性阻抗,单位为 Ω,它是一个只与电路参数 L、C 有关而与频率无关的常量。

(2) 品质因数

在无线电技术中,常用谐振电路的特性阻抗 ρ 与电路电阻 R 的比值大小来表征谐振电路的性能,此比值用字母 Q_P 表示,即

$$Q_P = \frac{\rho}{R} = \frac{\omega_0 L}{R} = \frac{1}{\omega_0 RC} = \frac{1}{R}\sqrt{\frac{L}{C}}$$

Q_P 也是一个仅与电路参数有关的常数,称为谐振电路的品质因数。

这样,谐振时电感和电容的电压有效值应为

$$U_L = IX_L = \frac{U}{R}\omega_0 L = Q_P U$$

$$U_C = IX_C = \frac{U}{R}\frac{1}{\omega_0 C} = Q_P U$$

即该两元件上的电压有效值为电源电压的 Q_P 倍。由于 $\omega_0 L$、$\frac{1}{\omega_0 C}$ 一般远大于 R,即 Q_P 较

大,这就使得谐振时,电感和电容的电压有可能远大于激励电源的电压。在无线电工程中,微弱的信号可通过串联谐振在电感或电容上获得高于信号电压许多倍的输出信号而加以利用。但在电力工程中,由于电源电压本身较高,串联谐振可能产生危及设备的过电压,故应尽量避免。

(3) 功率与能量

谐振时的功率因数为 $\lambda = \cos\varphi = 1$

有功功率为 $P = UI\cos\varphi = UI = I^2R = \dfrac{U^2}{R}$

无功功率为 $Q = UI\sin\varphi = Q_L + Q_C = 0$

整个电路的复功率(详细了解复功率的概念可参考本项目任务3中的内容)为 $\bar{S} = P + jQ = P$。

谐振时电路不从外面吸收无功功率,仅在 L、C 之间进行磁场能量和电场能量的互相转换。L、C 能量的总和为

$$W(\omega_0) = \frac{1}{2}Li^2 + \frac{1}{2}Cu_C^2$$

设 $i = \sqrt{2}\dfrac{U}{R}\sin\omega t$,则有

$$u_C = \sqrt{2}\frac{U}{\omega_0 RC}\sin(\omega t - 90°) = \sqrt{2}Q_P U\sin(\omega t - 90°)$$

所以

$$W(\omega_0) = \frac{L}{R^2}U^2\sin^2\omega t + CQ_P^2 U^2\sin(\omega t - 90°)$$

$$= CQ_P^2 U^2\sin^2\omega t + CQ_P^2 U^2\cos^2\omega t$$

$$= CQ_P^2 U^2 = 常量$$

即 L、C 能量的总和为一个常量,二者不消耗功率。

串联谐振时的功率只消耗在电阻 R 上。

串联谐振的相量图如图3-36所示

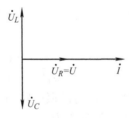

图3-36 串联谐振相量图

3. 串联谐振曲线与选择性

在 RLC 串联电路中,当电源电压幅值一定时,电流 I、电压 U_L 和 U_C 随频率变化的曲线称为谐振曲线,如图3-37所示。以电流为例,分析电流 I 随频率变化的情况如下:

$$I = \frac{U}{|Z|} = \frac{U}{\sqrt{R^2 + (X_L - X_C)^2}} = \frac{U}{\sqrt{R^2 + \left(\omega L - \frac{1}{\omega C}\right)^2}}$$

$$= \frac{U}{\sqrt{R^2 + \omega_0^2 L^2 \left(\frac{\omega}{\omega_0} - \frac{1}{\omega \omega_0 LC}\right)^2}} = \frac{U}{R\sqrt{1 + \frac{\rho^2}{R^2}\left(\frac{\omega}{\omega_0} - \frac{\omega_0}{\omega}\right)^2}}$$

$$= \frac{I_0}{\sqrt{1 + Q_P^2 \left(\frac{\omega}{\omega_0} - \frac{\omega_0}{\omega}\right)^2}}$$

所以
$$\frac{I}{I_0} = \frac{1}{\sqrt{1 + Q_P^2 \left(\frac{\omega}{\omega_0} - \frac{\omega_0}{\omega}\right)^2}}$$

若以 $\frac{\omega}{\omega_0}$ 为横坐标，以 $\frac{I}{I_0}$ 为纵坐标，则对不同的 Q_P 值可作出一组曲线如图 3-38 所示。

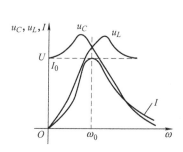
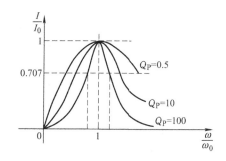

图 3-37 串联电路的谐振曲线　　　　图 3-38 串联谐振通用曲线

图中画出的是 Q_P 分别为 0.5、10、100 时的通用曲线，很明显，Q_P 值的大小影响电流 I 在谐振频率附近变化的陡度。Q_P 越大，变化陡度越大，当 $\frac{\omega}{\omega_0}$ 值稍偏离 1（即 ω 稍偏离 ω_0）时，$\frac{I}{I_0}$ 就急剧下降，表明电路具有选择最接近于谐振频率附近电流的性能，这种性能在无线电技术中称为选择性。Q_P 越大，选择性越好。

工程上还规定，在谐振曲线上 $\frac{I}{I_0}$ 的值为 $\frac{1}{\sqrt{2}}$，即 0.707 时所对应的两个频率之间的宽度称为通频带，它规定了谐振电路允许通过信号的频率范围。不难看出，电路的选择性越好，通频带就越窄，反之，通频带越宽，选择性越差。在无线电技术中，往往是从不同的角度来评价通频带的，当强调电路的选择性时，就希望频带窄一些；当强调电路的信号通过能力时，则希望通频带宽一些。

例 3-17 某收音机的输入回路可简化为一个线圈和可变电容相串联的电路。线圈参数为 $R = 15\Omega$，$L = 0.23\text{mH}$，可变电容的变化范围为 42~360pF，求此电路的谐振频率范围。若某接收信号电压为 10μV，频率为 1000kHz，求此电路中的电流、电容电压及品质因数 Q_P。

解：根据谐振条件有

$$f_{01} = \frac{1}{2\pi \sqrt{LC_1}} = \frac{1}{2\pi \sqrt{0.23 \times 10^{-3} \times 42 \times 10^{-12}}} \text{Hz} = 1620\text{kHz}$$

$$f_{02} = \frac{1}{2\pi \sqrt{LC_2}} = \frac{1}{2\pi \sqrt{0.23 \times 10^{-3} \times 360 \times 10^{-12}}} \text{Hz} = 553\text{kHz}$$

即调频范围为 553～1620kHz。当接收信号为 1000kHz 时，电容值应为

$$C = \frac{1}{\omega_0^2 L} = \frac{1}{(2\pi \times 10^6)^2 \times 0.23 \times 10^{-3}} \text{F} = 110\text{pF}$$

则电路中的电流为

$$I_0 = \frac{U}{R} = \frac{10 \times 10^{-6}}{15} \text{A} = 0.67\mu\text{A}$$

电容电压为

$$U_C = I_0 X_C = 0.67 \times 10^{-6} \frac{1}{2\pi \times 10^6 \times 110 \times 10^{-12}} \text{V} = 0.97\text{mV}$$

电路的品质因数为

$$Q_P = \frac{U_C}{U} = \frac{0.97 \times 10^{-3}}{10 \times 10^{-6}} = 97$$

或

$$Q_P = \frac{\rho}{R} = \frac{1}{15} \times \sqrt{\frac{0.23 \times 10^{-3}}{110 \times 10^{-12}}} = 97$$

4. 并联谐振原理分析

图 3-39 所示 GLC 并联电路是一种典型的谐振电路。与串联谐振的定义相同，即当端口电压 $\dot{U}$ 与端口电流 $\dot{I}$ 同相时的电路工作状况称为并联谐振。

$$Y(j\omega) = \frac{\dot{I}}{\dot{U}} = G + j\left(\omega C - \frac{1}{\omega L}\right)$$

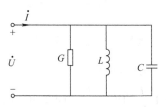

图 3-39　并联谐振电路

根据定义，当 $Y(j\omega)$ 的虚部为 0，即 $\omega C - \frac{1}{\omega L} = 0$ 时，电路发生谐振，此时

$$\omega_0 = \frac{1}{\sqrt{LC}}$$

称为电路谐振角频率。

$$f_0 = \frac{1}{2\pi \sqrt{LC}} \tag{3-11}$$

称为电路谐振频率。

5. 并联谐振的状态特征及其描述

在理想情况下,并联谐振时的输入导纳最小,且 $Y(j\omega_0) = \dfrac{\dot{I}}{\dot{U}} = G$,或者说输入阻抗最大 $Z(j\omega_0) = R$,电路呈纯电阻性。

并联谐振时,在电流有效值 I 不变的情况下,电压 U 为最大,且

$$U(j\omega_0) = |Z(j\omega_0)|I = RI$$

电路的品质因数为

$$Q_P = \frac{\omega_0 C}{G} = \frac{1}{\omega_0 LG} = \frac{1}{G}\sqrt{\frac{C}{L}} \tag{3-12}$$

并联谐振时各元件上的电流为

$$\dot{I}_G = G\dot{U} = GR\dot{I} = \dot{I}$$

$$\dot{I}_L = -j\frac{1}{\omega_0 L}\dot{U} = -j\frac{1}{\omega_0 L}R\dot{I} = -jQ_P\dot{I}$$

$$\dot{I}_C = j\omega_0 C\dot{U} = \dot{I}_C = j\omega_0 CR\dot{I} = jQ_P\dot{I}$$

$$\dot{I}_L + \dot{I}_C = 0$$

电流 $\dot{I}_G$ 等于电源电流 $\dot{I}$,电流 $\dot{I}_L$ 与 $\dot{I}_C$ 大小相等,方向相反,相互抵消,故并联谐振也称为电流谐振。当 $Q_P > 1$ 时,$I_L = I_C > I$;当 $Q_P \gg 1$ 时,L、C 两端出现远远大于外施电流 I_S 的大电流,这种现象称为过电流现象。

谐振时的功率为:

有功功率 $\qquad\qquad\qquad P = GU^2$

无功功率 $\qquad\qquad\qquad Q = Q_L + Q_C = 0$

这表明电感储存的磁场能量与电容储存的电场能量彼此相互交换,两种能量之和为

$$W(\omega_0) = W_L(\omega_0) + W_C(\omega_0) = LQ_P^2 I^2 = \frac{1}{2}LQ_P^2 I_m^2 = 常数$$

6. 常见并联谐振电路的特性分析

工程上经常采用电感线圈和电容组成并联谐振电路,如图 3-40 所示,其中 R 和 L 的串联支路表示实际的电感线圈。该电路导纳为

$$Y(j\omega) = j\omega C + \frac{1}{R + j\omega L} = \frac{R}{R^2 + \omega^2 L^2} + j\left(\omega C - \frac{\omega L}{R^2 + \omega^2 L^2}\right)$$

谐振时有 $\mathrm{Im}[Y(j\omega_0)] = 0$,即

$$\omega_0 C - \frac{\omega_0 L}{R^2 + \omega_0^2 L^2} = 0$$

故谐振角频率 $\qquad \omega_0 = \dfrac{1}{\sqrt{LC}}\sqrt{1 - \dfrac{CR^2}{L}} \qquad (3\text{-}13)$

谐振频率 $\qquad f_0 = \dfrac{1}{2\pi}\dfrac{1}{\sqrt{LC}}\sqrt{1 - \dfrac{CR^2}{L}} \qquad (3\text{-}14)$

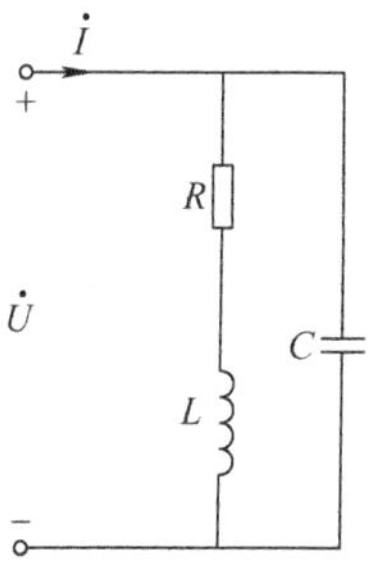

图 3-40 实际的并联谐振电路

显然，当 $1 - \dfrac{CR^2}{L} > 0$ 即 $R < \sqrt{\dfrac{L}{C}}$ 时，ω_0 为实数，电路才发生谐振。并联谐振时的输入导纳为

$$Y(j\omega_0) = \dfrac{R}{R^2 + \omega_0^2 L^2} = \dfrac{CR}{L}$$

品质因数为

$$Q_P = \dfrac{\dfrac{\omega_0 L}{R^2 + \omega_0^2 L^2}}{\dfrac{R}{R^2 + \omega_0^2 L^2}} = \dfrac{\omega_0 L}{R} \tag{3-15}$$

在 $R \ll \sqrt{\dfrac{L}{C}}$ 时，谐振特点接近理想情况，即 $\omega_0 = \sqrt{\dfrac{1}{LC}}$。

并联谐振的特点：

1）电流、电压同相位，电路呈电阻性。
2）电流源供电，电路呈高阻抗特性。
3）$I_C \approx I_L = Q_P I_S$，即通过电感或电容支路的电流是总电流的 Q_P 倍。

对串联、并联电路的特点进行比较，见表 3-4。

表 3-4 串联、并联电路的特点比较

电　路	RLC 串联电路	GCL 并联电路
阻抗（导纳）	阻抗：$Z(j\omega_0) = R$ 阻抗值最小	导纳：$Y(j\omega_0) = G$ 导纳值最小，即阻抗值最大
谐振频率	$\omega_0 = \sqrt{\dfrac{1}{LC}}$	$\omega_0 = \sqrt{\dfrac{1}{LC}}$
品质因数	$Q_P = \dfrac{\omega_0 L}{R} = \dfrac{1}{\omega_0 CR}$	$Q_P = \dfrac{\omega_0 C}{G} = \omega_0 LG$
电流（电压）	电流：$\dot{I} = \dfrac{\dot{U}}{R}$，$I_0 = \dfrac{U}{R}$ 电流值最大	电压：$\dot{U} = \dfrac{\dot{I}}{G}$，$U_0 = \dfrac{I}{G}$ 电压值最大
各元件电压（电流）	各元件电压 $\dot{U}_{R0} = \dot{U}$ $\dot{U}_{L0} = jQ_P \dot{U}$，$\dot{U}_{C0} = -jQ_P \dot{U}$ $\dot{U}_{X0} = 0$ LC 部分短路	各元件电流 $\dot{I}_{R0} = \dot{I}$ $\dot{I}_{L0} = -jQ_P \dot{I}_0$，$\dot{I}_{C0} = jQ_P \dot{I}_0$ $\dot{I}_{B0} = 0$ LC 部分断路

例 3-18 电路如图 3-41a 所示，已知：$u_S(t) = 220\sqrt{2}\cos 314t \text{V}$。

（1）若改变 Z_L 但电流 $\dot{I}_L$ 的有效值始终保持为 10A，试确定电路参数 L、C。

（2）当 $Z_L = (11.7 - j30.9)\Omega$ 时，试求 $u_L(t)$。

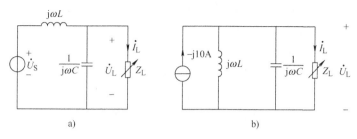

图 3-41 例 3-18 图

解：对原电路进行一次电源等效变换如图 3-41b 所示，当使 L、C 发生并联谐振时，可保证 Z_L 中的电流有效值不变，即为等效电流源的有效值 10A。

(1) 由

$$I_S = \frac{U_S}{\omega L} = 10\text{A}$$

则

$$L = \frac{U_S}{I_S \omega} = \frac{220}{10 \times 314} \text{H} = 0.07\text{H}$$

$$C = \frac{1}{\omega^2 L} = 145 \mu\text{F}$$

(2)

$$\dot{U}_L = \dot{I}_L Z_L = (-\text{j}10) \times (11.7 - \text{j}30.9)\text{V}$$
$$= 33 \angle -69° \times (-\text{j}10)\text{V}$$
$$= 330 \angle -159° \text{V}$$

所以有

$$u_L(t) = 330\sqrt{2}\cos(314t - 159°)\text{V}$$

[技能训练]

技能训练　熟练连接荧光灯电路

一、训练地点

电工基础实训室。

二、训练器材

交流电压表、电流表；8W 灯管、辉光启动器、镇流器、开关、熔断器、万用表。

三、荧光灯电路介绍

1. 荧光灯电路的组成及工作原理

图 3-42 所示电路中 HL 为 8W 荧光灯灯管，管内充有汞蒸气，在高电压（约 400V，称为起辉电压）作用下，将发生碰撞电离，汞蒸气电离时，产生的紫外线射在管壁的萤光粉上，将产生白色或其他色彩的可见光（光的颜色，取决于萤光粉材料）。当气体电离后，在高电压作用下，会发生"崩溃"电离，形成很大电流，若不设法限制电流，则会烧坏灯管。因此在灯管的回路中，增设一个镇流器（L_d），这是一个铁心电抗线圈，为了防止镇流器电抗饱和，因此它的铁心有一个很小的空气隙（通常用垫电容纸或涤纶膜来构成气隙），图 3-42 中 L_d 的图形符号表明它是一个带气隙铁心电抗器。

由于有效值为 220V 的交流电的峰值电压 $U_\mathrm{m}=\sqrt{2}\times$ 220V = 311V，达不到启辉的要求，因此又增设了一个辉光启动器 S（STARTER），它与灯管并联。辉光启动器是一个有两个电极的氖泡，其中一个电极为双金属片（它由热膨胀系数不同的两种金属片压合而成），当它受热时，由于膨胀系数不同，它将向热膨胀系数小的一方弯曲。

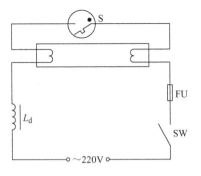

图 3-42 荧光灯电路

辉光启动器的功能如下：合上开关 SW 后，220V 交流电压通过镇流器，加在荧光灯灯管与辉光启动器两端（两者并联），由于这时电压未达到灯管启辉电压，灯管无法通电；但电压加在辉光启动器上，将使氖泡内的氖气电离（发出橘红光），氖泡中的电极因氖气电离而发热，双金属片向外弯曲，导致两电极接触。由于接触电阻很小，因此使通过镇流器 L_d 的电流增加很多。

氖泡两电极接触后，极间气体电离便消失，电极便迅速冷却，双金属片又恢复分开的原状。而辉光启动器两极的突然分开，通过镇流器的电流便迅速降到零，它将使镇流器产生很大的自感电动势 $\left(e_L=L_\mathrm{d}\dfrac{\mathrm{d}i}{\mathrm{d}t}\right)$，此电动势将超过荧光灯管的启辉电压，从而使荧光灯管启辉，通电发光。

当荧光灯通电后，8W 荧光灯管的电压为 80V 左右，低于辉光启动器启辉电压，辉光启动器停止工作（但当灯管用旧后，等效电阻变大，灯管压降增加，可能使辉光启动器再次启辉，会导致辉光启动器反复启辉闪烁）。

为了防止辉光启动器氖泡电极间电离火花产生的电磁波辐射对无线电波产生干扰，通常在辉光启动器两端再并接一个很小的涤纶电容，以旁路高频电流。

图 3-42 中 FU 为熔断器（选 0.5A 熔丝）。

2. 荧光灯电路的等效电路

荧光灯电路中的灯管属于电阻性负载，镇流器 L_d 是一个具有电阻的电感性负载（可看成电阻与电感的串联），因此它的等效电路如图 3-43a 所示。

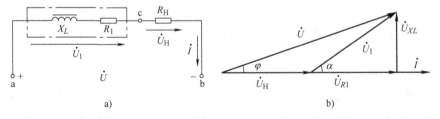

图 3-43 荧光灯电路等效电路图与电压相量图

由图 3-43a 可见，荧光灯电路相当于由两个电阻（灯管电阻 R_H、镇流器电阻 R_1）及一个电感 L 串联构成。电路电压的相量图如图 3-43b 所示。

对串联电路，由于通过各元件的电流相同，画相量图时，通常以电流 $\dot{I}$ 为参考轴。电阻电压 $\dot{U}_R$ 与 $\dot{I}$ 同相，电感电压 $\dot{U}_{XL}$ 较 $\dot{I}$ 超前90°，于是可画出图 3-43b 所示的电压、电流相量图。图中，$\dot{U}_\mathrm{H}$ 为灯管电压，$\dot{U}_{R1}$ 为镇流器电阻电压，$\dot{U}_{XL}$ 为镇流器电感电压，$\dot{U}_1$ 为镇流器电压，总电压为 $\dot{U}$（在实际中，只能测出 U_H 与 U_1 及 U）。

四、训练内容与步骤

1. 接线

按图 3-42 所示电路接线，直到熟练为止（电源电压为交流 220V）。

2. 练习使用交流电流表和交流电压表

（1）交流电流表的使用

交流电流表的实物图如图 3-44 所示，使用方法如下：

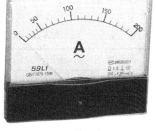

a) 数字式　　　　　　　　b) 模拟式

图 3-44　交流电流表

1) 交流电流表要与用电器串联在电路中。

2) 被测电流不要超过电流表的量程。

3) 绝对不允许不经过用电器而把电流表连到电源的两极上（电流表内阻很小，相当于一根导线。若将电流表连到电源的两极上，轻则指针打歪，重则烧坏电流表、电源、导线）。

4) 交流电流表读数时：

一看：量程。看电流表的测量范围。

二看：分度值。看表盘的一小格代表多少。

三看：指针位置。看指针的位置包含了多少个分度值。

（2）交流电压表的使用

交流电流表的实物图如图 3-45 所示，使用方法如下：

1) 使用规则。交流电压表的输入电阻很大，当表的量程开关置于较小档位时，表针会急速偏转到最右边，俗称"打表"。平时应该将量程开关置于较高的档位。

2) 接线方法。测量时黑线必须与被测电路的地线相连，不能反接，即电子测量仪器的地线与被测电路的地线相连，俗称"共地"，不然会引入干扰，使测量结果不准确。

3) 读数方法。从交流电压表指针所对应表盘的电压刻度读出的数值是有效值，但是这个有效值是针对正弦波而言的，对于非正弦波则得不到正确的结果，所以，测量之前要确知被测电压是正弦波，如果正弦波存在较大的失真，则测量结果将不再准确。

3. 测量

用交流电流表测量线路电流 I，用交流电压表测量总电压 U、灯管电压 U_H 及镇流器电压 U_1，并记录于表 3-5 中。

a) 数字式　　　　　　　　　b) 模拟式

图 3-45　交流电压表

表 3-5　荧光灯各部件的电压与电流

电流 I/A	总电压 U/V	灯管电压 U_H/V	镇流器电压 U_1/V

[课后巩固]

3-2-1　试求 200μF 电容在 50Hz 及 1kHz 时的容抗；1.4H 电感在 50Hz 及 1kHz 时的感抗。

3-2-2　RLC 串联电路中，已知 $R=10\Omega$，$L=0.2$H，$C=10\mu$F，在电源频率分别为 200Hz 和 300Hz 时，电路各呈现什么性质？

3-2-3　把一个可忽略电阻的线圈 $L=0.32$H，接入为正弦交流电源 $u_L=220\sqrt{2}\sin(314t-45°)$V 上。求：（1）流过电感的电流瞬时值表达式；（2）写出电压及电流的相量式，并绘出它们的相量图。

3-2-4　在纯电感电路中，已知 $u=10\sin(100t+30°)$V，$L=0.2$H，计算该电感元件的感抗、流经电感元件的电流、电感的有功功率。

3-2-5　已知负载的电压与电流相量分别为：

（1）$\dot{U}=200\angle 60°$ V，$\dot{I}=20\angle 60°$ A

（2）$\dot{U}=200\angle 120°$ V，$\dot{I}=20\angle 30°$ A

（3）$\dot{U}=200\angle 30°$ V，$\dot{I}=20\angle 120°$ A

请计算各负载的阻抗，并判断它们分别是什么性质的阻抗。

3-2-6　纯电阻电路中，已知 $u_R=U_{Rm}\sin(\omega t-\pi/4)$V，试作出电阻两端电压和流过电阻的电流相量图。

3-2-7　在纯电容电路中，已知 $i_C=I_{Cm}\sin(\omega t+\pi/4)$A，试作出电容两端电压和流过电容的电流相量图。

3-2-8　在纯电感电路中，已知 $u_L=U_{Lm}\sin(\omega t-3\pi/4)$V，试作出电感两端电压和流过电感的电流相量图。

3-2-9 有一个 RL 串联电路（工频），已知：$R=60\Omega$，$X_L=80\Omega$，电压 $u=220\sqrt{2}\sin\omega t\text{V}$，试求电路的 Z、$\dot{I}$、功率 P。

3-2-10 一个 RLC 串联电路，$R=20\Omega$，$L=250\mu\text{H}$，$C=346\text{pF}$，接在有效值为 2.5V 的正弦交流电源上。试求：（1）电路的谐振频率 f_0；（2）电路的品质因数 Q_P；（3）谐振时的电流 I。

3-2-11 有两个正弦交流电流（$f=50\text{Hz}$），其有效相量分别为 $\dot{I}_1=10\text{A}$，$\dot{I}_2=5\text{jA}$，则对应的正弦函数表达式分别是什么？

3-2-12 有一个 RC 串联电路（工频），已知：$R=10\text{k}\Omega$，$X_C=10\text{k}\Omega$，电压 $u=220\sqrt{2}\sin\omega t\text{V}$，试求电路的阻抗、电流、各元件的电压，要求用相量表示。

任务3 荧光灯电路的功率测量及功率因数提高

[任务描述]

计算正弦稳态电路的功率并找到提高功率因数的方法。测量荧光灯电路的功率和功率因数。

[任务目标]

知识目标 1. 掌握正弦稳态电路的功率计算方法。
2. 掌握提高功率因数的方法。

技能目标 会使用功率表和功率因数表测量荧光灯电路的功率和功率因数。

[知识准备]

一、计算正弦稳态电路的功率

1. 瞬时功率 $p(t)$

瞬时功率是一个随时间变化的量。如图 3-46a 所示的无源 R、L、C 二端电路，令 $i=\sqrt{2}I\sin\omega t$，则 $u=\sqrt{2}U\sin(\omega t+\varphi)$ 于是

$$p(t) = ui = \sqrt{2}U\sin(\omega t+\varphi)\sqrt{2}I\sin\omega t \\ = UI\cos\varphi - UI\cos(2\omega t+\varphi) \tag{3-16}$$

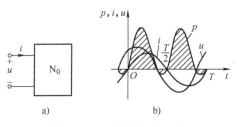

图 3-46 二端网络的功率

式(3-16)表明,二端网络的端口瞬时功率由两部分组成,一部分是常量,另一部分是以两倍于电压频率而变化的正弦量。图 3-46 b 是二端网络的 p、u、i 波形图,从图中可见,在 u 或 i 为零时,p 也为零;u、i 同相时,p 为正,网络吸收功率;u、i 反相时,p 为负,网络发出功率,主要是由于负载中有储能元件存在,说明网络与外界有能量互换。p 的波形曲线与横轴包围的阴影面积说明一个周期内网络吸收的能量比释放的能量多,说明网络有能量的消耗。

瞬时功率的计算和测量都不方便,通常也不需要对它进行计算和测量。

2. 有功功率(平均功率)P

平均功率(又称有功功率)是瞬时功率在一个周期内的平均值,即

$$P = \frac{1}{T}\int_0^T p(t)\mathrm{d}t = \frac{1}{T}\int_0^T [UI\cos\varphi - UI\cos(2\omega t + \varphi)]\mathrm{d}t$$

故
$$P = UI\cos\varphi \tag{3-17}$$

式(3-17)代表正弦稳态电路平均功率的一般形式,它表明二端电路实际消耗的功率不仅与电压、电流的大小有关,而且与电流、电压的相位差 φ 有关。

式(3-17)中电压与电流的相位差 $\varphi = \varphi_u - \varphi_i$ 称为该端口的功率因数角,$\cos\varphi$ 称为该端口的功率因数,通常用 λ 表示,即 $\lambda = \cos\varphi$。

对于电阻元件 R:$\varphi = 0°$,$\cos\varphi = 1$,$P_R = U_R I_R$

对于电感元件 L:$\varphi = 90°$,$\cos\varphi = 0$,$P_L = 0$

对于电容元件 C:$\varphi = -90°$,$\cos\varphi = 0$,$P_C = 0$

3. 无功功率 Q

在工程上常常需要知道无功功率,前面已经讲过,无功功率用 Q 表示,其表达式为

$$Q = UI\sin\varphi \tag{3-18}$$

无功功率与瞬时功率中的可逆部分有关,相对于有功功率而言,它不是实际做功的功率,而是反映了二端网络与外部能量交换的最大速率。

无功功率是一些电气设备正常工作所必需的指标。无功功率的量纲与有功功率相同,为了反映出与有功功率的区别,在国际单位制(SI)中,无功功率的单位为乏(var)或千乏(kvar)。

对于电阻元件 R:$\varphi = 0°$,$\sin\varphi = 0$,$Q_R = 0$

对于电感元件 L:$\varphi = 90°$,$\sin\varphi = 1$,$Q_L = U_L I_L$

对于电容元件 C:$\varphi = -90°$,$\sin\varphi = -1$,$Q_C = -U_C I_C$

一般地,对于感性负载,$0° \leq \varphi \leq 90°$,有 $Q > 0$;对于容性负载,$-90° \leq \varphi \leq 0°$,有 $Q < 0$。在网络中既有电感元件又有电容元件时,无功功率相互补偿,它们在网络内部先自行交换一部分能量后,不足部分再与外界进行交换,这样二端网络的无功功率应为

$$Q = Q_L + Q_C$$

上式表明,二端网络的无功功率是电感元件无功功率与电容元件无功功率的代数和。式中,Q_L 为正值,Q_C 为负值,Q 为一代数量,可正可负。

4. 视在功率 S

电气设备的容量是由其额定电流与额定电压的乘积决定的,因此定义二端电路的电流有效值与电压有效值的乘积为该端口的视在功率,用 S 表示,即

$$S = UI \tag{3-19}$$

视在功率表征了电气设备容量的大小。在使用电气设备时，一般电流、电压都不能超过其额定值。视在功率的量纲与有功功率相同，为了反映与有功功率的区别，在国际单位制（SI）中，视在功率的单位用伏安（V·A）或千伏安（kV·A）表示。

有功功率 P、无功功率 Q、视在功率 S 之间存在着下列关系：

$$P = UI\cos\varphi = S\cos\varphi, \quad Q = UI\sin\varphi = S\sin\varphi$$

则

$$S = \sqrt{P^2 + Q^2}, \quad \cos\varphi = \frac{P}{S}$$

可见，P、Q、S 可以构成一个直角三角形，称之为功率三角形，如图 3-47 所示。

在正弦稳态电路中所说的功率，如不加特殊说明，均指平均功率也即有功功率。

5. 复功率

二端网络的 P、Q、S 之间的关系，可用一个复数来表达，该复数称为"复功率"，则

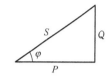

图 3-47　功率三角形

$$\bar{S} = P + jQ = |\bar{S}|\angle\varphi \tag{3-20}$$

$$\bar{S} = UI\cos\varphi + jUI\sin\varphi = UI\angle\varphi = UI\angle\varphi_u - \varphi_i$$

即

$$= U\angle\varphi_u \cdot I\angle-\varphi_i = \dot{U} \cdot \dot{I}^*$$

式中，$\dot{I}^* = I\angle-\varphi_i$，是网络的电流相量，它是 $\dot{I} = I\angle\varphi_i$ 的共轭复数。

复功率 $\bar{S}$ 是一个辅助功率计算的复数，它将正弦稳态电路的三个功率（P、Q、S）和功率因数 $\cos\varphi$ 统一为一个公式表示。只要能计算出电路中的电流、电压相量，就能很方便地计算出各个功率。复功率 $\bar{S}$ 的单位也是伏安（V·A）或千伏安（kV.A）。

应注意，复功率 $\bar{S}$ 不代表正弦量，乘积 $\dot{U}\dot{I}^*$ 没有意义。复功率的概念既适用于二端网络电路，也适用于任何一段电路或单个电路元件。可以证明，正弦交流电路遵循复功率守恒定律，即有功功率守恒和无功功率守恒，但视在功率不守恒。

由式 (3-20) 可知，有功功率 P、无功功率 Q、视在功率 S 可表示为

$$P = \mathrm{Re}[\bar{S}] = UI\cos\varphi$$
$$Q = \mathrm{Im}[\bar{S}] = UI\sin\varphi$$
$$S = |\bar{S}|$$

例 3-19　已知二端电路的电压 $\dot{U} = 220\angle 45°$ V，端口等效阻抗 $Z = (10 + j20)\,\Omega$，计算端口吸收的复功率 $\bar{S}$。

解： $\dot{I} = \dfrac{\dot{U}}{Z} = \dfrac{220\angle 45°}{10+j20}\mathrm{A} = \dfrac{220\angle 45°}{22.36\angle 63.4°}\mathrm{A} = 9.84\angle -18.4°\,\mathrm{A}$

$$\bar{S} = \dot{U}\dot{I}^* = 220\angle 45° \times 9.84\angle 18.4°$$
$$= 2164.8\angle 63.4°\,\mathrm{V\cdot A} = (969.3 + j1935.7)\,\mathrm{V\cdot A}$$

或

$$\bar{S} = I^2 Z = 9.84^2 \times 22.36\angle 63.4°\,\mathrm{V\cdot A}$$
$$= 2164.8\angle 63.4°\,\mathrm{V\cdot A} = (969.3 + j1935.7)\,\mathrm{V\cdot A}$$

例 3-20 计算图 3-48 所示电路中各支路的有功功率、无功功率、视在功率，电源的复功率及整个电路的功率因数。

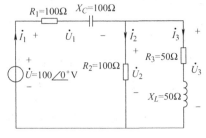

图 3-48　例 3-20 图

解： $Z = R_1 - jX_C + \dfrac{R_2(R_3 + jX_L)}{R_2 + R_3 + jX_L} = 161.2 \angle -29.7° \ \Omega$

各支路电流为

$$\dot{I}_1 = \dfrac{\dot{U}}{Z} = \dfrac{100 \angle 0°}{161.2 \angle -29.7°} A = 0.62 \angle 29.7° \ A$$

$$\dot{I}_2 = \dot{I}_1 \dfrac{R_3 + jX_L}{R_2 + R_3 + jX_L} = 0.28 \angle 56.3° \ A$$

$$\dot{I}_3 = \dot{I}_1 - \dot{I}_2 = 0.39 \angle 10.9° \ A$$

各支路电压为

$$\dot{U}_1 = \dot{I}_1(R_1 - jX_C) = 87.4 \angle -15.3° \ V$$

$$\dot{U}_2 = \dot{U}_3 = \dot{I}_2 R_2 = 28 \angle 56.3° \ V$$

则 I_1 支路的功率为

$$P_1 = U_1 I_1 \cos\varphi_1 = 87.4 \times 0.62 \cos(-15.3° - 29.7°) W = 38.3 W$$

$$Q_1 = U_1 I_1 \sin\varphi_1 = 87.4 \times 0.62 \sin(-15.3° - 29.7°) var = -38.3 var$$

$$S_1 = U_1 I_1 = 87.4 \times 0.62 \ V \cdot A = 54.2 \ V \cdot A$$

$\dot{I}_2$ 支路的功率为

$$P_2 = I_2^2 R_2 = 0.28^2 \times 100 W = 7.84 W$$

$$Q_2 = 0$$

$$S_2 = P_2 = 7.84 \ V \cdot A$$

$\dot{I}_3$ 支路的功率为

$$P_3 = I_3^2 R_3 = 0.39^2 \times 50 W = 7.6 W$$

$$Q_3 = I_3^2 X_L = 0.39^2 \times 50 var = 7.6 var$$

$$S_3 = U_3 I_3 = 28 \times 0.39 \ V \cdot A = 10.9 \ V \cdot A$$

电路总的有功功率为

$$P = P_1 + P_2 + P_3 = (38.3 + 7.84 + 7.6) W = 53.74 W$$

电路总的无功功率为

$$Q = Q_1 + Q_2 + Q_3 = (-38.3 + 7.6)\text{var} = -30.7\text{var}$$

电路总的视在功率为

$$S = UI_1 = 100 \times 0.62 \text{V} \cdot \text{A} = 62 \text{V} \cdot \text{A}$$

注意：$S \neq S_1 + S_2 + S_3$。电源发出的复功率为

$$\overline{S} = \dot{U} \cdot \dot{I}_1^* = 100 \angle 0° \times 0.62 \angle -29.7° \text{ V} \cdot \text{A} = (53.74 - j30.7)\text{V} \cdot \text{A}$$

可见，电源发出的有功功率、无功功率、复功率与各负载吸收的诸功率是平衡的。整个电路的功率因数为

$$\cos\varphi = \cos(-29.7°) = 0.868 \quad （容性）$$

二、功率因数的提高

1. 功率因数提高的意义

电源设备的额定容量是指设备可能发出的最大功率，实际运行中电源设备发出的功率还取决于负载的功率因数，功率因数越高，发出的功率越接近于额定容量，电源设备的能力就越得到充分发挥。另外，由 $I = \dfrac{P}{U\cos\varphi}$ 可知，当负载的功率和电压一定时，功率因数越高，线路中的电流就越小，线路功率损耗 $\Delta P = I^2 r$ 就越低，从而提高了输电效率，改善了供电质量，所以提高功率因数有重要的意义。

2. 功率因数提高的方法

我们接触的负载通常为感性负载，如工业中大量使用的感应电动机、照明荧光灯等。对于这类电路，往往采用在负载端并联适当的电容或同步补偿器来提高功率因数。图 3-49a 所示一感性负载 Z，接在电压为 $\dot{U}$ 的电源上，其有功功率为 P，功率因数为 $\cos\varphi_1$，如要将电路的功率因数提高到 $\cos\varphi$，可采用在负载 Z 的两端并电容 C 的方法实现。下面介绍并联电容 C 的计算方法。

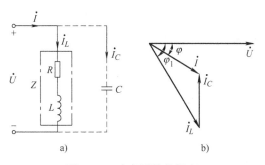

图 3-49　功率因数的提高

未并联电容时，线路中的电流 $\dot{I}$ 等于感性负载的电流 $\dot{I}_L$，此时的功率因数为 $\cos\varphi_1$，φ_1 即为感性负载的阻抗角。

并联电容 C 后，负载本身的工作情况没有任何改变，即其端电压 $\dot{U}$、电流 $\dot{I}_L$ 及阻抗角 φ_1 都没有变，但电源线路中的电流 $\dot{I}$ 变化了。根据相量形式的 KCL，有

$$\dot{I} = \dot{I}_L + \dot{I}_C$$

画出感性负载并联电容后的电路相量图如图 3-49b 所示。由相量图可看出，总电流的有效值由原来的 I_L 减小到 I，而且 $\dot{I}$ 滞后于电压 $\dot{U}$ 的相位也由原来的 φ_1 减小到 φ，所以整个电路的功率因数由原来的 $\cos\varphi_1$ 提高到 $\cos\varphi$。

由图 3-49b 的相量图还可以看出，并联电容后，电容电流 $\dot{I}_C$ 补偿了一部分感性负载电流 $\dot{I}_L$ 的无功分量 $I_L\sin\varphi_1$，从而减小了线路中电流的无功分量，显然，电容电流有效值为

$$I_C = I_L\sin\varphi_1 - I\sin\varphi$$

因为 $I_C = \dfrac{U}{X_C} = U\omega C$，所以要使电路的功率因数由原来的 $\cos\varphi_1$ 提高到 $\cos\varphi$，需并联的电容的电容量为

$$C = \frac{I_L\sin\varphi_1 - I\sin\varphi}{\omega U}$$

由于电路中消耗有功功率的只有负载中的电阻，所以并联电容前后电路的有功功率 P 不变。

并联电容前：$P = UI_L\cos\varphi_1$，则 $I_L = \dfrac{P}{U\cos\varphi_1}$

并联电容后：$P = UI\cos\varphi$，则 $I = \dfrac{P}{U\cos\varphi}$

故 C 也可表示为

$$C = \frac{P(\tan\varphi_1 - \tan\varphi)}{\omega U^2} \tag{3-21}$$

例 3-21 有一台 220V、50Hz、100kW 的电动机，功率因数为 0.6。试求：(1) 在使用时，电源提供的电流是多少？无功功率是多少？(2) 如欲使功率因数达到 1，需要并联多大的电容？此时电源提供的电流是多少？无功功率是多少？

解：(1) 由于 $P = UI\cos\varphi$，所以电源提供的电流为

$$I_1 = \frac{P}{U\cos\varphi_1} = \frac{100 \times 10^3}{220 \times 0.6}\text{A} = 757.6\text{A}$$

无功功率为 $Q_1 = UI_1\sin\varphi_1 = 220 \times 757.6 \times \sqrt{1 - 0.6^2}\text{kvar} = 133.34\text{kvar}$

(2) 并联 C 后，$\cos\varphi = 1$，即 $\tan\varphi = 0$，所以

$$C = \frac{P(\tan\varphi_1 - \tan\varphi)}{\omega U^2} = \frac{100 \times 10^3 \times \left(\dfrac{4}{3} - 0\right)}{100\pi \times 220^2}\mu\text{F} = 8778\mu\text{F}$$

此时电源的电流为 $I = \dfrac{P}{U\cos\varphi} = \dfrac{100 \times 10^3}{220 \times 1}\text{A} = 454.55\text{A}$

无功功率为 $Q = UI\sin\varphi = 220 \times 454.55 \times 0\text{var} = 0\text{var}$

例 3-22 某电路，端口电压为 $u(t) = 50\sqrt{2}\sin(100t + 45°)\text{V}$，端口电流为 $i(t) = 20\sqrt{2}\sin(100t + 30°)\text{A}$，电流与电压为关联参考方向，试求电路吸收的复功率 $\bar{S}$、有功功率 P、无功功率 Q、视在功率 S。

解：根据已知条件，电压、电流相量为
$$\dot{U} = 50 \angle 45° \text{ V}, \quad \dot{I} = 20 \angle 30° \text{ A}$$
所以复功率为
$$\overline{S} = \dot{U}\dot{I}^* = 50 \angle 45° \times 20 \angle -30° \text{ V·A} = 1000 \angle 15° \text{ V·A} = (966 + j259)\text{V·A}$$
故有功功率为
$$P = 966\text{W}$$
无功功率为
$$Q = 259\text{var}$$
视在功率为
$$S = |\overline{S}| = 1000\text{V·A} = 1\text{kV·A}$$

三、最大功率传输

下面讨论如何在正弦稳态电路中使负载获得最大功率。

如图 3-50 所示电路，含源二端电路 N_S 向负载 Z 传输功率，在不考虑传输效率时，研究负载获得最大功率（有功功率）的条件。利用戴维南定理将电路简化为图 3-51 所示电路。

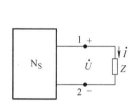

图 3-50　最大传输功率

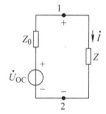

图 3-51　最大传输功率的等效电路

设 $Z_0 = R_0 + jX_0$，$Z = R + jX$，因为
$$I = \frac{U_{OC}}{\sqrt{(R_0 + R)^2 + (X_0 + X)^2}}$$
所以负载 Z 获得的有功功率为
$$P = I^2 R = \frac{U_{OC}^2 R}{(R_0 + R)^2 + (X_0 + X)^2}$$
可见，对任意的 R，只有当 $X = -X_0$ 时，负载才能获得最大的功率，则
$$P = \frac{U_{OC}^2 R}{(R_0 + R)^2}$$

此时 P 仍是 R 的函数，为求 P 的最大值，使 $\dfrac{dP}{dR} = 0$，由此可解得 $R = R_0$。此时负载获得的最大功率为
$$P_{\max} = \frac{U_{OC}^2}{4R_0}$$

因此负载获得最大功率的条件为 $X = -X_0$，$R = R_0$，也即 $Z = Z_0^*$，并称此时为最佳匹配，最佳匹配时电路的传输效率为 50%。

例 3-23　电路如图 3-52 所示，假设 Z_L 的实部、虚部均能变动，若使 Z_L 获得最大功率，Z_L 应为何值，最大功率是多少？

解：先用戴维南定理求出从 a、b 端向左看的等效电路。

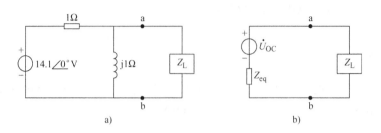

图 3-52 例 3-23 图

$$\dot{U}_{OC} = 14.1\angle 0° \times \frac{j}{1+j}V = 10\sqrt{2}\angle 0° \times \frac{1\angle 90°}{\sqrt{2}\angle 45°}V = 10\angle 45° \text{ V}$$

$$Z_{eq} = \frac{1\times j}{1+j}\Omega = \frac{1}{\sqrt{2}}\angle 45° \ \Omega = (0.5+j0.5)\Omega$$

最佳匹配时,$Z_L = (0.5-j0.5)\Omega$,Z_L 获得的最大功率为

$$P_{Lmax} = \frac{U_{OC}^2}{4R_0} = \frac{10^2}{4\times 0.5}W = 50W$$

[技能训练]

技能训练 测量荧光灯电路的功率和功率因数

一、训练地点

电工基础实训室。

二、训练器材

数字电压表、电流表、交流功率表及功率因数表;1.5μF 电容、2.0μF 电容、4.0μF 电容、8W 灯管、辉光启动器、镇流器、开关、熔断器、万用表。

三、训练内容与步骤

1. 练习使用功率表和功率因数表

(1) 练习使用功率表

电动式功率表的实物图如图 3-53 所示。

① 功率表的接线:功率表接线必须使线圈中的电流遵循一定的方向。在接线时要区分线圈的"起端"和"终端"。功率表线圈的"起端"通常用符号"*"标出。标有"*"号的接线端子称发电机端。接线时电流线圈和电压线圈的发电机端要接在电源的同一极性上,从而保证通过线圈的电流都由发电机端流入。

按照这样的接线原则,功率表的正确接线有两种。图 3-54 是功率表的两种正确接线。图 3-54a 是电压线圈前接的电路,图 3-54b 是电压线圈后接的电路。

图 3-53 电动式功率表实物图

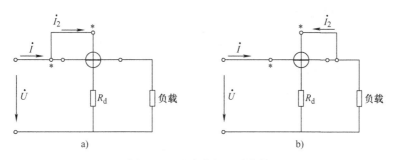

图 3-54 功率表的正确接线

② 功率表的量限：普通功率表的量限是在负载功率因数 $\cos\varphi=1$ 时，电压量限和电流量限的乘积。电流量限是仪表与被测电路串联部分的额定电流。电压量限是仪表电压线圈支路允许承受的额定电压。在选择功率表时，不仅要注意被测功率是否超过功率表的量限，而且还要注意被测电路的电流和电压是否超出功率表的电流量限和电压量限。当被测电路的功率因数 $\cos\varphi<1$ 时，即使功率表的指针未达到满刻度值，而被测电路的电流和电压都有可能已超出了功率表的电流和电压量限。在实际测量中，为了保护功率表，常接入电压表和电流表，以监视被测电路的电流和电压。

功率表量限的改变只需要改变电流或电压量限就可实现。图 3-55 所示是多量限功率表的接线图。电流量限的改变是通过改接图 3-55 中的金属连接片来实现的。金属连接片按图中的虚线位置接线，使两个相同的额定电流为 1A 的电流线圈 1 和 1′ 串联，电流量限为 1A。按实线位置接线，两个电流线圈并联，电流量限为 2A。电压量限的改变靠电压线圈 2 串联不同的分压电阻来实现。

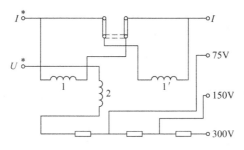

图 3-55 多量限功率表的接线图

③ 功率表的指示值：便携式多量限功率表的标尺不注明瓦特数，只标出分格数，每分格代表的功率值由电流和电压的量限确定。每分格代表的功率值称为分格常数，记作 c，普通功率表的分格常数为

$$c = \frac{U_N I_N}{\alpha_m}$$

式中，U_N 和 I_N 为电压量限和电流量限；α_m 为标尺满刻度的格数。功率表的指示值可按下式计算：

$$P = c\alpha$$

式中，α 为指针偏转格数。

例如，功率表的电压量限为 75V，电流量限为 1A，标尺分格数为 150 格。接入被测电

路,功率表指针偏转 90 格,则

$$P = c\alpha = \frac{U_N I_N}{\alpha_m}\alpha = \frac{75 \times 1}{150} \times 90\text{W} = 45\text{W}$$

(2)练习使用功率因数表

指针式功率因数表的实物图如图 3-56 所示。具体使用方法如下:

图 3-56　指针式功率因数表的实物图

① 连接方法:指针式功率因数表有 4 个接线端,两个电压接线端输入线电压;两个电流接线端中带"*"号的接相电流"+",即同名端;另一个接线柱接相电流的另一端。不同的功率因数表有不同的接线方法,使用前要查看接线说明。

② 读数方法:功率因数表最中间的数值是 1,应该在 45°位置,左下方的为超前,右上方的为滞后。

2. 分析荧光灯功率测试电路

1)荧光灯功率测试电路如图 3-57 所示,除了电压表、电流表以外,电路中还有一个交流功率表和一个功率因数表。功率表有两个输入口,其中一个是电压输入口,它与电路并联;另一个是电流输入口,它与电路串联。这两个输入口带有"*"号的端点,称为"电源端",要求它接在靠电源一侧,如图 3-57 所示,功率因数表的接法与功率表的接法相同。

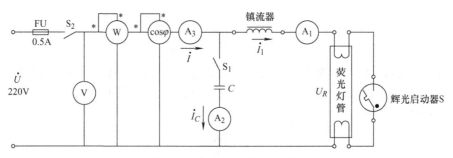

图 3-57　交流电路的功率测量

2)荧光灯电路相当于电阻与电感串联电路,并联补偿电容 C 后,则为电容 C 与 R、L 的并联电路。这时画电压、电流相量图,应以电压 U 作为参考轴。此时的相量图如图 3-58 所示。

由图 3-57 可见，$\dot{I} = \dot{I}_1 + \dot{I}_C$，由于电容电流对电感性电流有补偿作用，因此相位角减小（$\varphi_2 < \varphi_1$），功率因数提高（$\cos\varphi_2 > \cos\varphi_1$），总电流减小（$I < I_1$），这表明负载从电源取用的电流将减小，这样，线路能量损耗将减少，同时占用电源（如电力变压器）的容量也将减小，这就是提高功率因数的积极意义。

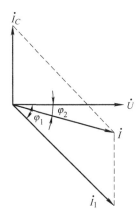

图 3-58　相量图

3. 接线测试

1）按图 3-57 所示电路接线。

2）分别按电容 $C = 0$（不接电容）、$C = 1.5\mu F$、$C = 2.0\mu F$、$C = 4.0\mu F$ 四种情况，读取电压 U，电流 I_1、I_C 和总电流 I，以及功率 P 和功率因数 $\cos\varphi$，并计算出相位角 φ，列入表 3-6 中。

表 3-6　功率与功率因数实验数据

补偿电容 $C/\mu F$	总电压 U/V	总电流 I/A	荧光灯电流 I_1/A	电容电流 I_C/A	功率 P/W	功率因数 $\cos\varphi$	相位角 φ
0							
1.5							
2.0							
4.0							

[课后巩固]

3-3-1　二端网络的电压与电流为关联参考方向，其电压与电流的瞬时值表达式为
$$u(t) = 141\sin(314t + 30°)\text{V}, \quad i(t) = 2\sin(314t - 30°)\text{A}$$
试求该端口吸收的有功功率、无功功率、视在功率和功率因数。

3-3-2　单端口等效阻抗 $Z = (8 + j6)\Omega$，所加电压 $\dot{U} = 220\angle 60°$ V，计算复功率。

3-3-3　功率为 60W，功率因数为 0.5 的荧光灯（感性）负载与功率为 100W 的白炽灯各 50 只并联在 220V 的正弦电源上（$f = 50$Hz）。如果要把电路的功率因数提高到 0.92，应并联多大的电容？

3-3-4 有一电动机,其输入功率为 1.21kW,接在 220V 的交流电源上($f=50$Hz),通入电动机的电流为 11A,试计算电动机的功率因数。如果要把电路的功率因数提高到 0.91,应该给电动机并联多大的电容?并联电容后,电动机的功率因数、电动机中的电流、线路电流及电路的有功功率和无功功率有无改变?

【项目考核】

项目考核单

学生姓名		教师姓名		项目3		
技能训练考核内容（30 分）		仪器准备（10%）	电路连接（50%）	数据测试（40%）		得分
（1）练习使用信号发生器和示波器（5 分）			仪器操作的步骤、规范性、读数			
（2）在示波器上观察正弦交流信号（5 分）						
（3）练习使用交流电流表、交流电压表（5 分）			仪表操作的步骤、规范性、读数			
（4）熟练连接荧光灯电路（5 分）						
（5）练习使用功率表和功率因数表（5 分）			仪表操作的步骤、规范性、读数			
（6）测量荧光灯电路的功率与功率因数（5 分）						
知识测验（70 分）						
完成日期		年　月　日		总分		

附　知识测验

1. 若已知两个频率为 $f=100$Hz 的正弦电压的相量分别为 $\dot{U}_1=100\angle 30°$ V,$\dot{U}_2=-120\angle -150°$ V。求:(1)u_1、u_2 的瞬时值表达式;(2)u_1 与 u_2 的相位差。(8 分,前两个每个 3 分,后一个 2 分)

2. 已知 $u=311\sin 314t$V,则此电压的最大值、有效值、频率和初相位分别为多少?(4 分,每个 1 分)

3. 有两个正弦交流电流 $i_1=70.7\sin(314t-30°)$A,$i_2=60\sin(314t+60°)$A。(1)分别用极坐标形式写出电流的有效值相量;(2)分别用指数形式写出电流的有效值相量。(8 分,每个 2 分)

4. 在纯电容电路中,已知 $u=10\sin(100t+30°)$V,$C=20\mu$F,计算电容元件的容抗、流经电容元件的电流、电容的有功功率。(9 分,每个 3 分)

5. 在图 3-59 所示的电路中,$I_C=10$A,$U_S=\dfrac{10}{\sqrt{2}}$V,求电流 $\dot{I}$ 和电压 $\dot{U}_S$,并画出电路的相量图。(12 分,每个 4 分)

6. 电路如图 3-60 所示,已知 $u_S=220\sqrt{2}\sin(314t+\pi/3)$V,电流表 A 的读数为 2A,电

压表 V_1、V_2 的读数均为 200V。求参数 R、L、C，并作出该电路的相量图（提示：可先画相量图辅助计算）。(8分，每个2分)

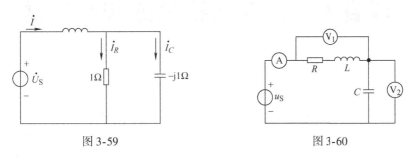

图 3-59　　　　　　　　　　　　图 3-60

7. 在图 3-61 所示的电路中，$\dot{U}_S = 10\angle 0°$ V，$\dot{I}_S = 5\angle 90°$ A，$Z_1 = 3\angle 90°$ Ω，$Z_2 = j2\Omega$，$Z_3 = -j2\Omega$，$Z_4 = 1\Omega$。分别用：（1）叠加定理；（2）电源等效变换；（3）戴维南定理；（4）支路电流法（此法只列式即可）计算电流 $\dot{I}_2$。(20分，每个5分)

8. 在图 3-62 所示的电路中，$R = 2\Omega$，$\omega L = 3\Omega$，$\dfrac{1}{\omega C} = 2\Omega$，$\dot{U}_C = 10\angle 45°$ V。求各元件的电压、电流和电源发出的复功率。(9分，每个3分)

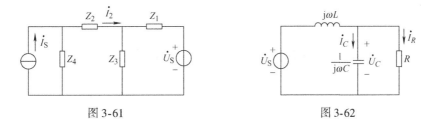

图 3-61　　　　　　　　　　　　图 3-62

9. 在图 3-63 所示的电路中，当 $\omega = 500 \text{rad}\cdot\text{s}^{-1}$ 时，R、L、C 并联电路发生谐振，已知 $R = 5\Omega$，$L = 400\text{mH}$，端电压 $U = 1\text{V}$。求电容 C 的值及电路中的电流和各元件电流的瞬时值表达式。(10分，每个2分)

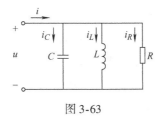

图 3-63

10. 今有 40W 的荧光灯管一个，使用时与镇流器（可把镇流器看作纯电感）串联在电压为 $U = 220\text{V}$、频率为 50Hz 的电源上。已知灯管工作时属纯电阻负载，灯管两端的电压等于 110V，试求镇流器的感抗和电感。这时电路的功率因数等于多少？若将功率因数提高到 0.8，问应并联多大电容？(12分，每个3分)

项目 4　三相电路的连接与测试

【项目描述】

三相电路是生产生活中的常见电路。三相电源和三相负载要以星形或三角形的方式连接起来。由于三相负载不一定对称，所以对三相电路的分析与计算要根据实际情况进行，而功率是三相电路需要计算和测试的重要参数。

【项目目标】

掌握三相电路电源和负载的基本连接方式；掌握对称三相电路分析与计算的方法；了解不对称三相电路分析与计算的过程；正确计算三相电路的功率；掌握三相负载丫联结并测试；掌握三相负载△联结并测试；会判别三相电路的相序；熟练使用功率表测量三相电路的功率。

【项目实施】

任务 1　认识三相电路

[任务描述]

从三相电动势的产生开始认识三相电路，明确三相电源和三相负载丫联结和△联结的连接方式，按照丫联结或△联结连接三相负载并测试。

[任务目标]

知识目标　1. 掌握三相电路电源的丫联结和△联结的连接方式。
　　　　　2. 掌握三相电路负载的丫联结和△联结的连接方式。
技能目标　1. 会丫联结连接三相负载并测试。
　　　　　2. 会△联结连接三相负载并测试。

[知识准备]

一、三相电动势的产生

三相正弦电压是由三相发电机产生的，图 4-1 所示是三相交流发电机原理图，在发电机的定子上，固定有三组结构、匝数完全相同的绕组，它们的空间位置相差 120°。每组绕组称为一相，它们的始端用 A、B、C 标记，末端用 X、Y、Z 标记。三相绕组的三个线圈均匀分布在定子铁心圆表面的槽内，称为定子。转动部分称为转子，转子通常是一对由直流电源供电的磁极，并且配以合适的极面形状。当转子磁极匀速转动时，在各绕组中都将产生正弦

感应电动势，这些电动势的幅值相等、频率相同、相位互差120°，相当于三个独立的正弦交流电压源，它们的瞬时值分别为

$$\begin{cases} e_A = E_m \sin\omega t \\ e_B = E_m \sin(\omega t - 120°) \\ e_C = E_m \sin(\omega t - 240°) = E_m \sin(\omega t + 120°) \end{cases}$$

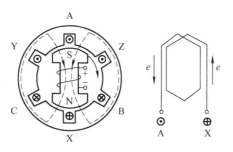

图 4-1　三相交流发电机原理图

图 4-2 表示了上式的相量图和波形图。

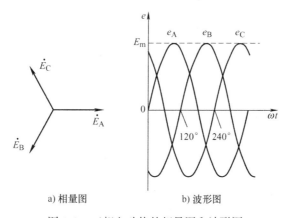

a) 相量图　　　　b) 波形图

图 4-2　三相电动势的相量图和波形图

具有上述特点的电动势，即三个频率相同、幅值相同、相位相差120°的电动势称为对称三相电动势。对称三相电动势的瞬时值和相量值有以下特点：

$$e_A + e_B + e_C = 0$$
$$\dot{E}_A + \dot{E}_B + \dot{E}_C = 0$$

即对称三相电动势的瞬时值或相量值之和等于零。

三相电动势组成的三相电源可以向负载提供三相正弦交流电。三相正弦交流电出现正幅值的先后顺序，称为相序。相序是 A-B-C-A 时，称为正序或顺序。相序是 A-C-B-A 时，称为负序或逆序。

二、三相电源的连接

三相电源通常有星形联结和三角形联结两种方式。

1. 三相电源的星形（丫）联结

如图 4-3 所示，把三相电源的三个末端连接在一起构成一个公共点 N，而从三相电源的始端 A、B、C 分别向外引出三条输出线，就构成了三相电源的星形（丫）联结，公共点 N 称为中性点，从始端引出的输出线称为相线，分别称为 L_1 线、L_2 线、L_3 线或 A 线、B 线、C 线。从 N 点引出的线称为中性线（N 线）或零线，如果中性线接地，则该线又称为地线。

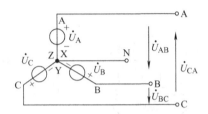

图 4-3 三相电源的星形联结

对称三相电源是由三个等幅值、同频率、初相依次相差 120°的正弦电压源连接成星形（丫）电源。这三个电源依次称为 A 相、B 相和 C 相，每一相对应的电压称为相电压。若以 A 相电压作参考正弦量，则它们的瞬时表达式为

$$\begin{cases} u_A = \sqrt{2}U\sin\omega t \\ u_B = \sqrt{2}U\sin(\omega t - 120°) \\ u_C = \sqrt{2}U\sin(\omega t + 120°) \end{cases} \quad (4\text{-}1)$$

相当于三个独立的电压源。它们对应的相量式为

$$\begin{cases} \dot{U}_A = U\angle 0° \\ \dot{U}_B = U\angle -120° \\ \dot{U}_C = U\angle 120° \end{cases} \quad (4\text{-}2)$$

三相电源连接成星形时，可以得到两种电压，一种是相线与中性线的电压，称为相电压，用 $\dot{U}_A$、$\dot{U}_B$、$\dot{U}_C$ 表示，其有效值一般用 U_P 表示。另一种是任意两条相线之间的电压，称为线电压，用 $\dot{U}_{AB}$、$\dot{U}_{BC}$、$\dot{U}_{CA}$ 表示，其有效值一般用 U_L 表示。相电压的参考方向，选定为自相线指向中性线；线电压的参考方向，如 $\dot{U}_{AB}$，是由 A 线指向 B 线。

由图 4-3 可知

$$\begin{cases} \dot{U}_{AN} = \dot{U}_A \\ \dot{U}_{BN} = \dot{U}_B \\ \dot{U}_{CN} = \dot{U}_C \end{cases} \quad (4\text{-}3)$$

图 4-4 所示是表示对称丫电源线电压与相电压的相量关系的相量图。

由图 4-4 可知它们的关系为

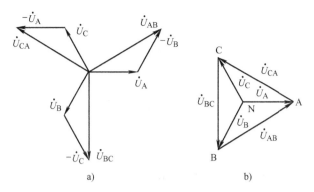

图 4-4 三相电源星形联结时的相量图

$$\begin{cases} \dot{U}_{AB} = \dot{U}_A - \dot{U}_B = \sqrt{3}\,\dot{U}_A \angle 30° \\ \dot{U}_{BC} = \dot{U}_B - \dot{U}_C = \sqrt{3}\,\dot{U}_B \angle 30° \\ \dot{U}_{CA} = \dot{U}_C - \dot{U}_A = \sqrt{3}\,\dot{U}_C \angle 30° \\ \dot{U}_{AB} + \dot{U}_{BC} + \dot{U}_{CA} = 0 \end{cases} \qquad (4\text{-}4)$$

三相电路中电流有两种表示方式：$\dot{I}_{AN}$、$\dot{I}_{BN}$、$\dot{I}_{CN}$ 是流过各相电源的电流，称为相电流，其有效值一般用 I_P 表示；$\dot{I}_A$、$\dot{I}_B$、$\dot{I}_C$ 是流过相线的电流，称为线电流，其有效值一般用 I_L 表示。

对于星形联结电路的线电流与相电流的关系为

$$\begin{cases} \dot{I}_A = \dot{I}_{AN} \\ \dot{I}_B = \dot{I}_{BN} \\ \dot{I}_C = \dot{I}_{CN} \end{cases} \qquad (4\text{-}5)$$

式 (4-4) 说明，对于对称丫电源，相电压对称时，线电压也一定依序对称，线电压的大小（U_L）是相电压大小（U_P）的 $\sqrt{3}$ 倍，即 $U_L = \sqrt{3}\,U_P$，相位依次超前对应相电压相位 30°。

式 (4-5) 说明，对于对称丫电源，线电流等于对应的相电流，大小相等，即 $I_L = I_P$，相位相同。

星形联结的三相电源，可引出四根导线，即三根相线和一根零线，称为三相四线制，能为负载提供两种电压。若只有三根相线没有零线，则称为三相三线制，只能为负载提供一种电压。

2. 三相电源的三角形（△）联结

如果把对称三相电源顺次相接，即 X 与 B、Y 与 C、Z 与 A 组成一回路，再从三个节点引出三条导线向外送电，如图 4-5 所示，就构成了三相电源的三角形联结。这种连接方式，只能是三相三线制。

由图可知：三角形联结时的线电压等于相电压，但相电流不等于线电流。

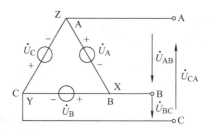

图 4-5 三相电源三角形联结

三角形联结时电源相电压和线电压的关系为

$$\begin{cases} \dot{U}_{AB} = \dot{U}_A \\ \dot{U}_{BC} = \dot{U}_B \\ \dot{U}_{CA} = \dot{U}_C \end{cases} \quad (4\text{-}6)$$

从相量图上可以看出,对称三相正弦电压的瞬时值之和为零。这样能保证在没有输出的情况下,在电源内部没有回路电流。但是,如果某一相的始端与末端接反,则会在回路中引起电流,例如 C 相接反,则有

$$\dot{U} = \dot{U}_A + \dot{U}_B - \dot{U}_C = -2\dot{U}_C$$

这时,在三角形回路中,有一个大小等于 $2\dot{U}_C$ 的电源存在。由于绕组本身阻抗很小,回路将产生很大的环流,发电机有烧毁的危险,这是绝对不允许的。实际电源的三相电动势不是理想的对称三相电动势,它们之和并不绝对等于零,故三相电源通常都连成星形,而不连成三角形。

三、三相电路负载的连接

一般低压供电的线电压是 380V,它的相电压是 $380V/\sqrt{3} = 220V$。各种照明灯具、家用电器一般都采用 220V,而单相变压器、电磁铁等既有 220V 的也有 380V 的,这类电气设备只需单相电源就能正常工作,统称为单相负载。单相负载若额定电压是 380V,就接在两根相线之间;若额定电压是 220V,就接在相线和中性线之间,另有一类电气设备必须接在三相电源上才能正常工作,例如三相交流电动机、大功率的三相电炉等,这些三相负载的各相阻抗总是相等的,是一种对称的三相负载。而大批量的单相负载对于三相电源来说,在总体上也可看成是三相负载,但这种三相负载一般是不对称的。三相负载的连接方式有两种,即星形联结和三角形联结,采用哪种连接方式根据负载的额定电压和电源电压来决定。

1. 三相负载的星形(丫)联结

三相负载的星形联结,就是把三相负载的一端连接到一个公共端点,负载的另一端分别连到电源的三条相线上。负载的公共端点称为负载的中性点,简称中点,用 N′ 表示。负载中点与电源中点的连线称为中性线,两中点间的电压 $\dot{U}_{N'N}$ 称为中点电压。如图 4-6 所示电路,从 A′、B′、C′ 引出三根相线与三相电源相连,负载中性点 N′ 与电源中性点 N 相连的线是中性线。

三相负载星形联结时,流经各相负载的电流称为相电流,分别用 $I_{A'N'}$、$I_{B'N'}$、$I_{C'N'}$ 表

示,而流经相线的电流称为线电流,分别用 i_A、i_B、i_C 表示,方向如图 4-6 所示,显然三相负载星形联结时,线电流与相应的相电流相等,即

$$i_A = i_{A'N'}; \quad i_B = i_{B'N'}; \quad i_C = i_{C'N'}$$

流过中性线的电流称为中性线电流,用 i_N 表示,在图 4-6 所示的电流方向下,中性线电流 i_N 为

$$i_N = i_A + i_B + i_C$$

若线电流 i_A、i_B、i_C 为一组对称三相正弦量,则 $i_N = 0$,此时,若将中性线去掉,则对电路没有任何影响。

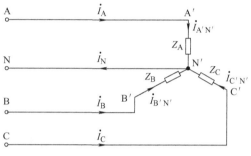

图 4-6 三相负载的星形联结

2. 三相负载的三角形(△)联结

将三相负载 Z_A、Z_B、Z_C 接成三角形后与电源相连,如图 4-7 所示,就是负载的三角形联结。

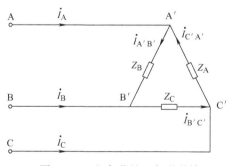

图 4-7 三相负载的三角形联结

此时,每相负载的相电压等于线电压,每相负载流过的电流为相电流,分别用 $i_{A'B'}$、$i_{B'C'}$、$i_{C'A'}$ 表示,线电流为 i_A、i_B、i_C。在图 4-7 所示的参考方向下,根据 KCL 有

$$i_A = i_{A'B'} - i_{C'A'} \quad i_B = i_{B'C'} - i_{A'B'} \quad i_C = i_{C'A'} - i_{B'C'}$$

将三角形联结的三相负载看成一个广义节点,由 KCL 知,$i_A + i_B + i_C = 0$ 恒成立,与电流的对称无关。

三相负载的相电压、线电压的概念与前面介绍的三相电源中的有关概念相同，这里就不再讨论。

三相电源和三相负载相互连接构成三相电路。根据电源与负载接法不同，理论上分为以下五种连接方式：

Y—Y联结方式：电源Y联结，负载Y联结，无中性线。

Y—△联结方式：电源Y联结，负载△联结。

△—Y联结方式：电源△联结，负载Y联结。

△—△联结方式：电源△联结，负载△联结。

Y_0—Y_0联结方式：电源Y联结，负载Y联结，有中性线。Y_0—Y_0联结方式称为三相四线制，即把Y电源的中点与Y负载的中点用一根导线连接起来。

[技能训练]

技能训练 1　连接星形联结三相电路并测试

一、训练地点

电工基础实训室。

二、训练器材

三相交流电源；交流电压表 2 块、交流电流表 3 块；灯座 3 个、15W/220V 灯泡 3 个、40W/220V 灯泡 1 个、电流插座 2 个（SW 单元）、开关 3 个；万用表。

三、训练内容与步骤

1) 按图 4-8 所示电路完成接线，采用 15W/220V 灯泡，相电压采用 127V，所以亮度较暗，但能保证由于中性线断线产生中性点位移造成相电压过高时，不会烧坏灯泡。A 相与 B 相采用两个电流表插座 SW，共用一个电流表；2 块电压表分别测量相电压 U_A 与线电压 U_{AB}。

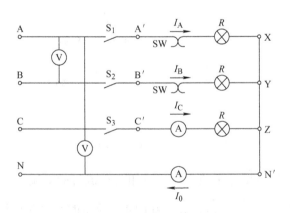

图 4-8　三相四线制供电电路

2) 测量三相负载在有中性线和无中性线（中性线因故障断开）时，负载对称和不对称情况下，负载相电压 U_A、U_B、U_C 与相电流 I_A、I_B、I_C 和中性线电流 I_N 以及中性点位移电压 $U_{NN'}$，记录在表 4-1 中。

表 4-1 负载星形联结实验数据

中性线连接	每相灯功率/W			负载相电压/V			负载电流/A			中性线电流/A	中性点电压/V	灯亮度比较		
	A	B	C	$U_{AN'}$	$U_{BN'}$	$U_{CN'}$	I_A	I_B	I_C	I_N	$U_{NN'}$	A	B	C
有	15	15	15											
	15	40	15											
	15	断开	15											
无	15	15	15											
	15	40	15											
	15	断开	15											
	15	短路	15											

3) 观察实验数据, 判断在三相四线制供电线路中, 中性线是否允许断开或是否允许在中性线上加熔断器。

注意: 本项目所有实验都要注意防止发生触电事故。

技能训练 2　连接三角形联结三相电路并测试

一、训练地点

电工基础实训室。

二、训练器材

三相可调电源 (线电压 220V); 交流电压表 3 块, 交流电流表 3 块; 取样电阻 0.5Ω 2 个、电流插座 4 个 (SW 单元)、15W/220V 灯泡 3 个、40W/220V 灯泡 1 个、灯座 3 个、开关 3 个; 万用表。

三、训练内容与步骤

1) 按图 4-9 所示电路完成接线, 图中三相电源线电压为 220V, R 为 15W/220V 灯泡, 由 3 个灯泡组成对称负载, 从电源 A、B、C 端引出三根相线经过开关接到负载 A′、B′、C′端。

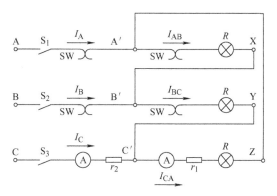

图 4-9　三相负载 △ 联结

为测量线电流和相电流波形,在线电路和相电路中各串入一个取样电阻 r。B 线、A 线及 B 相、A 相电流共用一块电流表,通过电流插座 SW 来轮换接入。

2)合上开关 S_1、S_2、S_3,读取三相线电流、线电压以及相电流的电流值,记录在表 4-2 中。

3)断开三相开关,将 B 相灯泡换成 40W/220V,形成不对称三相负载。合上三相开关,读取三相线电流、线电压以及相电流的电流值,记录在表 4-2 中。

4)断开三相开关,将 B 相开路,重新合上三相开关,读取三相线电流、线电压以及相电流的电流值,记录在表 4-2 中。

表 4-2 三相负载三角形接法时的电压与电流

每相灯功率/W			负载线电压/V			负载线电流/A			负载相电流/A		
A	B	C	U_A	U_B	U_C	I_A	I_B	I_C	I_{AB}	I_{BC}	I_{CA}
15	15	15									
15	40	15									
15	断开	40									

[课后巩固]

4-1-1 对称三相电源的特点是什么?

4-1-2 三相电路的连接方式有几种?各有什么特点?试画出几种连接方式的电路图。

4-1-3 星形联结的三相电源,相电压分别为 $u_A = U_m \sin 3\omega t$,$u_B = U_m \sin 3(\omega t - 120°)$,$u_C = U_m \sin 3(\omega t + 120°)$,它们组成的是对称三相正序电源吗?

4-1-4 三个阻值相等的电阻按 Y 联结后,接到线电压为 380V 的三相电源上,线电流为 2A,则相电压、相电流分别为多大?现若把这三个电阻改成 △ 联结,接到线电压为 220V 的三相电源,线电流为多少?相电流为多少?

任务 2 三相电路的相序判别

[任务描述]

先分析计算对称三相电路,再分析计算不对称三相电路,在深入理解三相电路特点的基础上判别三相电路的相序。

[任务目标]

知识目标   1. 掌握对称三相电路分析与计算的方法。
     2. 了解不对称三相电路分析与计算的方法。

技能目标   会判别三相电路的相序。

[知识准备]

一、对称三相电路的分析与计算

1. 对称负载的星形联结

（1）三相四线制电路

各相负载的阻抗相等的三相负载，称为对称三相负载。一般三相电动机、三相变压器都可以看成对称三相负载。图4-10a所示三相四线制电路，设每相负载阻抗为 Z，相线阻抗为 Z_L。

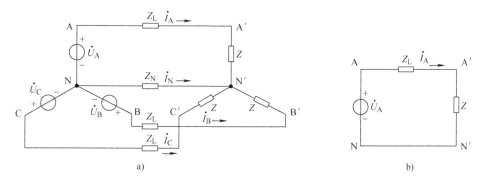

图4-10 对称 Y-Y 电路及取 A 相计算图

从图4-10中可以看出线电压与相电压的相量关系为

$$\begin{cases} \dot{U}_{AB} = \dot{U}_A - \dot{U}_B = \sqrt{3}\, \dot{U}_A \angle 30° \\ \dot{U}_{BC} = \dot{U}_B - \dot{U}_C = \sqrt{3}\, \dot{U}_B \angle 30° \\ \dot{U}_{CA} = \dot{U}_C - \dot{U}_A = \sqrt{3}\, \dot{U}_C \angle 30° \\ \dot{U}_{N'N} = \dot{U}_{AB} + \dot{U}_{BC} + \dot{U}_{CA} = 0 \end{cases} \tag{4-7}$$

负载和电源中的线电流（也是相电流）为

$$\begin{cases} \dot{I}_A = \dfrac{\dot{U}_A - \dot{U}_{N'N}}{Z + Z_L} = \dfrac{\dot{U}_A}{Z + Z_L} \\ \dot{I}_B = \dfrac{\dot{U}_B - \dot{U}_{N'N}}{Z + Z_L} = \dfrac{\dot{U}_B}{Z + Z_L} \\ \dot{I}_C = \dfrac{\dot{U}_{C'} - \dot{U}_{N'N}}{Z + Z_L} = \dfrac{\dot{U}_C}{Z + Z_L} \end{cases} \tag{4-8}$$

中性线电流为

$$\dot{I}_N = \dot{I}_A + \dot{I}_B + \dot{I}_C = \frac{1}{Z + Z_L}(\dot{U}_A + \dot{U}_B + \dot{U}_C) = 0$$

如负载对称，电源也对称，则各相负载的电流幅值相等，相位依次相差120°。

由于 $\dot{U}_{N'N}=0$，各相电流独立，中性线电流为零，各电源负载对称，相电流构成对称组，故可只分析三相中的一相，即计算三相电路变为计算一相电路，其他各相按顺序写出。

图 4-10b 为 A 相计算电路。应特别注意，由于 $\dot{U}_{N'N}=0$，在画一相电路时，中性线阻抗 Z_N 不能出现在该单相电路中，连接 N′、N 的是短路线。

（2）三相三线制电路

图 4-11 为三相三线制电路，其中电源和负载均为星形联结。对图中的三线制电路，可得到中点电压为

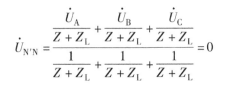

$$\dot{U}_{N'N} = \dfrac{\dfrac{\dot{U}_A}{Z+Z_L}+\dfrac{\dot{U}_B}{Z+Z_L}+\dfrac{\dot{U}_C}{Z+Z_L}}{\dfrac{1}{Z+Z_L}+\dfrac{1}{Z+Z_L}+\dfrac{1}{Z+Z_L}}=0$$

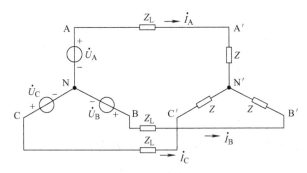

图 4-11　三相三线制电路

因为负载对称，所以中性点的电压为零，即负载中点与电源中点等电位，由 KVL 可知，各相负载的电压就等于该相电源的电压，与四线制的情况相同。因而，各相电流也是对称的，即负载端相电流大小相等、相位依次相差 120°。

可见，星形联结的负载，其负载线电流等于负载相电流，对称负载其线电压是对应相电压的 $\sqrt{3}$ 倍，即 $U_L=\sqrt{3}U_P$，$I_L=I_P$。

2. 对称负载的三角形联结

以对称△负载为例，如图 4-12a 所示，线电压为 $\dot{U}_{AB}$、$\dot{U}_{BC}$、$\dot{U}_{CA}$，由图可以看出加在各相负载的相电压 $\dot{U}_A$、$\dot{U}_B$、$\dot{U}_C$ 等于线电压，即线电压与相电压的相量关系为

$$\begin{cases}\dot{U}_{AB}=\dot{U}_A\\ \dot{U}_{BC}=\dot{U}_B\\ \dot{U}_{CA}=\dot{U}_C\end{cases} \qquad (4\text{-}9)$$

由 KCL 的相量形式及相量图（见图 4-12b）可知，相电流 $\dot{I}_{AB}$、$\dot{I}_{BC}$、$\dot{I}_{CA}$ 与线电流 $\dot{I}_A$、$\dot{I}_B$、$\dot{I}_C$ 的相量关系为

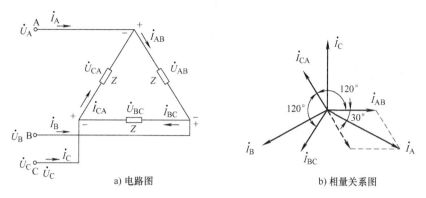

a) 电路图   b) 相量关系图

图 4-12 对称三相负载的 △ 联结

$$\begin{cases} \dot{I}_A = \dot{I}_{AB} - \dot{I}_{CA} = \sqrt{3}\,\dot{I}_{AB}\angle-30° \\ \dot{I}_B = \dot{I}_{BC} - \dot{I}_{AB} = \sqrt{3}\,\dot{I}_{BC}\angle-30° \\ \dot{I}_C = \dot{I}_{CA} - \dot{I}_{BC} = \sqrt{3}\,\dot{I}_{CA}\angle-30° \end{cases}$$

$$\dot{I}_A + \dot{I}_B + \dot{I}_C = 0 \tag{4-10}$$

可见，三角形联结的负载线电流也是一组对称三相正弦量，其有效值为相电流的 $\sqrt{3}$ 倍，相位滞后于相应的相电流 30°；负载线电压等于负载相电压，即 $U_L = U_P$，$I_L = \sqrt{3}\,I_P$。

三相电路实质上是复杂的正弦电路，以前讨论过的正弦交流电路的分析方法完全适用于三相电路。但对称三相电路有其自身的特点，掌握这些特点，可以简化对它的分析计算，下面通过举例来分析。

例 4-1　星形联结的对称三相负载 $Z = (15 + j9)\,\Omega$，接到线电压为 380V 的三相四线制供电系统上，求各相电流和中性线电流。

解：由已知条件得每相负载电压 $U_P = \dfrac{U_L}{\sqrt{3}} = \dfrac{380}{\sqrt{3}}\text{V} = 220\text{V}$

设电源 A 相相电压　　　　$\dot{U}_A = 220\angle 0°\text{ V}$

则相电流　　$\dot{I}_A = \dfrac{\dot{U}_A}{Z} = \dfrac{220\angle 0°}{15 + j9}\text{A} = \dfrac{220\angle 0°}{17.5\angle 31°}\text{A} = 12.57\angle -31°\text{ A}$

根据对称性有　　　　　　$\dot{I}_B = 12.57\angle -151°\text{ A}$

$$\dot{I}_C = 12.57\angle 89°\text{ A}$$

所以中性线电流为　　　　$\dot{I}_N = \dot{I}_A + \dot{I}_B + \dot{I}_C = 0$

例 4-2　一台三相交流电动机，定子绕组接成星形，额定电压为 380V，额定电流为 2.2A，功率因数为 0.8，求该电动机每相绕组的阻抗。

解：设每相绕组阻抗 $Z = R + jX = |Z|\text{e}^{j\varphi}$，由已知条件可知绕组的相电压为

$$U_P = \dfrac{U_L}{\sqrt{3}} = \dfrac{380}{\sqrt{3}}\text{V} = 220\text{V}$$

相电流为 $I_P = 2.2\text{A}$

于是 $|Z| = \dfrac{U_P}{I_P} = \dfrac{220}{2.2}\Omega = 100\Omega$

又因为 $\cos\varphi = 0.8$，所以 $\varphi = 36.9°$

则 $Z = 100 \angle 36.9° \ \Omega = (80 + \text{j}60)\Omega$

例 4-3 如图 4-13 所示，电源线电压有效值为 380V，两组负载 $Z_1 = (12 + \text{j}16)\Omega$，$Z_2 = (48 + \text{j}36)\Omega$，相线阻抗 $Z_L = (1 + \text{j}2)\Omega$。分别求两组负载的相电流、线电流、相电压、线电压。

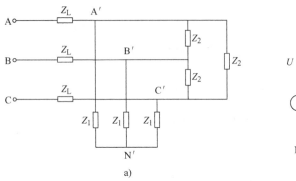
a)
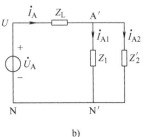
b)

图 4-13 例 4-3 图

解：设电源为一组星形联结的对称三相电源，$U_L = 380\text{V}$，可得

$$U_P = \dfrac{U_L}{\sqrt{3}} = \dfrac{380}{\sqrt{3}}\text{V} = 220\text{V}$$

将 Z_2 组三角形联结的负载等效为星形联结负载，则

$$Z_2' = \dfrac{Z_2}{3} = \dfrac{48 + \text{j}36}{3}\Omega = (16 + \text{j}12)\Omega = 20 \angle 36.9° \ \Omega$$

由于此电路是对称三相电路，所以中性线电流 $\dot{I}_N = \dot{I}_A + \dot{I}_B + \dot{I}_C = 0$，这就是说，在这样的对称三相电路中，不管中性线阻抗是多少，中性线电流总是等于零，中性线的有无不影响电路工作状态。为分析方便添加一条阻抗为零的中性线进行计算，取出 A 相，画出其单相电路，如图 4-13b 所示，设 $\dot{U}_A = 220 \angle 0° \ \text{V}$，则

$$\dot{I}_A = \dfrac{\dot{U}_A}{Z_L + \dfrac{Z_1 Z_2'}{Z_1 + Z_2'}} = \dfrac{220 \angle 0°}{1 + \text{j}2 + \dfrac{(12 + \text{j}16)(16 + \text{j}12)}{(12 + \text{j}16) + (16 + \text{j}12)}}\text{A} = 17.96 \angle -48.4° \ \text{A}$$

在图 4-13b 中，可以求得各支路电流为

$$\dot{I}_{A1} = \dot{I}_A \dfrac{Z_2'}{Z_1 + Z_2'} = 17.96 \angle -48.4° \dfrac{20 \angle 36.9°}{(12 + \text{j}16) + (16 + \text{j}12)}\text{A} = 9.06 \angle -56.5° \ \text{A}$$

$$\dot{I}_{A2} = \dot{I}_A - \dot{I}_{A1} = 17.96 \angle -48.4° \ \text{A} - 9.06 \angle -56.5° \ \text{A} = 9.06 \angle -40.3° \ \text{A}$$

根据线电流、相电流的关系以及对称性，得 Z_1 组的相电流（即线电流）为

$$\dot{I}_{A1} = 9.06 \angle -56.5° \text{ A}$$

$$\dot{I}_{B1} = \dot{I}_{A1} \angle -120° = 9.06 \angle -175.5° \text{ A}$$

$$\dot{I}_{C1} = \dot{I}_{A1} \angle 120° = 9.06 \angle 63.5° \text{ A}$$

Z_2 组的线电流为

$$\dot{I}_{A2} = 9.06 \angle -40.3° \text{ A}$$

$$\dot{I}_{B2} = \dot{I}_{A2} \angle -120° = 9.06 \angle -160.3° \text{ A}$$

$$\dot{I}_{C2} = \dot{I}_{A2} \angle 120° = 9.06 \angle 79.7° \text{ A}$$

Z_2 组的相电流为

$$\dot{I}_{A'B'} = \frac{\dot{I}_{A2} \angle 30°}{\sqrt{3}} = 5.32 \angle -10.3° \text{ A}$$

$$\dot{I}_{B'C'} = \dot{I}_{A'B'} \angle -120° = 5.32 \angle -130.3° \text{ A}$$

$$\dot{I}_{C'A'} = \dot{I}_{A'B'} \angle 120° = 5.32 \angle 109.7° \text{ A}$$

Z_1 组的相电压为

$$\dot{U}_{A'N'} = Z_1 \dot{I}_{A1} = (12 + j16) \times 9.06 \angle -56.5° \text{ V} = 181.2 \angle -3.2° \text{ V}$$

$$\dot{U}_{B'N'} = \dot{U}_{A'N'} \angle -120° = 181.2 \angle -123.2° \text{ V}$$

$$\dot{U}_{C'N'} = \dot{U}_{A'N'} \angle 120° = 181.2 \angle 116.8° \text{ V}$$

Z_1 组的线电压为

$$\dot{U}_{A'B'} = \sqrt{3} \dot{U}_{A'N'} \angle 30° = 313.8 \angle 26.8° \text{ V}$$

$$\dot{U}_{B'C'} = \dot{U}_{A'B'} \angle -120° = 313.8 \angle -93.2° \text{ V}$$

$$\dot{U}_{C'A'} = \dot{U}_{A'B'} \angle 120° = 313.8 \angle 146.8° \text{ V}$$

Z_2 组是三角形联结，故其线电压、相电压相等并等于 Z_1 组的线电压。

二、不对称三相电路的分析与计算

在三相电路中，电源的不对称或者负载不对称，都将使三相电路成为不对称电路。下面主要讨论不对称星形负载电路的求解，学习中点电压法。

不对称星形负载电路的计算首先是中点电压的计算，故称之为中点电压法。对于图 4-14a 所示的电路，当开关 S 打开时，即电路无中性线，$\dot{U}_{N'N}$ 即为三相三线制电路的中点电压：

$$\dot{U}_{N'N} = \frac{\dfrac{\dot{U}_A}{Z_A} + \dfrac{\dot{U}_B}{Z_B} + \dfrac{\dot{U}_C}{Z_C}}{\dfrac{1}{Z_A} + \dfrac{1}{Z_B} + \dfrac{1}{Z_C}}$$

由于负载不对称，则 $\dot{U}_{N'N} \neq 0$，此时，负载中点与电源中点电位不同了。从图 4-14b 中

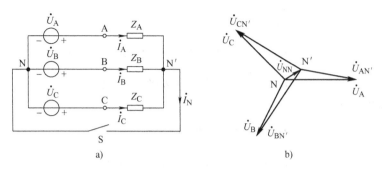

图 4-14 不对称三相电路

可以看出，N′点与 N 点不再重合了，这一现象称为中点位移。此时，负载端的电压可由 KVL 求得。负载各相电压分别为

$$\dot{U}_{A'} = \dot{U}_{AN'} = \dot{U}_A - \dot{U}_{N'N}$$

$$\dot{U}_{B'} = \dot{U}_{BN'} = \dot{U}_B - \dot{U}_{N'N}$$

$$\dot{U}_{C'} = \dot{U}_{CN'} = \dot{U}_C - \dot{U}_{N'N}$$

中点位移使负载相电压不再对称，严重时，可能导致有的相电压太低以致负载不能正常工作，有的相电压却又高出负载额定电压许多而造成负载烧毁。另一方面，由于中性点电压的值与各相负载有关，所以，各相的工作状况相互关联，在工作中，一相负载发生变化，则会影响另外两相的工作。因此，三相三线制星形联结的电路一般不用于照明、家用电器等各种负载，多用于三相电动机等动力负载。

若在图 4-14a 中，合上开关 S，即不对称电路接有中性线，并设 $Z_N \approx 0$，则 N、N′两点等电位，$\dot{U}_{N'N} = 0$，这样就迫使电路不会产生中性点位移。这时，尽管各相负载不对称，但它们各自承受的是本相的电源电压，各相工作状态只决定于本相负载和电源，因而各相是独立的，互不影响。

应当指出：三相四线制容许负载不对称，中性线的作用是至关重要的，一旦中性线发生断路事故，四线制成为三线制，负载本来不对称就可能导致相当严重的后果，因此，四线制必须保证中性线的可靠连接。为防止意外，中性线上绝对不允许安装开关或者保险器，此外，如果中性线电流过大，中性线阻抗即使很小，其上的电压降也会引起中点的位移，所以即使采用四线制供电，也应尽可能使负载对称，以限制中性线电流。

例 4-4 图 4-15a 所示的电路是一种相序测定指示器电路，用来测定相序 A、B、C。它是由容值为 C 的电容和阻值为 R 的两个灯泡连接成的丫三相三线制电路。如果电容所接的是 A 相，则灯泡较亮的是 B 相，灯泡较暗的是 C 相，试证明之。

解：如图 4-15b 所示，中点电压 $\dot{U}_{N'N}$ 为

$$\dot{U}_{N'N} = \frac{\dfrac{\dot{U}_A}{Z_A} + \dfrac{\dot{U}_B}{Z_B} + \dfrac{\dot{U}_C}{Z_C}}{\dfrac{1}{Z_A} + \dfrac{1}{Z_B} + \dfrac{1}{Z_C}}$$

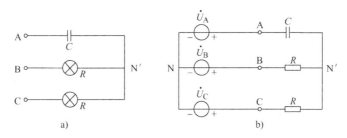

图 4-15 例 4-4 图

若 $X_C = R_B = R_A = R$, $\dot{U}_A = U\angle 0°$，则

$$\dot{U}_{N'N} = \frac{\dfrac{U\angle 0°}{-jX_C} + \dfrac{U\angle -120°}{R_A} + \dfrac{U\angle 120°}{R_B}}{\dfrac{1}{-jX_C} + \dfrac{1}{R_A} + \dfrac{1}{R_B}}$$

$$= \frac{\dfrac{U\angle 0°}{-jR} + \dfrac{U\angle -120°}{R} + \dfrac{U\angle 120°}{R}}{\dfrac{1}{-jR} + \dfrac{1}{R} + \dfrac{1}{R}}$$

$$= \frac{U(\angle 90° + \angle -120° + \angle 120°)}{\angle 90° + 2\angle 0°} = \frac{\sqrt{2}U\angle 135°}{\sqrt{5}\angle 26.6°} = 0.63U\angle 108.4°$$

于是 B 相灯泡承受的电压 $\dot{U}_{B'N}$ 为

$$\dot{U}_{B'N} = \dot{U}_B - \dot{U}_{N'N} = U\angle -120° - 0.63U\angle 108.4° = 1.5U\angle -101.6°$$

同样 C 相灯泡承受的电压 $\dot{U}_{C'N}$ 为

$$\dot{U}_{C'N} = \dot{U}_C - \dot{U}_{N'N} = U\angle 120° - 0.63U\angle 108.4° = 0.4U\angle 138.3°$$

可见，B 相上灯泡承受电压大小为 $1.5U$，C 相上灯泡承受电压大小为 $0.4U$，即 B 相灯泡较亮，C 相灯泡较暗。

由此可以判定：如果电容所接的是 A 相，则灯泡较亮的是 B 相，灯泡较暗的是 C 相。

例 4-5 电路如图 4-16 所示，电源电压对称，线电压 $U_L = 380V$，负载为灯泡组，在额定电压下阻值分别为 $R_A = 10\Omega$，$R_B = 20\Omega$，$R_C = 11\Omega$。（1）试求负载的相电压、负载电流和中性线电流；（2）A 相短路时，求各相负载电压；（3）A 相短路，而中性线又断开时（见图 4-17），求各相负载电压；（4）A 相断开时，求各相负载电压；（5）A 相断开而中性线也断开时（见图 4-18），求各相负载电压。

解：（1）电源电压对称，线电压 $U_L = 380V$，则相电压 $U_P = 220V$，虽然负载不对称，但因有中性线（不考虑中性线上压降），故负载相电压和电源相电压相等，是对称的，其有效值为 220V。

设电源 A 相相电压 $\dot{U}_A = 220\angle 0°$ V，则

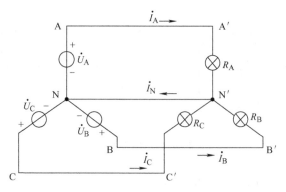

图 4-16 例 4-5 图（1）

$$\dot{U}_B = 220\angle-120°\text{ V}, \quad \dot{U}_C = 220\angle 120°\text{ V}$$

于是负载相电流为

$$\dot{I}_A = \frac{\dot{U}_A}{R_A} = \frac{220\angle 0°}{10}\text{A} = 22\angle 0°\text{ A}$$

$$\dot{I}_B = \frac{\dot{U}_B}{R_B} = \frac{220\angle-120°}{20}\text{A} = 11\angle-120°\text{ A}$$

$$\dot{I}_C = \frac{\dot{U}_C}{R_C} = \frac{220\angle 120°}{11}\text{A} = 20\angle 120°\text{ A}$$

则中性线电流为

$$\dot{I}_N = \dot{I}_A + \dot{I}_B + \dot{I}_C = (22\angle 0° + 11\angle-120° + 20\angle 120°)\text{A}$$
$$= [22 + (-5.5 - j9.53) + (-10 + j7.32)]\text{A}$$
$$= (6.5 + j7.79)\text{A}$$
$$= 10.15\angle 50.16°\text{ A}$$

（2）A 相短路时，A 相电流很大，会将 A 相熔断器烧坏，但 B、C 两相不会受影响，相电压仍为 220V。

（3）对于图 4-17 所示电路，中性线断开，A 相又短路时，此时 N′点即为 A′点，则各相负载电压为

$$\dot{U}'_A = 0, \quad \dot{U}'_B = \dot{U}_{BA}, \quad \dot{U}'_C = \dot{U}_{CA}$$

则 $U'_A = 0, U'_B = 380\text{V}, U'_C = 380\text{V}$

此时 B、C 相上灯泡所加电压都超过电灯的额定值，这种情况是不允许出现的。

（4）A 相断开时，A 相负载上电压为零，B、C 两相不受影响。

（5）对于图 4-18 所示电路，A 相断开而中性线也断开时，B、C 两相负载串联成单相电路，接在线电压 $U_{BC} = 380\text{V}$ 的电源上，每相上电压分配与阻值成正比。

$$U'_B = \frac{R_B}{R_B + R_C}U_{BC} = \frac{20}{20+15}\times 380\text{V} = 217\text{V}$$

$$U'_C = (380 - 217)\text{V} = 163\text{V}$$

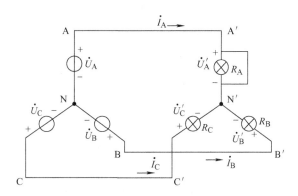

图 4-17 例 4-5 图（2）

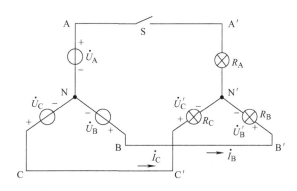

图 4-18 例 4-5 图（3）

[技能训练]

技能训练　三相电路的相序判别

一、训练地点

电工基础实训室。

二、训练器材

三相交流电源（线电压为 220V）；交流电压表 3 块；15W/220V 灯泡 2 个、灯座两个、电容 C_1（1.5μF/450V 聚丙烯膜电容）与 C_2（4.0μF/450V 聚丙烯膜电容）；万用表。

三、训练内容与步骤

1）任选某根相线与 C_1 相连，并设定该相为 A 相，其余两相分别接一个参数为 15W/220V 的灯泡，按图 4-19 所示电路完成接线，三相开关为电源空气开关。

2）合上三相开关 S，观察 B、C 两相灯泡的明暗程度，灯泡较亮的一相为 B 相，灯泡较暗的一相为 C 相，这样，三

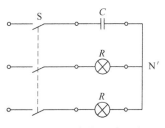

图 4-19 相序指示器电路图

相电源的相序（正序）就确定下来了，记录 A、B、C 三根相线的位置，测量三相电源各相电压 U_A、U_B、U_C 和三相负载各相电压 $U_{AN'}$、$U_{BN'}$、$U_{CN'}$ 以及电源中性点 N 与负载中性点 N'间的位移电压 $U_{N'N}$ 的数值，记录于表 4-3 中。

表 4-3　不对称负载采用三相三线制供电时各电压数值（1）

U_A	U_B	U_C	$U_{AN'}$	$U_{BN'}$	$U_{CN'}$	$U_{N'N}$

3）断开开关 S，将电容换成 C_2，重做上述实验，将各电压记录于表格 4-4 中。

表 4-4　不对称负载采用三相三线制供电时各电压数值（2）

U_A	U_B	U_C	$U_{AN'}$	$U_{BN'}$	$U_{CN'}$	$U_{N'N}$

[课后巩固]

4-2-1　三角形联结对称负载每相阻抗 $Z = 11\Omega$，线电压 $\dot{U}_{AB} = 110\angle 0°$ V，$\dot{U}_{BC} = 110\angle 120°$ V，$\dot{U}_{CA} = 110\angle -120°$ V，试计算所有的相电流和线电流，并绘相量图。

4-2-2　三相电动机每相绕阻的额定电压为 220V，现欲接至线电压为 220V 的三相电源上，此电动机如何连接？若已知电动机每相等效阻抗为 $36\angle 30°$ Ω，求电动机的相电流、线电流。

4-2-3　对称丫联结负载每相阻抗为 $Z = (165 + j84)\Omega$，相线阻抗 $Z_L = (2 + j1)\Omega$，中性线阻抗为 $Z_N = (1 + j1)\Omega$，接至线电压为 380V 的三相电源上，求负载的线电流、线电压。若中性线断开，负载的工作情况是否有变化？

4-2-4　每相阻抗为 $Z = (21 + j15)\Omega$ 的对称负载采用三角形联结，接到 380V 的三相电源上。(1) 若不计相线阻抗，求负载的线电流、相电流、线电压、相电压；(2) 当相线阻抗为 $Z_L = (2 + j1)\Omega$，求负载的线电流、相电流、线电压、相电压。

任务3　三相电路的功率测量

[任务描述]

计算三相电路的瞬时功率、有功功率、无功功率和视在功率，测量三相电路的有功功率。

[任务目标]

知识目标　掌握计算三相电路瞬时功率、有功功率、无功功率和视在功率的方法。
技能目标　能熟练使用功率表测量三相电路的有功功率。

[知识准备]

一、计算三相电路的瞬时功率

无论电路对称与否，三相电路的瞬时功率都等于各相瞬时功率之和，即

$$p(t) = u_A i_A + u_B i_B + u_C i_C$$

在对称情况下，以 A 相电流为参考相量，则相电流与相电压的瞬时表达式为

$$i_A = \sqrt{2} I \sin\omega t$$
$$i_B = \sqrt{2} I \sin(\omega t - 120°)$$
$$i_C = \sqrt{2} I \sin(\omega t + 120°)$$
$$u_A = \sqrt{2} U \sin(\omega t + \varphi)$$
$$u_B = \sqrt{2} \sin(\omega t - 120° + \varphi)$$
$$u_C = \sqrt{2} U \sin(\omega t + 120° + \varphi)$$

于是，各相的瞬时功率分别为

$$\begin{aligned} p_A(t) &= u_A i_A \\ &= \sqrt{2} U \sin(\omega t + \varphi) \times \sqrt{2} I \sin\omega t \\ &= UI\cos\varphi - UI\cos(2\omega t + \varphi) \end{aligned}$$

$$\begin{aligned} p_B(t) &= u_B i_B \\ &= \sqrt{2} U \sin(\omega t - 120° + \varphi) \sqrt{2} I \sin(\omega t - 120°) \\ &= UI\cos\varphi - UI\cos(2\omega t + \varphi - 240°) \end{aligned}$$

$$\begin{aligned} p_C(t) &= u_C i_C \\ &= \sqrt{2} U \sin(\omega t + 120° + \varphi) \sqrt{2} I \sin(\omega t + 120°) \\ &= UI\cos\varphi - UI\cos(2\omega t + \varphi + 240°) \end{aligned}$$

显然它们的和为

$$p(t) = p_A(t) + p_B(t) + p_C(t) = 3UI\cos\varphi$$

上式表明，对称三相电路的瞬时功率是一个常量，其值等于平均功率，这一性能称为瞬时功率平衡，这是对称三相电路的一个优越性能。

二、计算三相电路的有功功率

无论电路对称与否，三相电路的有功功率都等于各相有功功率之和，即

$$P = P_A + P_B + P_C$$

在对称情况下，各相电流、相电压及功率因数都相等，则

$$P = P_A + P_B + P_C = 3 U_P I_P \cos\varphi$$

负载为星形联结时，$U_P = \frac{1}{\sqrt{3}} U_L$，$I_P = I_L$，于是

$$P = 3 U_P I_P \cos\varphi = 3 \frac{1}{\sqrt{3}} U_L I_L \cos\varphi = \sqrt{3} U_L I_L \cos\varphi$$

负载为三角形联结时，$U_P = U_L$，$I_P = \frac{1}{\sqrt{3}} I_L$，于是

$$P = 3U_\text{P}I_\text{P}\cos\varphi = 3U_\text{L}\frac{1}{\sqrt{3}}I_\text{L}\cos\varphi = \sqrt{3}U_\text{L}I_\text{L}\cos\varphi$$

即无论星形或三角形联结的负载，只要电路对称，一定有

$$P = \sqrt{3}U_\text{L}I_\text{L}\cos\varphi \tag{4-11}$$

在工程实际中，设备标牌上所标的额定电压和额定电流都是线电压和线电流。由于线电压和线电流比较容易测量，因此一般采用式(4-11)计算三相有功功率，式中 φ 是每相负载的阻抗角。

三、计算三相电路的无功功率

无论电路对称与否，三相电路的无功功率都等于各相无功功率之和，即

$$Q = Q_\text{A} + Q_\text{B} + Q_\text{C}$$

在对称情况下，相电流与相电压及功率因数都相等，则

$$Q = Q_\text{A} + Q_\text{B} + Q_\text{C} = 3U_\text{P}I_\text{P}\sin\varphi$$

同有功功率一样无论星形或三角形联结的负载，只要电路对称，一定有

$$Q = \sqrt{3}U_\text{L}I_\text{L}\sin\varphi \tag{4-12}$$

四、计算三相电路的视在功率

三相电路视在功率为

$$S = \sqrt{P^2 + Q^2} = \sqrt{3}U_\text{L}I_\text{L} \tag{4-13}$$

即 P、Q、S 之间存在着功率三角形的关系。

对称三相负载功率因数 $\cos\varphi$ 就是每一相负载的功率因数，φ 的大小与阻抗角 φ_Z 相等，即 $\varphi = \varphi_Z$。如已知对称负载

$$Z = R + jX = |Z|e^{j\varphi_Z}$$

则

$$\cos\varphi = \cos\varphi_Z = \frac{R}{\sqrt{R^2 + X^2}}$$

需要注意，当电源电压不变时，对称负载由星形联结改为三角形联结后，尽管功率计算形式相同，但负载实际消耗的功率却不同。由于 $U_{\text{P}_\triangle} = U_\text{L} = \sqrt{3}U_{\text{P}_\curlyvee}$

$$I_{\text{P}_\triangle} = \frac{U_{\text{P}_\triangle}}{|Z|} = \frac{U_\text{L}}{|Z|} = \frac{\sqrt{3}U_{\text{P}_\curlyvee}}{|Z|} = \sqrt{3}I_{\text{P}_\curlyvee}$$

所以

$$U_{\text{P}_\triangle}I_{\text{P}_\triangle} = 3U_{\text{P}_\curlyvee}I_{\text{P}_\curlyvee}$$

即三角形联结的每一相负载的相电压、相电流均为星形联结时的 $\sqrt{3}$ 倍。

故由式(4-11)、式(4-12)、式(4-13)计算功率时，三角形联结下的 P、Q、S 是星形联结的 3 倍。即同一个负载在同一个电源作用下，连接成星形和连接成三角形时所获得功率不同，三角形联结时的功率是星形联结时的功率的 3 倍。

例 4-6 (1) 星形联结的对称三相负载 $Z = (15 + j9)\Omega$，接到线电压为 380V 的三相四线制供电系统上，求其三相功率的大小；(2) 如果负载接成三角形，接到三相三线制电源上，线电压仍为 380V，求其三相功率。

解：(1) 因为负载是星形联结并且 $U_\text{L} = 380\text{V}$，所以

$$U_P = 220\text{V} \text{ 且 } |Z| = \sqrt{15^2 + 9^2}\,\Omega = 17.49\,\Omega, \quad \varphi_Z = \arctan\frac{9}{15} = 31°$$

则
$$I_L = I_P = \frac{U_P}{|Z|} = \frac{220}{17.49}\text{A} = 12.58\text{A}$$

$$\cos\varphi = \cos\varphi_Z = \cos 31° = 0.857$$

故
$$P = \sqrt{3}\,U_L I_L \cos\varphi = \sqrt{3} \times 380 \times 12.58 \times 0.857\,\text{W} = 7096\,\text{W}$$

(2) 因为负载是三角形联结并且 $U_L = 380\text{V}$，所以

$$U_P = U_L = 380\text{V}, \quad I_P = \frac{U_P}{|Z|} = \frac{380}{|15+j9|}\text{A} = \frac{380}{17.49}\text{A} = 21.72\text{A}$$

$$\cos\varphi = \cos\varphi_Z = \cos 31° = 0.857$$

故
$$P = 3 U_P I_P \cos\varphi = 3 \times 380 \times 21.72 \times 0.857\,\text{W} = 21220\,\text{W}$$

[技能训练]

技能训练　利用功率表测量三相电路的有功功率

一、训练地点

电工基础实训室。

二、训练器材

三相交流可调电源（具有三相电压显示功能）；功率表 3 块；万用表；15W/220V 灯泡 3 个、40W/220V 灯泡 1 个。

三、训练内容与步骤

1) 先将三相可调电源调至线电压为 220V，然后断开开关，按图 4-20 所示电路完成接线，三个灯泡分别为 A 相 15W/220V、B 相 40W/220V、C 相 15W/220V，形成不对称三相电路，接通电源，采用三表法测量有功功率，将测量结果填入表 4-5 中。

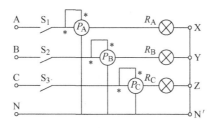

图 4-20　三相四线制负载有功功率测量

2) 断开开关，将图 4-20 电路中的 B 相换成 15W/220V 的灯泡，形成对称三相电路，采用 A 相接功率表的"一表法"测量，其他两相功率表拆除代之以短路线，接通电源，将测量结果乘以 3 填入表 4-5 中。

3) 断开开关，将上述电路中的中性线拆除，形成三相三线制星形对称电路，按图 4-21 所示电路接线，采用两表法测量有功功率。合上三相开关，将测量结果填入表 4-5 中。

4) 断开开关，按图 4-22 所示电路完成接线，三个灯泡分别为 A 相 15W/220V、B 相

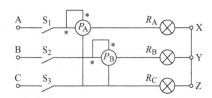

图 4-21 二表法测量三相三线制对称负载星形联结的有功功率

40W/220V、C 相 15W/220V，形成三角形联结的不对称三相电路，接通电源，采用三表法测量有功功率，将测量结果填入表 4-5 中。

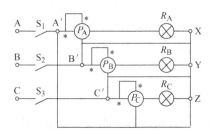

图 4-22 三相负载三角形联结有功功率测量

5）断开开关，按图 4-22 所示电路完成接线，三个灯泡分别为 A 相 15W/220V、B 相 15W/220V、C 相 15W/220V，形成三角形联结的对称三相电路，采用一表法测量功率，其他两相功率表拆除代之以短路线，接通电源，将测量结果乘以 3 填入表 4-5 中。

6）断开开关，按图 4-23 所示电路完成接线，三个灯泡分别为 A 相 15W/220V、B 相 15W/220V、C 相 15W/220V，形成三角形联结的对称三相电路，采用二表法测量有功功率，接通电源，将测量结果填入表 4-5 中。

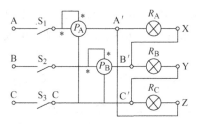

图 4-23 二表法测量三相负载三角形联结的有功功率

表 4-5 三相电路有功功率测量

供电方式	每相灯功率/W			一表法	二表法		三表法		
	A	B	C	$3P_A$	P_1	P_2	P_A	P_B	P_C
三相四线制 Y 联结	15	40	15						
	15	15	15						
三相三线制 Y 联结	15	15	15						
三相三线制 △ 联结	15	40	15						
	15	15	15						
	15	15	15						

[课后巩固]

4-3-1 对称三相电路的功率可用 $P = \sqrt{3}U_L I_L \cos\varphi$ 计算，式中的 φ 是由什么决定的？

4-3-2 三相电动机铭牌上标有 220V/380V 额定电压，电动机绕组在不同的电源线电压时（220V 或 380V）应接成什么形式？在不同的连接形式下，三相电动机的功率有无变化？

4-3-3 请总结有关三相电路功率计算的公式。

【项目考核】

项目考核单

学生姓名		教师姓名		项目4		
技能训练考核内容（20分）		仪器准备（10%）	电路连接（50%）	数据测试（40%）		得分
(1) 以丫联结方式连接三相电路并测试（5分）						
(2) 以△联结方式连接三相电路并测试（5分）						
(3) 三相电路的相序判别（5分）						
(4) 熟练使用功率表测量三相电路的有功功率（5分）						
知识测验（80分）						
完成日期		年 月 日		总分		

附　知识测验

1. 判断如图 4-24 所示负载的连接方式。（6 分，每个 3 分）

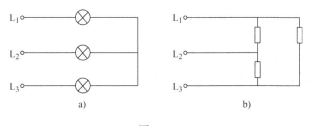

图 4-24

2. 如图 4-25 所示对称三相电路，若 $U_{UN} = 220V$，则 $U_{VW} = ?$ 若灯为"220V，60W"，则通过灯的电流为多少？（8 分，每个 4 分）

3. 电路如图 4-26 所示，对称三相负载阻值都为 10Ω，以星形联结方式接到线电压为 380V 的对称三相电源上，则电流表的读数为多少？（5 分）

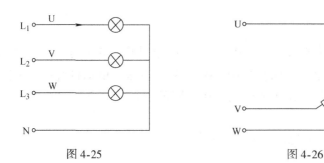

图 4-25　　　　　　　　图 4-26

4. 某三相三线制供电线路上，接入三相电灯负载，接成星形，如图 4-27 所示，设电源相电压为 220V，每相电灯负载的电阻都是 400Ω，试计算：

（1）在正常工作时，电灯负载的电压和电流为多少？

（2）如果 1 相断开，其他两相负载的电压和电流为多少？

（3）如果 1 相发生短路，其他两相负载的电压和电流为多少？（15 分，每个 5 分）

5. 某三相四线制供电线路上，接入三相电灯负载，接成星形，如图 4-28 所示，设电源线电压为 380V，每相电灯负载的电阻都是 500Ω，试计算：

（1）正常工作时，电灯负载的电压和电流为多少？

（2）如果 1 相断开时，其他两相负载的电压和电流为多少？（10 分，每个 5 分）

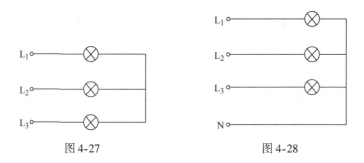

图 4-27　　　　　　　　图 4-28

6. Y联结对称负载每相阻抗 $Z = (8 + j6)\Omega$，线电压为 220V，试求负载的阻抗角、功率因数角和功率因数，并计算三相总功率。（20 分，每个 5 分）

7. Y联结对称负载每相阻抗 $Z = (24 + j32)\Omega$，接于线电压 $U_L = 380V$ 的三相电源上，试求各相电流及线电流。（10 分，每个 5 分）

8. 对称△联结负载每相阻抗 $Z = (30 + j40)\Omega$，接至线电压是 380V 的三相电源上。（1）若不计相线阻抗，求负载的线电流、相电流、线电压、相电压；（2）当相线阻抗为 $Z_L = (2 + j4)\Omega$ 时，求负载的线电流、相电流、线电压、相电压。（24 分，每个 3 分）

9. 对称三相电源有何特点？（2 分）

项目5 认识变压器

【项目描述】

变压器是日常生活中常见的电气设备。它的内部主要由铁心和绕组构成,因此,需要从磁路和电路两方面对变压器进行分析和测试。

【项目目标】

了解磁路的基本知识;理解互感现象;掌握互感系数的计算方法;掌握变压器的结构、工作原理及主要参数;会判断线圈的同名端;会测定变压器线圈的互感系数和耦合系数;会连接电路测试单相变压器的运行特性。

【项目实施】

任务1 认识铁心线圈

[任务描述]

学习磁路基本知识,分析磁路的基本物理量,认识铁心线圈的结构。

[任务目标]

知识目标　1. 了解磁路的基本概念。
　　　　　2. 了解磁路基尔霍夫定律、磁路欧姆定律。
　　　　　3. 了解交流铁心线圈和直流铁心线圈。
技能目标　会拆装小型变压器。

[知识准备]

一、学习磁路的基本知识

我们应用的电动机、直流继电器、交流继电器、交流接触器以及电磁铁和变压器等电器内部都有铁心和线圈,当线圈通有较小的励磁电流时,铁心内产生较强的磁场,从而获得较大的感应电动势或电磁力。线圈通电属于电路内容,而产生的磁场局限在一定范围内,即铁心构成的磁路,又是磁路问题。下面首先回顾磁场及磁路有关问题。

1. 磁场的基本物理量

(1) 磁通 Φ

磁通就是垂直穿过某一截面积 S 的磁力线数,在国际单位制(SI)中,磁通的单位为韦伯(Wb),简称韦。

(2) 磁感应强度 B

磁感应强度 B 是表示磁场内某点的磁场强弱及方向的物理量。它是一个矢量,其方向与该点磁力线切线方向一致,与产生该磁场的电流之间的方向关系符合右手螺旋定则。其大小可用 $B = \dfrac{F}{Il}$ 来衡量。

若磁场内各点的磁感应强度大小相等、方向相同,则为均匀磁场。在均匀磁场中

$$B = \frac{\Phi}{S} \quad \text{或} \quad \Phi = BS$$

此时磁感应强度在数值上可以看成与磁场方向相垂直的单位面积所通过的磁通,故又称为磁通密度。

在国际单位制(SI)中,磁感应强度的单位是韦伯/米^2(Wb/m^2),称为特斯拉(T),简称特。

(3) 磁导率 μ

衡量物质导磁能力大小的物理量称为磁导率,其单位为亨/米(H/m)。真空中的磁导率为 μ_0,实验测得它为一常数,即 $\mu_0 = 4\pi \times 10^{-7}$ H/m。

为了比较各种物质的导磁能力,通常把某种导磁材料的磁导率 μ 和真空的磁导率 μ_0 之比称为该物质的相对磁导率 μ_r,表示形式为

$$\mu_r = \frac{\mu}{\mu_0}$$

相对磁导率 μ_r 没有单位。非磁性材料的 $\mu_r \approx 1$;磁性材料的 $\mu_r \gg 1$,而且不是常数。例如硅钢片的 $\mu_r \approx 6000 \sim 8000$;坡莫合金的 μ_r 则可达到 10^5 左右。

(4) 磁场强度 H

由于磁感应强度的大小与磁场媒质的磁导率有关,而磁导率往往又不是常数,这就不便于确定磁场与产生该磁场的电流之间的关系。为此,引入一个与磁导率无关的物理量——磁场强度 H,磁场中某点磁场强度的大小等于该点的磁感应强度 B 与该处媒质的磁导率 μ_r 的比值,即

$$H = \frac{B}{\mu} \quad \text{或} \quad B = \mu H$$

在国际单位制(SI)中,磁场强度 H 的单位用安/米或安/厘米(A/m 或 A/cm)表示。

2. 磁路的基本定律

为了使较小的励磁电流产生足够大的磁通(或磁感应强度),在电机、变压器及各种铁磁元件中,常用铁磁性材料做成一定形状的铁心。铁心的磁导率比周围空气或其他物质的磁导率高得多,因此磁通的绝大部分经过铁心而形成一个闭合通路。这种人为造成的磁通的路径称为磁路。磁路的问题是局限在一定路径内的磁场问题。因此,磁场的基本物质、基本物理量和基本定律是研究磁路的理论基础。例如磁场的基本物理量:磁通、磁感应强度、磁场强度以及磁通的连续性原理、安培环路定律等都适用于磁路。

磁路与电路类似,在对磁路进行分析和计算时,也需要有基本定律作依据。磁路的基本定律主要有:磁路欧姆定律、磁路基尔霍夫第一定律和磁路基尔霍夫第二定律。

(1) 磁路欧姆定律

磁路和电路有很多相似之处,因而磁路中的某些物理量和电路中的某些物理量也有着很好的对应关系。图 5-1 形象地表示了磁路和电路的对应关系。

1) 磁通:电路是电流流经的路径,而磁路则是主磁通闭合的路径。当漏磁通忽略不计时,通常认为磁路中的磁通就是主磁通,它对应于电路中的电流 I。

2) 磁动势:电路中的电流由电动势产生,而磁路中的磁通则由磁动势产生。定义通电线圈中流过的电流 I 和线圈的匝数 N 的乘积 IN 为磁动势,用符号 F_m 表示,$F_m = IN$,在国际单位制(SI)中的单位为安培(A)。

3) 磁阻:电路中有电阻,磁路中也有磁阻,它表示磁通通过磁路时受到的阻碍大小,用符号 R_m 表示。其大小与磁路的长度 l 成正比,与磁路的横截面积 S、构成磁路的材料的磁导率 μ 的乘积成反比,则

$$R_m = \frac{l}{\mu S} \tag{5-1}$$

4) 磁路欧姆定律:图 5-2 所示为一个环形铁心线圈磁路,其平均(中心线)长度为 l,截面积为 S,线圈匝数为 N,励磁电流为 I。

a) 电路

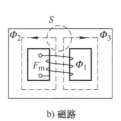
b) 磁路

图 5-1 电路与磁路的对照

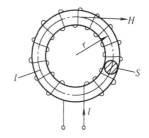

图 5-2 环形铁心线圈

设磁路的平均长度比截面积的尺寸大得多,则可以认为截面内的磁场是均匀的,沿中心线上各点磁场强度矢量的大小相等其方向又与积分路径一致,由安培环路定律有

$$\oint_l H \mathrm{d}l = \sum I$$

得出

$$IN = Hl = \frac{B}{\mu}l = \frac{\Phi}{\mu S}l$$

或

$$\Phi = \frac{IN}{\frac{l}{\mu S}} = \frac{F_m}{R_m} \tag{5-2}$$

由上式可看出,磁路欧姆定律与电路欧姆定律形式相似,磁路欧姆定律为:在磁路中,通过磁路的磁通与磁动势成正比而与磁路的磁阻成反比。

需要指出的是,由于铁磁材料的磁导率 μ 不是一个常数,故其磁阻也不是一个常数,所以式(5-2)常用于对磁路进行定性的分析,而不是用来进行定量的计算。

(2) 磁路基尔霍夫第一定律

在图 5-1b 所示的分支电路中,任取一个闭合面 S,则在任一瞬间,进入闭合面的磁通

等于离开闭合面的磁通,或者说通过闭合面的磁通的代数和等于零,即

$$\Phi_1 = \Phi_2 + \Phi_3 \tag{5-3}$$

或

$$\sum \Phi = 0 \tag{5-4}$$

这就是磁路的基尔霍夫第一定律,又称磁路的基尔霍夫磁通定律。在式(5-4)中,若规定穿入闭合面的磁通为正,则穿出闭合面的磁通为负。式(5-3)可表示为

$$\Phi_1 - \Phi_2 - \Phi_3 = 0$$

(3) 磁路基尔霍夫第二定律

沿任一闭合磁路绕行一周,各部分的磁压降的代数和必等于磁动势的代数和,这就是基尔霍夫第二定律,也称为基尔霍夫磁压定律。如果把磁路中沿磁力线方向上的磁场强度 H 和磁路的平均长度 l 的乘积定义为磁压降,则基尔霍夫磁压定律可表示为

$$\sum Hl = \sum IN \tag{5-5}$$

在图 5-3 所示的具有铁心和空气隙的直流磁路中,设铁心的平均长度为 l_μ,空气隙的长度为 l_0,并且认为空气隙和铁心具有相同的截面积 S,则基尔霍夫磁压定律为

$$H_l l_\mu + H_0 l_0 = IN$$

式中,H_l 为铁心中的磁场强度;H_0 为空气隙中的磁场强度。当磁通的方向与回路绕行方向一致时,Hl 取正号,反之取负号;电流的方向与回路绕行方向符合右手螺旋关系时,IN 取正号,反之取负号。

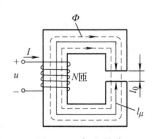

图 5-3 直流磁路

磁路与电路各量的对应关系见表 5-1,由表可见,二者虽有诸多相似之处,但磁路和电路之间有着本质的区别:①电流表示带电质点的运动,它在导体中运动时,电场力对带电质点做功而消耗能量,其功率损失为 RI^2;磁通并不代表某种质点的运动,$R_m\Phi^2$ 也不代表什么功率损失。②自然界存在着良好的电绝缘材料,但却尚未发现对磁通绝缘的材料。空气的磁导率几乎可以看作是最低的了,因此磁路中没有断路情况,但有漏磁现象。

表 5-1 磁路与电路各量的对应关系

磁 路			电 路		
名称	符号	单位	名称	符号	单位
磁通	Φ	Wb	电流	I	A
磁压	$\Phi R_m (Hl)$	A	电压	IR	V
磁动势	F_m	A	电动势	E	V
磁阻	$R_m = \dfrac{l}{\mu S}$	1/H	电阻	$R = \dfrac{l}{rS}$	Ω
磁感应强度	$B = \dfrac{\Phi}{S}$	T	电流密度	$J = \dfrac{I}{S}$	A/mm²
磁通定律	$\sum \Phi = 0$		KCL	$\sum I = 0$	
磁压定律	$\sum Hl = \sum IN$		KVL	$\sum IR = \sum U$	
欧姆定律	$\Phi = \dfrac{F_m}{R_m}$		欧姆定律	$I = \dfrac{U}{R}$	

3. 铁磁性材料的磁性能

铁磁性材料通常是指铁、钢、钴及其合金以及某些含铁的氧化物（称铁氧体或铁淦氧，是铁的氧化物和其他金属氧化物的粉末，按陶瓷工艺方法加工出来的合金）等。铁磁性材料用途广泛，是制造变压器、电机和电器的主要材料之一。

（1）高导磁性

物质导磁能力的高低通常以相对磁导率 μ_r 来衡量，故按 μ_r 的大小，把物质分为三类：μ_r 略小于1的逆磁物质（如铜、银）、μ_r 略大于1的顺磁物质（如空气、铝）和 $\mu_r \gg 1$ 的铁磁性物质。其中铁磁性物质的 μ_r 可达 $10^2 \sim 10^4$ 的数量级，因此常用铁磁性物质制作电机、变压器等的铁心。

铁磁性材料的这种高导磁性是由其内部结构决定的。在铁磁性材料内存在着一个个具有磁性的小区域，叫磁畴。每一个磁畴相当于一个小磁针，在没有外磁场作用时，如图5-4所示，这些磁畴的排列是杂乱无章的，它们的磁性互相抵消，对外不呈现磁性。当有外磁场作用时，如图5-5所示，这些磁畴将顺着外磁场的方向转动，做有规则的排列，从而产生一个很强的附加磁场，附加磁场和外磁场叠加，使铁磁性材料中的磁场大大加强，这时我们说铁磁性材料被磁化了。

铁磁性材料的磁化，是因为其内部具有磁畴，因此，不具有磁畴结构的非铁磁性材料是不能被磁化的。

图5-4 磁化前的磁畴

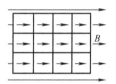
图5-5 磁化后的磁畴

（2）磁饱和性

当铁磁性材料被磁化时，其磁性的强弱用磁感应强度 B 来表示。它与外加磁场的强度 H 之间有一定的关系，即外加磁场强度 H 越大，B 越大。如同将盐溶于水的过程中，盐水的浓度会达到饱和一样，铁磁性材料在被磁化的过程中，其磁感应强度 B 也不会随外加磁场的增强而无限制地增强。这是因为当外磁场强度 H 增大到一定值时，其内部所有的磁畴均已调整到与外磁场一致的方向上。因而，再增大 H，其磁性也不能继续增强，把这种状态称为磁饱和。

铁磁性材料被磁化的过程可由磁化曲线 $B = f(H)$ 表示。如图5-6所示的曲线①、曲线②，在 Oa 段由于 H 较小，故 B 变化缓慢；在 ab 段，B 随 H 增长迅速，近似于线性变化，相对应的铁磁性材料的磁导率 μ 很大，特别是在 b 点附近，μ 可以达到最大值；在 b 点以后，B 基本不变，为饱和状态，但材料的磁导率 μ 却大大减小，使得材料的导磁性能大打折扣，这就是为什么在制作电机或变压器的铁心时要使其材料工作在 ab 范围内的原因。图5-6所示直线③，给出了非铁磁性材料的磁化曲线，它是一条通过坐标原点的直线。

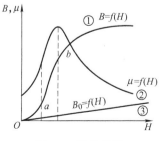
图5-6 磁化曲线

（3）磁滞性

磁滞性表示铁磁性材料受到交变磁场作用而反复被磁化时，其磁感应强度 B 的变化总是滞后于磁场强度 H 变化的特性。该特性可由图 5-7 所示的磁滞回线表示。由图可见，在 H 由零增加的过程中，磁感应强度 B 也随之增加。当 H 达到最大值时，B 也达到饱和值。在随后的变化过程中，H 逐渐减小到零，但 B 却沿着比 Oa 稍平缓的曲线 ar 下降到 r 点，r 点的 B 值不为零。把 H 减小到零时，铁磁性材料中剩余磁化强度 B_r 称为剩磁、如电工仪表中的永久磁铁，电工维修中常用的具有磁性的螺丝刀等都是依据这一原理制成的。

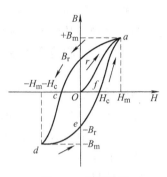

图 5-7　磁滞回线

从曲线可以看出，为消除剩磁，需将铁磁性材料反向磁化，施加强度大小为 H_C 的反向磁场，H_C 称为矫顽磁力。在反向磁化时，当 H 达到最大值时，B 随之增加到反向最大值。当交变磁场周期性变化时，铁磁材料的 B 值会沿着闭合曲线 $arcdefa$ 变化，这条闭合曲线称为铁磁性材料的磁滞回线。

根据磁滞回线的形状，常将铁磁性材料分为三类：软磁材料、硬磁材料和矩磁材料。

如图 5-8a 所示，软磁材料的磁滞回线窄而陡，曲线所包围的面积小，它既易于磁化，也容易退磁，常用于制造电机、变压器和电磁铁等的铁心。常用的软磁材料有硅钢、纯铁、铸铁、坡莫合金（铁和其他金属元素的合金）和铁氧体等。

如图 5-8b 所示，硬磁材料的磁滞回线较宽，所包围的面积大，磁性不易消失，适于制作永久磁铁。常用的硬磁材料有碳钢、钴钢、钨钢、铝镍钴合金和稀土材料等。

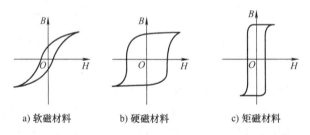

a）软磁材料　　b）硬磁材料　　c）矩磁材料

图 5-8　软磁材料、硬磁材料与矩磁材料的磁滞回线

如图 5-8c 所示，矩磁材料的磁滞回线近似于矩形，常用来制作计算机存储器的磁心和磁放大器中的铁心。矩磁材料主要有锰镁铁氧体和锂锰铁氧体等。

4. 简单磁路的分析和计算

磁路的形式是多种多样的，图 5-3 所示的磁路仅含一个回路，称为无分支磁路。另一种如图 5-1b 所示的磁路则称为有分支磁路。下面仅以无分支磁路为例，应用磁路的基本定律，进行简单的分析和计算。

例 5-1　图 5-9a 所示为一铸钢材料制成的闭合铁心，横截面均匀，$S = 15\text{cm}^2$，铁心的平均长度为 30cm。

（1）若要在磁路中产生 $\varPhi = 1.8 \times 10^{-3}\text{Wb}$ 的磁通，求磁动势是多少？

（2）如图 5-9b 所示，若在此磁路中开一长度为 $l_2 = 0.5\text{cm}$ 的空气隙，并保持磁路中所产生的磁通不变，磁动势又为多少？

(3) 若线圈的匝数 $N = 100$ 匝,求(1)、(2) 两种情况下所需的励磁电流各为多少?

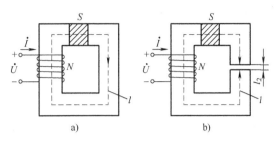

图 5-9 例 5-1 图

解：(1) 求解磁动势可分为三步进行。

首先求磁路中的磁感应强度 B,由磁通的定义得

$$B = \frac{\Phi}{S} = \frac{1.8 \times 10^{-3}}{15 \times 10^{-4}}\text{T} = 1.2\text{T}$$

由图 5-10 可知铸钢在 $B = 1.2\text{T}$ 时的 H 为 $1200\text{A} \cdot \text{m}^{-1}$。

由磁路基尔霍夫磁压定律式(5-5),得

$$F_{m1} = Hl = 1200 \times 30 \times 10^{-2}\text{A} = 360\text{A}$$

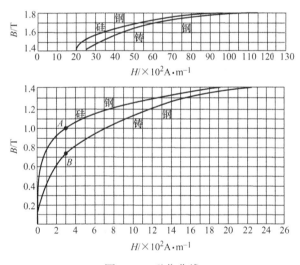

图 5-10 磁化曲线

(2) 磁路中开有空气隙后,应分两段求解磁动势 F_{m2}。

第一段为铁心上的磁压降 $H_1 l_1 = 1200 \times (30 - 0.5) \times 10^{-2}\text{A} = 354\text{A}$

第二段为空气隙上的磁压降,空气的磁导率为常数 μ_0,可求得

$$H_0 = \frac{B}{\mu_0} = \frac{\Phi}{S\mu_0} = \frac{1.8 \times 10^{-3}}{15 \times 10^{-4} \times 4\pi \times 10^{-7}}\text{A} \cdot \text{m}^{-1} \approx 9.55 \times 10^5 \text{A} \cdot \text{m}^{-1}$$

故

$$H_0 l_2 = 9.55 \times 10^5 \times 0.5 \times 10^{-2}\text{A} = 4.775 \times 10^3 \text{A}$$

则总的磁动势为

$$F_{m2} = H_1 l_1 + H_0 l_2 = (354 + 4775)\text{A} = 5129\text{A}$$

（3）由 $F_m = IN$，则无空气隙时，励磁电流为

$$I_1 = \frac{F_{m1}}{N} = \frac{360}{100}\text{A} = 3.6\text{A}$$

有空气隙时，励磁电流为

$$I_2 = \frac{F_{m2}}{N} = \frac{5129}{100}\text{A} = 51.29\text{A}$$

从本例可以看出，由于空气隙的存在，致使磁路中要维持相同的磁通，必须以增大励磁电流为代价。若励磁电流一定，则空气隙将使磁路中的磁通大大减小，从而影响电器设备的使用效率。因此，在制作电机或变压器的铁心时，常采用交错法叠放硅钢片，以使各层叠片的接缝互相错开，减小由于接缝所产生的空气隙对磁路的影响。一般在直流电机和电表中，空气隙只有几毫米。

二、铁心线圈

线圈分为空心线圈和铁心线圈。将线圈缠绕在铁心上，就做成了铁心线圈，它是构成互感耦合电路的基本元件。根据铁心线圈取用电源的不同，分为直流铁心线圈和交流铁心线圈，相应地，由它们构成的磁路，分别称为直流磁路和交流磁路。

1. 直流铁心线圈与电磁铁

（1）直流铁心线圈

图 5-11 所示为一直流铁心线圈的原理图。励磁线圈有 N 匝绕在静铁心上，动铁心（衔铁）由压缩弹簧支撑与静铁心间有一气隙 δ。当励磁线圈通一直流电流 I 时，就有恒定磁动势 IN，因而沿铁心产生恒定的主磁通 Φ，另有一部分磁通经过部分铁心经空气闭合称为漏磁通 Φ_σ，由于空气的磁导率比铁心的小得多，因而 Φ_σ 很小，其影响常常可忽略。

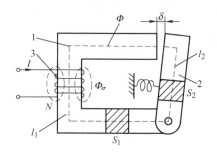

图 5-11 直流铁心线圈（电磁铁）原理图
1—静铁心 2—动铁心 3—线圈

由以上的电磁关系可知直流铁心线圈有以下特点：

1）由于励磁电流是直流，磁动势和磁通是恒定的，因而在励磁线圈两端不会产生感应电动势。

2）当励磁线圈外加电压 U，线圈的电阻为 R，则励磁电流为

$$I = \frac{U}{R}$$

在稳态情况下，励磁电流 I 与外加电压成正比，与气隙的有无和大小无关。

3)由于铁心中的磁通是恒定的,因而在铁心中没有能量损耗(无铁损耗),直流铁心线圈的功率损耗完全由励磁电流 I 流经线圈发热而产生,即

$$P = I^2 R$$

4)磁路中储存的磁场能量对衔铁将产生电磁吸力,通电后将使衔铁迅速吸合。因此直流铁心线圈最基本的应用是直流继电器和直流电磁铁等电磁器件。

(2)直流电磁铁

直流电磁铁、直流继电器的基本结构如图 5-11 所示,主要由静铁心、线圈和衔铁(动铁心)三部分构成,是通过电磁吸力工作的。直流继电器通电吸合后,其动铁心所带动的触点可实现电路的接通或断开;直流电磁铁利用其通电后的电磁吸力可制造成医用的电磁吸盘及电磁起重机等。

电磁吸力的大小是各种电磁设备的重要指标。利用图 5-11 可推导出衔铁在气隙处受到的电磁吸力为

$$F = 4B_0^2 S_0 \times 10^5 \tag{5-6}$$

式中,B_0 是气隙中的磁感应强度(T);S_0 是空气隙的总面积(m²);F 是吸力(N)。

此处推导过程省略。可见,电磁吸力的大小与空气隙的总面积及空气隙中的磁感应强度的二次方成正比。

直流继电器、直流电磁铁除了具有上述直流铁心线圈的电磁特性外,还有两点应当注意:

1)直流电磁器件、设备的铁心多用整块的铸铁、铸钢制成。

2)铁心吸合前后,磁动势 IN 不变(指稳定状态),而磁路的磁阻由有气隙的 $R_m + R_0$ 变为无气隙的 R_m,因此主磁通由 $\Phi = \dfrac{IN}{R_m + R_0}$ 变为 $\Phi' = \dfrac{IN}{R_m}$。

气隙 δ 虽然很小,但气隙磁阻 R_0 很大,衔铁吸合后的 Φ' 将增大,B' 增大,电磁吸力增大。

2. 交流铁心线圈

(1)交流铁心线圈的电磁关系与电压平衡方程式

图 5-12 所示为交流铁心线圈原理图。线圈加交变电压 u,则线圈中产生了交变电流 i 及与之相应的交变磁动势 iN。和直流磁动势一样,交变的磁动势 iN 也要产生两种磁通:主磁通和漏磁通,但它们都是交变的。两种交变磁通在线圈中又分别产生了交变电动势 e 和 e_σ。上述关系表述如下:

$$u \to i(iN) \begin{cases} \Phi \to e = -N\dfrac{d\Phi}{dt} \\ \Phi_\sigma \to e_\sigma = -N\dfrac{d\Phi_\sigma}{dt} = L_\sigma \dfrac{di}{dt} \end{cases}$$

图 5-12 中,e、e_σ 与产生的感应磁通的参考方向符合右手螺旋定则。根据基尔霍夫电压定律列出铁心线圈电路的电压方程为

$$u = -e - e_\sigma + Ri \tag{5-7}$$

通常,线圈的电阻压降 Ri 和漏感电动势 e_σ 均很小,往往可以忽略不计,这时式(5-7)又可近似地写为

$$u \approx -e = N\frac{d\Phi}{dt} \tag{5-8}$$

假定磁通 Φ 是时间的正弦函数，即 $\Phi = \Phi_m \sin\omega t$，则

$$e = -N\frac{d\Phi}{dt} = -\omega N\Phi_m \cos\omega t = 2\pi f N\Phi_m \sin(\omega t - 90°)$$

$$e = E_m \sin(\omega t - 90°) = \sqrt{2}E\sin(\omega t - 90°)$$

式中，$E_m = 2\pi f N\Phi_m$。

所以
$$U \approx E = \frac{E_m}{\sqrt{2}} = 4.44 f N\Phi_m \tag{5-9}$$

式(5-9) 称为电压平衡方程式，它表示当线圈匝数 N 及额定频率 f 一定时，主磁通 Φ_m 的大小只取决于外施电压的有效值 U。这个方程式对分析变压器、交流电机、交流接触器等交流电磁器件与设备是很重要的。

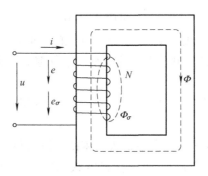

图 5-12 交流铁心线圈

例 5-2 荧光灯的镇流器是个交流铁心线圈，测得某荧光灯镇流器的线圈电压是 192V，线圈匝数为 1000，求主磁通 Φ_m。

解：根据式(5-9) 并考虑到荧光灯都是用在工频电源上，即 $f = 50$Hz，从而可求得主磁通为

$$\Phi_m = \frac{U}{4.44fN} = \frac{192}{4.44 \times 50 \times 1000} \text{Wb} = 8.65 \times 10^{-4} \text{Wb}$$

例 5-3 若上题中镇流器铁心的截面积为 7.5cm^2，铁心的平均长度为 20cm，铁心由硅钢片叠成，求磁感应强度最大值 B_m 和励磁电流 I。

解：铁心中磁感应强度的最大值为

$$B_m = \frac{\Phi_m}{S} = \frac{8.65 \times 10^{-4} \text{Wb}}{7.5 \times 10^{-4} \text{m}^2} = 1.15\text{T}$$

查该硅钢片的平均磁化曲线（见图 5-10）得

$$H_m = 0.6 \times 10^3 \text{A/m}$$

因此，铁心中的磁压降为

$$H_m l = 0.6 \times 10^3 \times 20 \times 10^{-2} \text{A} = 120\text{A}$$

根据全电流定律，可得励磁电流的有效值为

$$I = \frac{H_m l}{\sqrt{2}N} = \frac{120}{\sqrt{2} \times 1000}\text{A} = 0.085\text{A}$$

(2) 交流铁心线圈的功率损耗

在交流铁心线圈中的功率损耗由两部分组成：线圈电阻 R 的功率损耗 I^2R 和处于交变磁化下的铁心中的功率损耗。由于线圈常由铜线绕制，故常称前者为铜损 ΔP_{Cu}；后者为铁损 ΔP_{Fe}，它由磁滞损耗和涡流损耗两部分组成的。

1) 磁滞损耗：是由铁磁性材料在交变磁化的过程中，磁畴来回翻转，需要克服摩擦阻力而产生的发热损耗，常以 ΔP_h 表示。为了减小磁滞损耗，变压器、电机等常采用磁滞回线狭小的软磁性材料制造铁心。硅钢就是变压器和电机中常用的铁心材料，其磁滞损耗较小。

2) 涡流损耗：在图 5-13a 中，当线圈中通有交流电时，它所产生的磁通也是交变的。因此，不仅要在线圈中产生感应电动势，而且在铁心内也会产生感应电动势和感应电流。这种感应电流称为涡流，它在垂直于磁通方向的平面内环流着。

由涡流所产生的铁损称为涡流损耗 ΔP_e。涡流损耗也会引起铁心发热。为了减小涡流损耗，在顺磁场方向铁心可由彼此绝缘的钢片叠成，如图 5-13b 所示，这样就可以限制涡流只能在较小的截面内流通。此外，通常所用的硅钢片中含有少量的硅（0.8%～4.8%），因而电阻率较大，这也可以使涡流减小。

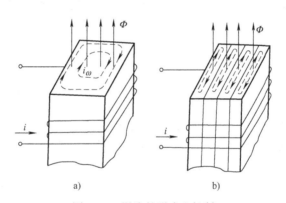

图 5-13 涡流的形成和抑制

涡流有有害的一面，但在另外一些场合下也有有利的一面。例如，利用涡流的热效应来冶炼金属，利用涡流和磁场相互作用而产生电磁力的原理来制造感应式仪器、滑差电机及涡流测距器等。

综上可知，交流铁心线圈的功率损耗由铜损耗 ΔP_{Cu} 和铁损耗 ΔP_{Fe} 构成，铁心线圈的输入功率与这些损耗的总和相等，即

$$P = UI\cos\varphi = \Delta P_{Cu} + \Delta P_{Fe} \tag{5-10}$$

3. 交流电磁铁

交流电磁铁由线圈、铁心和衔铁三部分构成，在工业中应用极为广泛。如冶金工业中用于提放钢材的电磁吊车；机床上用于夹持工件的电磁工作台；传递动力的电磁离合器；液压传动中的电磁阀；自动控制系统中用于接通电路的交流继电器和接触器等。

交流电磁铁的线圈通的励磁电流是交变的，因此磁通和电磁吸力也是随时间交变的。

设空气隙处的磁感应强度为 $B_0 = B_m\sin\omega t$，代入 $F = 4B_0^2 S_0 \times 10^5$ 得到电磁吸力的瞬时值为

$$f = 4B_0^2 S_0 \times 10^5 = 4B_m^2 \sin^2 \omega t S_0 \times 10^5 = 4B_m^2 S_0 \times 10^5 \times \frac{1-\cos 2\omega t}{2}$$
$$= F_m \frac{1-\cos 2\omega t}{2} \tag{5-11}$$

式中，$F_m = 4B_m^2 S_0 \times 10^5$，为电磁吸力的最大值。

电磁吸力在一个周期内的平均值为

$$F = \frac{1}{T}\int_0^T f \mathrm{d}t = \frac{1}{2} F_m = 2B_m^2 S_0 \times 10^5 \tag{5-12}$$

由式(5-11) 可知，交流电磁铁吸力的瞬时值如图 5-14 所示，在零与最大值 F_m 之间以两倍电源频率脉动。这种忽大忽小的吸力会引起衔铁的颤动，产生噪声，也会导致机械磨损，降低电磁铁的使用寿命。为了消除这种现象，可在图 5-15a 所示铁心的某一端部嵌装一闭合铜环，称为短路环或分磁环。

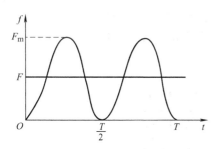
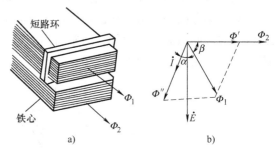

图 5-14　交流电磁铁的吸力　　　　　　图 5-15　短路环及其作用

设磁路的磁通为 Φ，其中一部分磁通 Φ' 穿过短路环，另一部分为 Φ_2。Φ' 在短路环中产生感应电动势 E 并引起感应电流 I，在图 5-15b 中 E 滞后 Φ' 90°，而感应电流 I 滞后 E 一个角 α，感应电流又产生磁通 Φ''，它和磁通 Φ' 合成为磁通 Φ_1。这样穿过短路磁环的磁通 Φ_1 和原来磁通 Φ_2 之间产生一个相位差 β 角，于是两部分磁通产生的吸力就不会同时为零，从而消除了交流电磁铁衔铁的振动。

交流电磁铁有如下特点：

1）吸力 f 是交变的，为防止颤动，铁心要嵌加分磁短路环。

2）当外加电压的有效值不变时，主磁通的最大值几乎不变，磁感应强度最大值也几乎不变，根据式(5-12) 有，衔铁吸合前、后吸力的平均值并不像直流电磁铁那样有很大变化。但是，衔铁吸合前磁阻大（因有空气隙），吸合后磁阻小，所以吸合前的磁动势要比吸合后的磁动势大，即励磁电流在衔铁吸合前大，吸合后小。由于交流电磁铁这个特点，当线圈通电后，要防止衔铁受阻卡住或吸合不紧的情况发生，否则会由于电流过大而烧毁线圈。

3）交流电磁铁的铁心和衔铁是用硅钢片叠装而成，目的是减少磁滞和涡流损耗。

例 5-4　已知交流电磁铁的平均吸力为 100N，铁心空气隙总截面积为 $4\mathrm{cm}^2$，那么空气隙中的磁感应强度最大值是多少？

解：由式(5-12) 知

$$F = 2B_m^2 S_0 \times 10^5$$
$$B_m = \sqrt{\frac{F \times 10^{-5}}{2 \times S_0}} = \sqrt{\frac{100}{80}}\mathrm{T} = 1.12\mathrm{T}$$

[技能训练]

技能训练　拆装小型变压器并观察铁心线圈

一、训练地点

教室、电工基础实训室。

二、训练器材

小型单相变压器、硅钢片、铜线；螺钉旋具等成套电工工具；万用表；绕线机（可手工进行模拟训练）。

三、训练内容与步骤

1. 铁心拆卸

1）把变压器的铁心紧固螺钉拆除，把装插的硅胶钢片取出放好。

2）把绝缘拆除，将三个绕组的铜线卸下来，分别绕在水瓶上。拆卸时要注意不要磨损铜线，若已经磨损则把它剪断，避免铜线缠成一团。

2. 重新绕线组装

1）选好标准线径，按照一次绕组在最里面，二次绕组在外面的顺序，在绕线机上把线圈绕好，绕线时注意要把导线拉直、拉紧，线匝要紧密、平整，不要疏松，不要相互交叠。

2）每绕完一层后，裹上电容纸做层间绝缘，并用胶纸紧固后再绕下一层。用同样的方法一层叠一层直至绕到所需要的匝数为止，注意线圈圈数的准确性，这个环节要耐心、细心。

3）一次、二次绕组及两个绕组之间均采用青壳纸做绝缘，且一次侧、二次侧分别在变压器的两侧，最后在整个线包上裹上青壳纸绝缘并紧固。

3. 装插铁心

1）绕线全部绕好后，把硅钢片两片一组，正方向交替，插入线包孔中，应尽量把最多的硅钢片插进去，最后几片可能要用铁锤轻轻敲进去，最后用夹紧片夹紧。

2）要求穿插硅钢片要尽量紧密，可增强磁路。这样就完成了单相变压器的重新绕线安装。

4. 检测

1）检查各绕组是否开路：可用万用表电阻档测量，两表棒分别接每一绕组的两线头，看有无断路，不通则表示绕组有断路，应重新绕制。

2）检查各绕组间及各绕组对铁心有无短路：用电阻档 $R \times 100$ 档测量，若有短路也应重新绕制。

[课后巩固]

5-1-1　请解释磁通、磁感强度和磁场强度。

5-1-2　什么是铁磁性材料？它有哪些磁性能？

5-1-3　为什么通常在电磁线圈中加装铁心？

任务2　变压器线圈参数的测试

[任务描述]

对互感电路分析与计算，测定铁心线圈自感系数、互感系数及耦合系数，判别互感线圈的同名端。

[任务目标]

知识目标　1. 掌握互感系数的计算方法。
　　　　　　2. 掌握互感线圈的连接方式及去耦等效分析方法。
　　　　　　3. 掌握含互感的正弦电路的分析方法。
技能目标　1. 会测定铁心线圈自感系数、互感系数及耦合系数。
　　　　　　2. 会判别互感线圈的同名端。

[知识准备]

一、互感现象分析及互感电压计算

我们已经知道，当交流铁心线圈中通入正弦交流电时，会发生自感现象，在线圈两端产生自感电动势。如果该铁心上还缠有其他线圈，情况又会如何？下面分析这个问题。

1. 互感现象及其成因

如图 5-16 所示的实验电路，交流铁心线圈的线圈 Ⅰ 接到正弦交流电源上，线圈 Ⅱ 接交流电压表。可以发现，当线圈 Ⅰ 中有电流 i_1 流过时，线圈 Ⅱ 上连接的电压表指针发生了偏转。实验表明，线圈 Ⅱ 上虽然没有直接连接电源，但当线圈 Ⅰ 中的电流发生变化时，会在线圈 Ⅱ 上感应出一个电压。这种由于一个线圈中的电流发生变化，而在另一个线圈中产生感应电压的现象就叫互感现象，相应地，产生的感应电压叫互感电压。

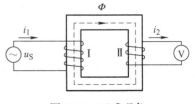

图 5-16　互感现象

为什么会产生互感现象呢？我们知道，当线圈 Ⅰ 接入电源时，回路中会有交变的电流 i_1 产生，引发的磁动势 $i_1 N_1$ 将在铁心中产生交变的磁通 Φ，该磁通既链接了线圈 Ⅰ，又链接了线圈 Ⅱ，根据电磁感应原理，它要在线圈 Ⅰ 和 Ⅱ 中分别感应出频率相同的感生电动势 e_1 和 e_2，前者称为自感电动势，后者就是我们要研究的互感电动势。

2. 互感系数、互感电压及同名端

（1）互感系数

当电路中发生互感现象时，引入互感系数的概念用来表示两个具有互感关系的线圈之间的相互影响。

仍以图 5-16 所示电路为例，如果用 N_1 和 N_2 分别表示线圈 Ⅰ 和线圈 Ⅱ 的匝数，以 Φ 表示电流 i_1 在铁心中产生的磁通，忽略漏磁通不计，则线圈 Ⅰ 中的自感磁链 $\psi_1 = N_1 \Phi$，线圈 Ⅰ 对线圈 Ⅱ 的互感磁链 $\Psi_2 = N_2 \Phi$，于是，互感系数为

$$M = \frac{\psi_2}{i_1} = \frac{N_2 \Phi}{i_1}$$

可以证明，如果在线圈Ⅱ中通入电流 i_2，线圈Ⅱ对线圈Ⅰ的影响也可以用互感系数 M 来表示，并且有

$$M = \frac{\psi_2}{i_1} = \frac{N_2 \Phi}{i_1} = \frac{\psi_1}{i_2} = \frac{N_1 \Phi}{i_2}$$

一般地，将互感线圈的电路模型称为互感元件，其电路符号如图 5-17 所示，L_1、L_2 及 M 都是它的参数。当线圈周围的介质为非铁磁性材料时，它是线性元件。其互感系数 M 的大小可以反映两互感线圈间的磁耦合程度。如果 M 越大，说明两线圈间的耦合越紧，即由一个线圈产生且穿过另一线圈的磁通越多；反之，如果 M 越小，说明两线圈的耦合越松；当 $M=0$ 时，两线圈之间就不存在耦合关系了。这里需要说明的是，M 的大小不仅与磁通量的多少有关，而且与两线圈的匝数、几何尺寸、相对位置和磁介质等有关。当采用铁磁性材料作耦合磁路时，M 将不是常数。

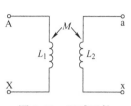

图 5-17 互感元件

两线圈的耦合程度可由耦合系数 K 来表示，它的定义为

$$K = \frac{M}{\sqrt{L_1 L_2}} \tag{5-13}$$

式中，K 的取值范围是 $0 \leqslant K \leqslant 1$。$K=0$ 时，表明两线圈没有磁耦合；$K=1$ 时，一个线圈产生的磁通将全部穿过另一个线圈，这种情况称为全耦合。

例 5-5 两互感耦合线圈，已知 $L_1 = 16\text{mH}$，$L_2 = 4\text{mH}$。（1）若 $M = 6\text{mH}$，求耦合系数 K；（2）若两线圈为全耦合，求互感 M。

解：（1）由式(5-13) 得

$$K = \frac{M}{\sqrt{L_1 L_2}} = \frac{6 \times 10^{-3}}{\sqrt{16 \times 10^{-3} \times 4 \times 10^{-3}}} = \frac{6 \times 10^{-3}}{8 \times 10^{-3}} = 0.75$$

（2）两线圈全耦合时，$K=1$，所以

$$M = \sqrt{L_1 L_2} = \sqrt{16 \times 10^{-3} \times 4 \times 10^{-3}} \text{mH} = 8\text{mH}$$

（2）互感电压

如图 5-18 所示电路，当线圈Ⅰ中通入交流电流 i_1 时，由电磁感应原理可知在线圈Ⅰ中会产生自感电压 u_{11}，同时还会在线圈Ⅱ中产生互感电压 u_{21}，参考方向如图 5-18 所示。其中自感电压 u_{11} 的大小和方向在前面已有介绍，有 $u_{11} = L_1 \frac{\mathrm{d}i_1}{\mathrm{d}t}$。

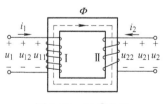

图 5-18 互感电压

而互感电压 u_{21} 的大小可由下式确定

$$|u_{21}| = M \left| \frac{\mathrm{d}i_1}{\mathrm{d}t} \right| \tag{5-14}$$

假设电压方向如图 5-18 所示，其真实方向暂不讨论。

同理，若线圈Ⅱ中通入交流电流 i_2，则它在线圈Ⅱ中产生自感电压 u_{22} 的同时，也会在

线圈 I 中产生起互感电压 u_{12}，且有 $u_{22}=L_2\dfrac{di_2}{dt}$，则

$$|u_{12}|=M\left|\dfrac{di_2}{dt}\right| \qquad (5\text{-}15)$$

不难看出，当线圈中出现互感现象时，每个线圈两端的电压将由自感电压和互感电压两部分组成，为它们的代数和，即

$$u_1=u_{11}+u_{12}$$
$$u_2=u_{21}+u_{22}$$

式中，u_{11} 和 u_{22} 分别为线圈 I 和线圈 II 中的自感电压；u_{21} 是电流 i_1 在线圈 II 中产生的互感电压；u_{12} 是电流 i_2 在线圈 I 中产生的互感电压。另外，u_{11}、u_{12}、u_{21}、u_{22} 的方向与线圈绕向和电流方向有关，均为代数量。

（3）同名端

在图 5-19 所示的互感元件中，共有两组端钮：A 和 X 以及 a 和 x，当互感现象发生时，两组线圈上分别会有电压产生。因此，在每组端钮中必然要有一个瞬时极性为正的端钮和一个瞬时极性为负的端钮。规定：在这四个接线端钮中，瞬时极性始终相同的端钮叫同名端。四个端钮中必有两组同名端。例如在某一瞬间，端钮 A 和 a 上的极性同为正，则 A 和 a 就是一对同名端，同时 x 与 X 也是一对同名端。同理，瞬时极性不相同的端钮叫异名端，如上例中的 A 和 x、X 与 a 就是两组异名端。

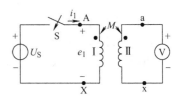

图 5-19　同名端的测定

对于同名端，通常用标记"·"或者"*"将其标明，如图 5-19 所示。该图实际上也给出了一种测定同名端的方法。在闭合开关 S 的瞬间，电压表指针正向偏转，说明 A 和 a 是一对同名端；如果指针反向偏转，则 A 和 x 是一对同名端。

在互感元件中，同名端一旦确定下来，互感电压的方向也就随之确定了。规定：如果电流从一个线圈的同名端流入，则它在另一线圈中产生互感电压的方向是同名端极性为正，异名端极性为负。以图 5-20 所示的电路为例，若电流 i_1 从线圈 I 的同名端 A 流入，则它在线圈 II 中产生互感电压 u_{21} 时，同名端口 a 的极性为正，异名端 x 的极性为负，互感电压的方向如图 5-20 所示。

在图 5-21 所示的电路中，在图中所示参考方向下，有

$$u_{11}=L_1\dfrac{di_1}{dt}\quad u_{22}=L_2\dfrac{di_2}{dt}$$

$$u_{21}=M\dfrac{di_1}{dt}\quad u_{12}=M\dfrac{di_2}{dt}$$

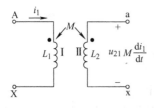 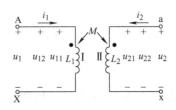

图 5-20　互感电压的方向　　　　图 5-21　互感电压与电流

于是有

$$u_1 = u_{11} + u_{12} = L_1 \frac{di_1}{dt} + M \frac{di_2}{dt} \tag{5-16}$$

$$u_2 = u_{21} + u_{22} = M \frac{di_1}{dt} + L_2 \frac{di_2}{dt} \tag{5-17}$$

当电流为正弦交流电时，上式可写为相量形式，即

$$\dot{U}_1 = \dot{U}_{11} + \dot{U}_{12} = j\omega L_1 \dot{I}_1 + j\omega M \dot{I}_2 \tag{5-18}$$

$$\dot{U}_2 = \dot{U}_{21} + \dot{U}_{22} = j\omega M \dot{I}_1 + j\omega L_2 \dot{I}_2 \tag{5-19}$$

式中，$\omega M = X_m$，称为互感抗，单位为欧姆（Ω）。

通过以上分析，可以看到：当互感现象存在时，一个线圈的电压不仅与流过线圈本身的电流有关，而且与相邻线圈中的电流有关。

需要指出的是，以上公式均针对图 5-21 所示的参考方向而定，一旦电流 i_1 或 i_2 方向变化，或同名端发生变化，公式中的符号也要随之改变，具体情况请读者自行分析。

例 5-6　电路如图 5-16 所示，如果已知 u_S 频率为 500Hz，测得电流 $I_1 = 1$A，电压表读数为 31.4V，试求两线圈的互感系数 M。

解：电压表读数由互感现象引起，互感电压 $\dot{U}_{21} = j\omega M \dot{I}_1$，于是 $U_{21} = \omega M I_1$，所以

$$M = \frac{U_{21}}{\omega I_1} = \frac{U_{21}}{2\pi f I_1} = \frac{31.4}{2\pi \times 500 \times 1}H = \frac{31.4}{3140}H = 0.01H$$

例 5-7　电路如图 5-20 所示，同名端已标在电路中，若 $M = 0.2$H，$i_1 = 5\sqrt{2} \sin 314t$A，求互感电压 u_{21} 为多少？

解：u_{21} 方向如图 5-20 所示，先将 i_1 写成相量形式，即 $\dot{I}_1 = 5\angle 0°$ A，于是

$$\dot{U}_{21} = j\omega M \dot{I}_1 = j \times 314 \times 0.2 \times 5 \angle 0° \text{ V} = 314 \angle 90° \text{ V}$$

故

$$u_{21} = 314\sqrt{2} \sin(314t + 90°) \text{ V}$$

二、互感线圈的连接及电路的去耦等效

分析计算具有互感的电路，依据仍然是基尔霍夫定律。在正弦激励源作用下，相量法仍适用。与一般正弦电路的不同点是，在有互感的支路中必须考虑由于磁耦合而产生的互感电压。先分析互感线圈的串、并联电路，为了简化，暂不考虑线圈的内阻。

1. 互感线圈的串联

两个互感线圈串联时，因同名端的位置不同而分为两种情况：第一，两线圈的异名端连接在一起，如图 5-22a 所示，这种连接方式称为顺向串联，简称顺联；第二，两线圈的同名端连接在一起，如图 5-22b 所示，这种连接方式称为逆向串联，简称逆联。

（1）互感线圈的顺联

顺联时，电流分别从两电感线圈的同名端流入，因此，当它们各自在对方线圈两端产生互感电压时，同名端极性为正，如图 5-22a 中 $\dot{U}_{12}$ 和 $\dot{U}_{21}$ 所示。

根据 KVL 及互感元件的伏安关系，可写出在正弦交流情况下，$\dot{U}_1$、$\dot{U}_2$ 及 $\dot{U}$ 的相量表

达式为

$$\dot{U}_1 = \dot{U}_{11} + \dot{U}_{12} = j\omega L_1 \dot{I} + j\omega M \dot{I}$$

$$\dot{U}_2 = \dot{U}_{22} + \dot{U}_{21} = j\omega L_2 \dot{I} + j\omega M \dot{I}$$

于是

$$\begin{aligned}\dot{U} &= \dot{U}_1 + \dot{U}_2 \\ &= (j\omega L_1 \dot{I} + j\omega M \dot{I}) + (j\omega L_2 \dot{I} + j\omega M \dot{I}) \\ &= j\omega(L_1 + L_2 + 2M)\dot{I} = j\omega L_{顺}\dot{I}\end{aligned} \quad (5\text{-}20)$$

式中，$L_{顺} = L_1 + L_2 + 2M$ 为顺联时的等效电感。

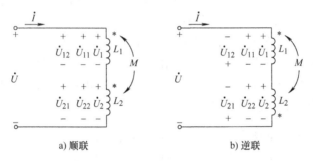

图 5-22 互感线圈的串联

（2）互感线圈的逆联

逆联时，电流从第一个线圈的同名端和第二个线圈的异名端流入，这样，它在线路中产生互感电压 $\dot{U}_{21}$ 和 $\dot{U}_{12}$ 都为负，其方向如图 5-22 b 所示。当输入电流为正弦量时，$\dot{U}_1$、$\dot{U}_2$ 及 $\dot{U}$ 的相量表达式分别为

$$\dot{U}_1 = \dot{U}_{11} - \dot{U}_{12} = j\omega L_1 \dot{I} - j\omega M \dot{I}$$

$$\dot{U}_2 = \dot{U}_{22} - \dot{U}_{21} = j\omega L_2 \dot{I} - j\omega M \dot{I}$$

于是

$$\begin{aligned}\dot{U} &= \dot{U}_1 + \dot{U}_2 \\ &= (j\omega L_1 \dot{I} - j\omega M \dot{I}) + (j\omega L_2 \dot{I} - j\omega M \dot{I}) \\ &= j\omega(L_1 + L_2 - 2M)\dot{I} = j\omega L_{逆}\dot{I}\end{aligned} \quad (5\text{-}21)$$

式中，$L_{逆} = L_1 + L_2 - 2M$ 为逆联时的等效电感。

由于互感线圈在顺联和逆联时的等效电感不同，因此，在相同电压作用下，流过它们的电流也不会相等。当两线圈顺联时，其等效电感 $L_{顺}$ 较大，流过的电流较小。这样，只要测得两次连接情况下的电流值，就可以判断出互感线圈的同名端，这实际上提供了一种测定同名端的方法。

除此之外，利用互感线圈的串联，还可以测量互感系数 M，其原理如下：

根据等效电感 $L_顺$ 和 $L_逆$ 的表达式有

$$L_顺 - L_逆 = (L_1 + L_2 + 2M) - (L_1 + L_2 - 2M) = 4M$$

于是

$$M = \frac{L_顺 - L_逆}{4} \tag{5-22}$$

这样，在图5-22中，只要测量 $\dot{U}$ 和 $\dot{I}$，再分别利用式(5-20)和式(5-21)就可以计算出 $L_顺$ 和 $L_逆$，从而得出互感系数 M 的值。

2. 互感线圈的并联

互感线圈的并联也有两种形式：如图5-23所示，如果两线圈的同名端连接在一起，称为同侧并联；如图5-24所示，如果两线圈的异名端连接在一起，称为异侧并联。

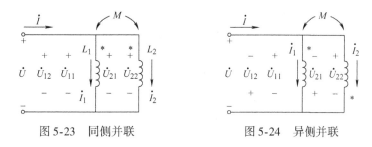

图5-23 同侧并联　　　　图5-24 异侧并联

（1）同侧并联

如图5-23所示，当两线圈同侧并联时，支路电流 $\dot{I}_1$、$\dot{I}_2$ 分别从两线圈的同名端流入。这样，当电路中产生自感电压 $\dot{U}_{11}$ 和 $\dot{U}_{22}$ 及互感电压 $\dot{U}_{12}$ 和 $\dot{U}_{21}$ 时，其方向分别如图所示，根据KVL和KCL，有

$$\dot{I} = \dot{I}_1 + \dot{I}_2 \qquad ①$$

$$\dot{U} = \dot{U}_{11} + \dot{U}_{12} = j\omega L_1 \dot{I}_1 + j\omega M \dot{I}_2 \qquad ②$$

$$\dot{U} = \dot{U}_{22} + \dot{U}_{21} = j\omega L_2 \dot{I}_2 + j\omega M \dot{I}_1 \qquad ③$$

由①、②、③可推出电路从端口看入的等效阻抗为

$$Z_{eq} = \frac{\dot{U}}{\dot{I}} = j\omega \frac{L_1 L_2 - M^2}{L_1 + L_2 - 2M}$$

则电路的等效电感为

$$L_{eq} = \frac{L_1 L_2 - M^2}{L_1 + L_2 - 2M} \tag{5-23}$$

将①分别代入②、③，有

$$\dot{U} = j\omega(L_1 - M)\dot{I}_1 + j\omega M \dot{I} \qquad ④$$

$$\dot{U} = j\omega(L_2 - M)\dot{I}_2 + j\omega M \dot{I} \qquad ⑤$$

根据④和⑤，可以画出图5-25所示的等效电路，在该电路中各等效电感都是自感，相互之间已无互感存在，故称这种电路为去耦等效电路。利用去耦等效电路分析问题，由于不必再考虑互感的影响，因而简便易行。

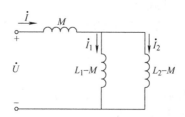

图 5-25 同侧并联的去耦等效电路

(2) 异侧并联

如图 5-24 所示,当两线圈异侧并联时,支路电流 $\dot{I}_1$、$\dot{I}_2$ 分别从两线圈的异名端流入。根据 KCL 和 KVL 定律列方程:

$$\dot{I} = \dot{I}_1 + \dot{I}_2$$

$$\dot{U} = \dot{U}_{11} - \dot{U}_{12} = j\omega L_1 \dot{I}_1 - j\omega M \dot{I}_2 = j\omega L_1 \dot{I}_1 - j\omega M(\dot{I} - \dot{I}_1)$$
$$= j\omega(L_1 + M)\dot{I}_1 - j\omega M \dot{I}$$

$$\dot{U} = \dot{U}_{22} - \dot{U}_{21} = j\omega L_2 \dot{I}_2 - j\omega M \dot{I}_1$$
$$= j\omega L_2 \dot{I}_1 - j\omega M(\dot{I} - \dot{I}_2)$$
$$= j\omega(L_2 + M)\dot{I}_2 - j\omega M \dot{I}$$

同理,电路的等效电感为

$$L_{eq} = \frac{L_1 L_2 - M^2}{L_1 + L_2 + 2M} \tag{5-24}$$

同样可画出图 5-26 所示的等效电路。需要指出,等效电感($-M$)是一个负值,这只是计算上的需要,并无实际意义。

3. 一对耦合电感的三端连接

图 5-27 为同名端相接,图 5-29 为异名端相接,则有

$$\dot{U}_{13} = j\omega L_1 \dot{I}_1 \pm j\omega M \dot{I}_2$$

$$\dot{U}_{23} = j\omega L_2 \dot{I}_2 \pm j\omega M \dot{I}_1$$

$$\dot{I} = \dot{I}_1 + \dot{I}_2$$

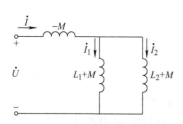

图 5-26 异侧并联的去耦等效电路

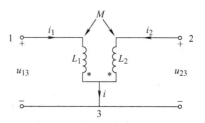

图 5-27 同名端相连接电路

在 $\dot{U}_{13}$ 表达式中消去 $\dot{I}_2$，在 $\dot{U}_{23}$ 表达式中消去 $\dot{I}_1$，经整理后，得

$$\dot{U}_{13} = j\omega L_1 \dot{I}_1 \pm j\omega M \dot{I}_2 = j\omega(L_1 \mp M)\dot{I}_1 \pm j\omega M \dot{I}$$

$$\dot{U}_{23} = j\omega L_2 \dot{I}_2 \pm j\omega M \dot{I}_1 = j\omega(L_2 \mp M)\dot{I}_2 \pm j\omega M \dot{I}$$

由此式画出去耦等效电路，如图 5-28 和图 5-30 所示。

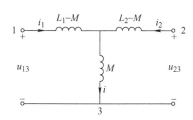

图 5-28　同名端相连接去耦等效电路　　　图 5-29　异名端相连接电路

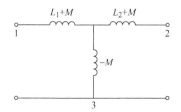

图 5-30　异名端相连接去耦等效电路

例 5-8　电路如图 5-31a 所示，求 $K = 0.5$ 和 $K = 1$ 时的 Z_{ab} 和 $\dot{U}_2$。

解：(1) 当 $K = 0.5$ 时：

$$K = \frac{M}{\sqrt{L_1 L_2}}$$

$$M = K\sqrt{L_1 L_2}$$

$$\omega M = K\sqrt{\omega L_1 \omega L_2} = 0.5\sqrt{16 \times 4}\,\Omega = 4\,\Omega$$

所以去耦等效电路如图 5-31b 所示，化简后如图 5-31c 所示。

即　　　　　　　　　$Z_{ab} = j12\,\Omega \qquad \dot{U}_2 = 0$

(2) 当 $K = 1$ 时：

$$\omega M = K\sqrt{\omega L_1 \omega L_2} = 1 \times \sqrt{16 \times 4}\,\Omega = 8\,\Omega$$

去耦等效电路如图 5-31d 所示。

$$Z_{ab} = \left[j8 + \frac{(1-j4)j4}{1-j4+j4}\right]\Omega = (16 + j12)\,\Omega$$

$$\dot{U}_2 = \frac{100}{16+j12} \times \frac{j4}{1-j4+j4} \times 1\,\text{V} = \frac{400\angle 90°}{20\angle 36.9°}\,\text{V} = 20\angle 53.1°\,\text{V}$$

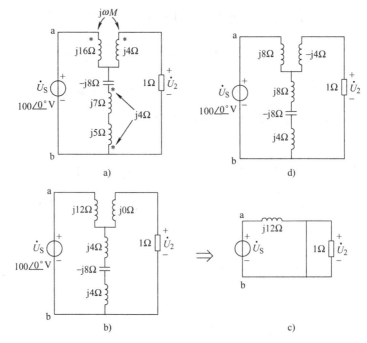

图 5-31 例 5-8 图

例 5-9 电路如图 5-32a 所示，求 $\dot{I}$、$\dot{I}_1$、$\dot{I}_2$ 及支路 1 和支路 2 的平均功率。

解：进行去耦，画出等效电路如图 5-32b 所示。

$$\dot{I} = \frac{\dot{U}}{\left[j8 + \frac{(8+j0)(j2-j10)}{j2-j10+8+j0}\right]\Omega} = 15\sqrt{2} \angle -45° \text{ A}$$

$$\dot{I}_1 = \frac{8}{8-j8}\dot{I} = 15 \angle 0° \text{ A}$$

$$\dot{I}_2 = \dot{I} - \dot{I}_1 = 15 \angle -90° \text{ A}$$

$$P_1 = UI_1\cos(0°-0°) = 1800 \text{ W}$$

$$P_2 = UI_2\cos(0°-(-90°)) = 0 \text{ W}$$

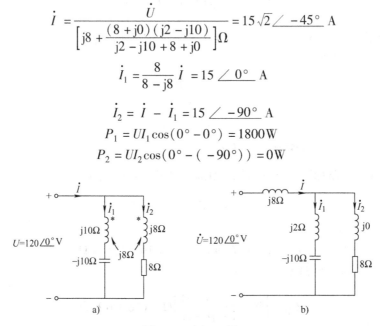

图 5-32 例 5-9 图

例 5-10 电路如图 5-33a 所示，已知 $L_1 = 0.1\text{H}$，$L_2 = 0.4\text{H}$，$M = 0.01\text{H}$，$\omega = 1000 \text{rad} \cdot \text{s}^{-1}$，$R = 10\Omega$，问 C 为何值时电路发生谐振。

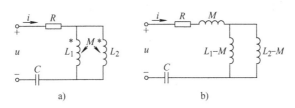

图 5-33 例 5-10 图

解：图 5-33a 所示为同侧并联形式，可画出其去耦等效电路如图 5-33b 所示，则总的等效阻抗为

$$Z_i = R + j\omega M + \frac{j\omega(L_1-M)j\omega(L_2-M)}{j\omega(L_1-M)+j\omega(L_2-M)} + \frac{1}{j\omega C}$$

$$= R + j\left[\omega M + \omega\frac{(L_1-M)(L_2-M)}{L_1+L_2-2M} - \frac{1}{\omega C}\right] = R + jX$$

谐振时，$X = 0$，于是

$$\omega M + \omega\frac{(L_1-M)(L_2-M)}{L_1+L_2-2M} - \frac{1}{\omega C} = 0$$

$$C = \frac{1}{\omega^2\left[M + \frac{(L_1-M)(L_2-M)}{L_1+L_2-2M}\right]}$$

代入数据有

$$C = \frac{1}{1000^2 \times \left[0.01 + \frac{0.09 \times 0.39}{0.5 - 0.02}\right]}\text{F} = \frac{1}{1000^2 \times 0.083125}\text{F} = 1.2 \times 10^{-5}\text{F} = 12\mu\text{F}$$

三、含互感的正弦电路分析

含有互感电路的计算，原则上和一般正弦交流电路相同，可以运用前面讲过的各种分析方法和网络定理，但在计算时需注意几个问题：

1) 不能遗漏互感电压。
2) 要注意同名端，不要搞错互感电压在表达式中的正负号。
3) 在应用戴维南定理时，不能把互感元件拆开。
4) 对含有互感的电路，不易直接列出节点方程，但在画出其去耦等效电路后，则可应用节点电压法。下面通过例题具体说明。

例 5-11 设图 5-34 电路中的参数均为已知，试写出其支路电流方程。

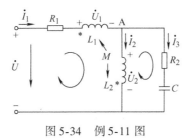

图 5-34 例 5-11 图

解：设备支路电流如图 5-34 所示，由 KCL，对于节点 A，有

$$\dot{I}_1 = \dot{I}_2 + \dot{I}_3 \qquad ①$$

按照图示的绕行方向，由 KVL 列回路电压方程，有

$$\dot{U} = R_1 \dot{I}_1 + \dot{U}_1 + \dot{U}_2 \qquad ②$$

$$R_2 \dot{I}_3 - j\frac{1}{\omega C} \dot{I}_3 - \dot{U}_2 = 0 \qquad ③$$

其中两线圈电压 $\dot{U}_1$ 和 $\dot{U}_2$ 不仅要涉及自感电压，还要涉及互感电压，故有

$$\dot{U}_1 = j\omega L_1 \dot{I}_1 - j\omega M \dot{I}_2$$

$$\dot{U}_2 = j\omega L_2 \dot{I}_2 - j\omega M \dot{I}_1$$

将它们分别代入②和③，整理得支路电流方程为

$$\begin{cases} \dot{I}_1 = \dot{I}_2 + \dot{I}_3 \\ \dot{U} = R_1 \dot{I}_1 + j\omega(L_1 - M)\dot{I}_1 + j\omega(L_2 - M)\dot{I}_2 \\ R_2 \dot{I}_3 - j\frac{1}{\omega C} \dot{I}_3 - j\omega L_2 \dot{I}_2 + j\omega M \dot{I}_1 = 0 \end{cases}$$

例 5-12 利用交流电桥可以比较简单地测量两个线圈的互感，图 5-35 为测量原理电路图，调节电阻 R_2、R_4 使电桥平衡，试证明此时互感系数 $M = \dfrac{L_1}{1 + R_2/R_4}$。

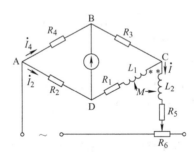

图 5-35　例 5-12 图

证明：当电桥平衡时，应满足

$$\dot{U}_{AB} = \dot{U}_{AD}, \quad \dot{U}_{BC} = \dot{U}_{DC}$$

据此列方程如下：

$$R_4 \dot{I}_4 = R_2 \dot{I}_2 \qquad ①$$

$$(R_1 + j\omega L_1)\dot{I}_2 - j\omega M \dot{I} = R_3 \dot{I}_4 \qquad ②$$

再对节点 C 列 KCL 方程，得

$$\dot{I} = \dot{I}_2 + \dot{I}_4 \qquad ③$$

将①和③代入②，消去 $\dot{I}$ 和 $\dot{I}_4$，整理得

$$(R_1 + j\omega L_1)\dot{I}_2 - j\omega M\left(\dot{I}_2 + \frac{R_2}{R_4}\dot{I}_2\right) = \frac{R_2 R_3}{R_4}\dot{I}_2$$

两边消去 $\dot{I}_2$ 有

$$R_1 + j\omega L_1 - j\omega M\left(1 + \frac{R_2}{R_4}\right) = \frac{R_2 R_3}{R_4}$$

由复数相等条件，得

$$\begin{cases} R_1 = \dfrac{R_2 R_3}{R_4} \\ \omega L_1 - \omega M\left(1 + \dfrac{R_2}{R_4}\right) = 0 \end{cases}$$

于是

$$M\left(1 + \frac{R_2}{R_4}\right) = L_1$$

即

$$M = \frac{L_1}{1 + R_2/R_4}$$

例 5-13 电路及参数如图 5-36 所示，试用戴维南定理求流经 5Ω 电阻的电流。

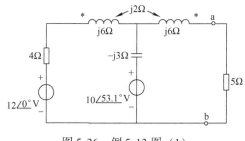

图 5-36　例 5-13 图（1）

解：（1）先求开路电压 U_{ab}，需将 5Ω 电阻支路断开，得到等效电路如图 5-37a 所示。在该电路中

$$\dot{I}_1 = \frac{12\angle 0° - 10\angle 53.1°}{4 + j6 - j3}\text{A} = 2\angle -90°\text{ A} = -j2\text{A}$$

因此

$$\begin{aligned}\dot{U}_{ab} &= \dot{U} + (-j3)\dot{I}_1 + 10\angle 53.1°\text{ V} \\ &= j2\dot{I}_1 - j3\dot{I}_1 + 10\angle 53.1°\text{ V} \\ &= (4 + j8)\text{V} = 8.94\angle 63.4°\text{ V}\end{aligned}$$

于是

$$\dot{U}_i = \dot{U}_{ab} = 8.94\angle 63.4°\text{ V}$$

（2）再求等效阻抗 Z_i，画出去耦等效电路如图 5-37 b 所示，并将两个电压源短路，于是

$$\begin{aligned}Z_i &= \left(j4 + \frac{(4+j4)(-j3+j2)}{(4+j4)+(-j3+j2)}\right)\Omega \\ &= \left(\frac{4-j4}{4+j3} + j4\right)\Omega = \frac{-8+j12}{4+j3}\Omega = (0.16 + j2.88)\Omega\end{aligned}$$

(3) 画出戴维南等效电路,如图 5-37c 所示,则

$$\dot{I} = \frac{\dot{U}_i}{Z_i + 5} = \frac{8.94\angle 63.4°}{0.16 + j2.88 + 5}A = 1.51\angle 34.2° \text{ A}$$

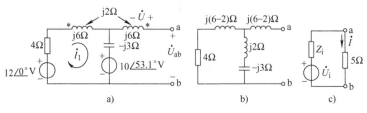

图 5-37 例 5-13 图 (2)

[技能训练]

技能训练 1 测定变压器线圈的自感系数

一、训练地点

电工基础实训室。

二、训练器材

交流可调电源(24V、12V)、数字交流电压表、数字交流电流表、E 型变压器、可变电阻、开关(S)、万用表。

三、分析测试电路的工作原理

1. 测试电路

自感系数测试电路如图 5-38 所示。

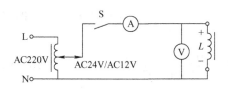

图 5-38 自感系数测试电路

图中,L 为电感线圈,现为 E 型变压器的一次绕组(24V),电源是有效值为 24V 的交流电源,电流表为数字式交流电流表,电压表为数字式交流电压表,S 为开关。

2. 测试的原理

若已知线圈两端的交流电压 U_L、通过的电流 I 以及线圈的电阻 r(可用万用表测得),则线圈的阻抗为

$$Z = \frac{U_L}{I} \qquad ①$$

由 $Z = \sqrt{r^2 + X_L^2}$ 得 $X_L = \sqrt{Z^2 - r^2}$,而 $X_L = 2\pi fL$,于是

$$L = \frac{X_L}{2\pi f} = \frac{\sqrt{Z^2 - r^2}}{2\pi f} \qquad ②$$

四、训练内容与步骤

1）用万用表电阻档测量线圈直流电阻 r，记录在表5-2中。

2）电源采用交流可调电源，电源电压分别调至 $U=24V$ 和 $U=12V$，按图5-38所示电路接线。

3）检查电路无误后，接通开关S，将电压表、电流表的读数记录于表5-2中，由测得的数据计算出线圈的自感系数。

表5-2 线圈自感系数测定实验数据　　线圈电阻 $r=$ 　Ω

交流电源电压 U/V	24	12
线圈电压 U_L/V		
线圈电流 I/A		
线圈阻抗 $Z=\dfrac{U_L}{I}\Omega$		
线圈电感 $L=\dfrac{\sqrt{Z^2-r^2}}{2\pi f}H$		

技能训练2　判别变压器互感线圈的同名端

一、训练地点

电工基础实训室。

二、训练器材

可调直流电源、可调交流电源或单相交流电源；直流数字电压表、指针式直流毫安表、交流数字电流表、交流数字电压表、E型变压器、开关、100Ω电阻、万用表。

三、判别方法分析

1. 直流法

如图5-39所示，当开关S闭合瞬间，若毫安表的指针正偏，则可断定"1"与"3"为同名端；若指针反偏，则"1"与"4"为同名端。

2. 交流法

如图5-40所示，将两个绕组 N_1 和 N_2 的任意两端（如2、4端）连在一起，在其中一个绕组（如 N_1）两端加一个低电压交流电源，用交流电压表分别测出端电压 U_{13}、U_{12} 和 U_{34}。若 U_{13} 是两个绕组电压之差，则"1"与"3"是同名端；若 U_{13} 是两绕组电压之和，则"1"与"4"是同名端。

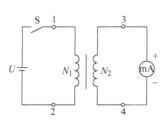

图5-39　直流法测同名端

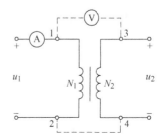

图5-40　交流法测同名端

四、训练内容与步骤

1. 直流法判断同名端

测试电路如图 5-41 所示，图中以 E 型变压器的一、二次绕组作为互感线圈 N_1、N_2，U_1 为可调直流稳压电源，调至 3V，电阻 $R = 100\Omega$，这样，流过 N_1 侧的电流不超过 0.2A（选用 3A 量程的数字电流表），N_2 侧直接接入量程为 10mA 的直流毫安表。将开关 S 合上，观察毫安表指针的偏转情况，由此来判定 N_1 和 N_2 两个线圈的同名端。当毫安表指针正向偏转时，1 与 3 为同名端；当毫安表指针反向偏转时，1 与 4 为同名端。判断数据记录在表 5-3 中。

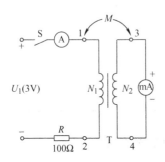 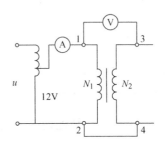

图 5-41　直流法测试同名端实验电路　　　图 5-42　交流法测试同名端实验电路

2. 交流法判断同名端

测试电路如图 5-42 所示，连接 2 端与 4 端，将 N_1 串接电流表（选 3A 量程）后，接至自耦调压器的输出端，确认自耦调压器调至零位后方可接通交流电源，调节自耦调压器，使其输出电压为 12V（也可以直接使用单相交流电压源 12V），这样，流过电流表的电流不大于 0.2A，然后用数字交流电压表测量 U_{12}、U_{13} 和 U_{34}，由 U_{13} 与 U_{12}、U_{34} 的关系来判定同名端，将判定结果记录在表 5-3 中。

表 5-3　判断同名端

直流法	开关 S 的状态	仪表的偏转情况（正偏、反偏）		同名端端子名称
交流法	U_{13}/V	U_{12}/V	U_{34}/V	同名端端子名称

技能训练 3　测定变压器线圈的互感系数和耦合系数

一、训练地点

电工基础实训室。

二、训练器材

可调交流电源或单相交流电源、交流数字电压表、交流数字电流表、万用表、E 型变压器、开关、100Ω 电阻。

三、分析测试原理

1. 两线圈互感系数 M 的测定原理

在图 5-40 所示电路中，拆掉 2 与 4 的连接导线，在互感线圈的 N_1 侧施加低压交流电压 U_1，测出 I_1 及 U_{20}。根据互感电动势 $U_{20} \approx E_{2M} = \omega M I_1$，可算得互感系数为

$$M = \frac{U_{20}}{\omega I_1}$$

2. 耦合系数 K 的测定原理

两个互感线圈的磁耦合程度可用耦合系数 K 来表示，K 的定义如下：

$$K = \frac{M}{\sqrt{L_1 L_2}}$$

式中，L_1 为 N_1 线圈的自感系数；L_2 为 N_2 线圈的自感系数。它们的测定方法为：首先用万用表测出 E 型变压器 N_1、N_2 侧直流电阻 r_1、r_2；其次在 N_1 侧加交流电压 U_1，N_2 侧开路，测出电流 I_1；然后再在 N_2 侧加电压 U_2，N_1 侧开路，测出电流 I_2；最后根据 $L = \dfrac{\sqrt{\left(\dfrac{U}{I}\right)^2 - r^2}}{2\pi f}$，可分别求出自感系数 L_1 和 L_2。当已知互感系数 M 时，便可算得 K 值。

四、训练内容与步骤

1. 测定两个线圈的互感系数 M

在图 5-42 所示电路中，切断电源，拆掉 2 与 4 的连线，互感线圈 N_2 侧开路，N_1 侧施加 12V 交流电压，测出并记录 U_{20}、I_1，由此计算出互感系数 M，记入表 5-4 中。

2. 测定两线圈的耦合系数 K

首先用万用表的电阻档测出 E 型变压器 N_1、N_2 侧的直流电阻 r_1、r_2，其次在 N_1 侧加交流电压 $U_1 = 12\text{V}$，N_2 侧开路，测出电流 I_1；然后再在 N_2 侧加电压 $U_2 = 12\text{V}$，N_1 侧开路，测出电流 I_2；最后根据 $L = \dfrac{\sqrt{\left(\dfrac{U}{I}\right)^2 - r^2}}{2\pi f}$，可分别求出自感 L_1 和 L_2 的值，将计算结果记录在表 5-4 中。根据已经计算出的自感系数 L_1、L_2 及互感系数 M 值，便可算得 K 值，将计算结果记录在表 5-4 中。

表 5-4 测定互感线圈的参数　　线圈电阻 $r_1 =$ 　Ω, $r_2 =$ 　Ω

测　量					计　算			
U_1	I_1	U_{20}	U_2	I_2	L_1	L_2	M	K

[课后巩固]

5-2-1　两互感线圈串联连接，已知交流电源频率 $f = 50\text{Hz}$，顺联时等效电感 $L = 16\text{H}$，逆联时等效电感 $L = 8\text{H}$，求互感系数 M。

5-2-2　电路如图 5-43 所示，求输出电压 U_2。

5-2-3 如图 5-44 所示电路中,已知 $L_1 = 3H$, $L_2 = 1H$, $M = 1H$, $R = 30\Omega$, $\dot{U}_1 = 5\angle 0°$ V, $\omega = 20\text{rad}\cdot\text{s}^{-1}$,求 $\dot{I}_2$。

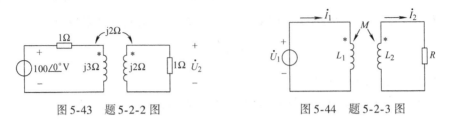

图 5-43 题 5-2-2 图　　图 5-44 题 5-2-3 图

5-2-4 电路如图 5-45 所示,请画出去耦等效电路。

5-2-5 如图 5-46 所示的电路,已知 $R_1 = 5\Omega$, $L_1 = 0.01H$, $R_2 = 10\Omega$, $L_2 = 0.02H$, $C = 20\mu F$, $M = 0.01H$,求顺联和逆联时电路的谐振角频率。

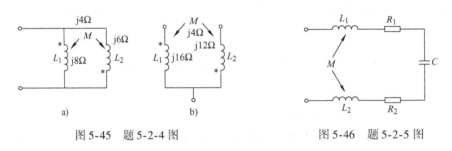

图 5-45 题 5-2-4 图　　图 5-46 题 5-2-5 图

任务3　变压器的运行

[任务描述]

在观察实际变压器的基础上,掌握变压器的工作原理,测试单相变压器的特性。

[任务目标]

知识目标　掌握变压器的工作原理、外特性和主要参数。

技能目标　会测试单相变压器的特性。

[知识准备]

一、观察变压器的结构

在交流铁心线圈的铁心上再绕上一个（或多个）线圈,就构成了变压器,它是基于电磁感应原理而制成的静止的电气设备。变压器主要由铁心和绕组两大部分构成。铁心是变压器的磁路部分,为了提高磁路的磁导率和降低铁心损耗,铁心通常用厚度为 0.2～0.5mm 的硅钢片叠成。绕组是变压器的电路部分,是由圆形或矩形截面的绝缘导线,绕在由绝缘材料做的框架上制成一定形状的线圈。接电源的绕组称为一次绕组;接负载的绕组称为二次绕组。铁心、一次绕组和二次绕组相互间要有很好的绝缘。

按照铁心的结构，变压器分为心式和壳式两种。心式变压器，如图 5-47a 所示，它的特点是绕组包围着铁心，用铁量较少，构造简单，绕组的安装和绝缘比较容易，多用于容量较大的变压器中；壳式变压器，如图 5-47b 所示，它的特点是铁心包围着绕组，用铜量较少，多用于小容量的变压器中。

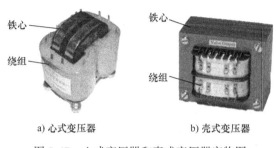

图 5-47　心式变压器和壳式变压器实物图

变压器按工作的交流电源相数分为单相、三相和多相。用在输配电的电力系统中的变压器有升电压的升压变压器和降电压的降压变压器，二者统称为电力变压器。因为容量较大，故需要有冷却设备、保护装置和高压套管等保护电力变压器。

为了测量大电流和高电压，用仪表不能直接测量，要用仪用变压器（用来按比例变换交流电流、交流电压的仪器，包括电流互感器和电压感器）。在音响设备如收音机中为了实现阻抗匹配，装入输出变压器，还有焊接用的焊接变压器、自耦变压器等。

二、分析变压器的工作原理

图 5-48 所示是变压器的工作原理图。接电源的为一次绕组，匝数为 N_1；接负载的为二次绕组，匝数为 N_2。下面分空载和任意负载两种情况说明变压器的工作过程。

1. 变压器空载运行

将图 5-48 所示电路中的开关 S_2 断开，开关 S_1 闭合，变压器处于空载运行，即 $i_1 = i_0$，$i_2 = 0$。此时一次绕组流过空载电流 $\dot{I}_0$，它产生主磁通 Φ 和漏磁通 Φ_σ。

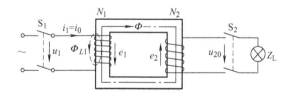

图 5-48　变压器空载运行

由于二次绕组开路（空载），变压器相当于前面分析过的交流铁心线圈。忽略一次绕组漏感抗 X_{L1} 和电阻 R_1（一次绕组的等效电阻）上压降，则空载变压器一次绕组的电压平衡方程式为

$$\dot{U}_1 \approx -\dot{E}_1 = j4.44fN_1\Phi_m$$

二次绕组开路，二次绕组的电压平衡方程式为

$$\dot{U}_{20} = \dot{E}_2 = -j4.44fN_2\Phi_m$$

式中，$\dot{E}_2$ 是主磁通在二次绕组中的感应电动势，则

$$\frac{\dot{U}_1}{\dot{U}_{20}} \approx -\frac{\dot{E}_1}{\dot{E}_2} = -\frac{N_1}{N_2} = -K$$

有效值之比

$$\frac{U_1}{U_{20}} \approx \frac{E_1}{E_2} = \frac{N_1}{N_2} = K \tag{5-25}$$

式中，K 称变压器的电压比。

式(5-25)是变压器的一个基本关系式，它表明一次、二次绕组的电压有效值之比与绕组匝数比成正比。只要适当选取一次、二次绕组的匝数 N_1、N_2，就可以把电源电压值变为所需要的电压值。$N_1 > N_2$ 时，为降压变压器；$N_1 < N_2$ 时，为升压变压器。

由此可见，变压器具有变换电压的功能。从一次绕组的电压平衡方程式可以看到，变压器空载时，若外加电压的有效值 U_1 一定，则铁心中主磁通的最大值 Φ_m 是不变的。

2. 变压器带负载运行

如图5-49所示，将开关 S_1、S_2 都闭合，变压器接负载 Z_L，此时二次绕组有电流 i_2 通过。与此同时，一次绕组的电流由空载电流 i_0 增加到 i_1，各参考方向在图中用箭头标出。

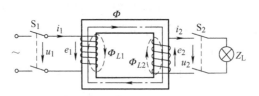

图5-49 变压器带负载运行

这里首先强调指出，图中用箭头表示的电压、电流、感应电动势、磁通都是参考方向。电压降和电流是关联参考方向；磁通的参考方向与电流 i_1、i_2 参考方向符合右手螺旋定则；交变磁通产生的感应电动势参考方向（电位升）与磁通正方向也符合右手螺旋关系。根据电磁感应定律，感应电动势的大小和磁链变化的速率成正比，感应电动势的实际方向倾向于产生电流来阻止磁链变化，即 $e = -N\dfrac{\mathrm{d}\Phi}{\mathrm{d}t}$。

变压器空载时，铁心中的主磁通仅由一次绕组电流 i_0 产生的磁动势 $N_1 i_0$ 激励。只要 u_1 一定，那么 Φ_m 几乎恒定，接上负载后二次绕组中有电流 i_2 通过并流向负载，此时一次绕组中的电流由 i_0 变为 i_1。铁心中的主磁通由一次绕组和二次绕组的磁动势共同激励。此外，一次绕组存在漏磁通，引起漏感电动势，对应漏感抗，同理，i_2 在二次绕组等效电阻 R_2 上产生压降 $i_2 R_2$，漏磁通产生漏感电动势 e_σ，二次绕组存在漏感抗 X_{L2}。按参考方向列出变压器带负载时，一次和二次绕组的电压平衡方程式为

$$\dot{U}_1 = -\dot{E}_1 - \dot{E}_{\sigma 1} + R_1 \dot{I}_1 = -\dot{E}_1 + (R_1 + \mathrm{j}X_{L1})\dot{I}_1 \tag{5-26}$$

$$\dot{U}_2 = \dot{E}_2 + \dot{E}_{\sigma 2} - R_2 \dot{I}_2 = \dot{E}_2 - (R_2 + \mathrm{j}X_{L2})\dot{I}_2 \tag{5-27}$$

由式(5-26)、式(5-27)相对主磁通 Φ_m 在一个图中分别示意性画出变压器带负载运行的相量图（假定二次绕组接的是感性负载），如图5-50所示。

从图中可以看出，二次绕组产生的磁通对一次绕组产生的磁通有去磁作用，即二次绕组磁通有抵消主磁通的趋势。但是，当电源电压 U_1 不变时，则主磁通基本保持不变，即铁心中的主磁通几乎与负载无关。所以随着二次绕组从空载到有载，一次绕组电流由 i_0 变为 i_1，由此可推得变压器的磁动势平衡方程式为

$$N_1 \dot{I}_1 + N_2 \dot{I}_2 = N_1 \dot{I}_0 \quad (5-28)$$

移项变换为

$$\dot{I}_1 = \dot{I}_0 - \frac{N_2}{N_1} \dot{I}_2 = \dot{I}_0 + \left(-\frac{1}{K} \dot{I}_2\right)$$

令

$$\dot{I}_L = -\frac{1}{K} \dot{I}_2$$

则

$$\dot{I}_1 = \dot{I}_0 + \dot{I}_L \quad (5-29)$$

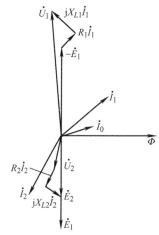

图 5-50 变压器带负载相量图

式（5-29）说明，变压器带负载后，一次绕组电流包含两个分量：一个是励磁分量 $\dot{I}_0$，用来产生主磁通；另一个是负载分量 $\dot{I}_L$，用来抵消二次绕组电流的去磁作用，同时表示了负载所消耗的能量是通过电—磁—电的方式从电源获得的。二次绕组负载增加，使一次绕组电流相应增大，变压器的磁动势保持平衡，同时将能量传递给负载。

通常情况下，变压器的空载电流 I_0 只占一次绕组额定电流 I_{1N} 的 10% 以下，可以略去不计。由式（5-29）得

$$\dot{I}_1 \approx \dot{I}_L = -\frac{1}{K} \dot{I}_2$$

或者

$$\frac{\dot{I}_1}{\dot{I}_2} = -\frac{1}{K}$$

则电流有效值之比

$$\frac{I_1}{I_2} = \frac{1}{K} = \frac{N_2}{N_1} \quad (5-30)$$

式（5-30）说明，变压器一次绕组电流与二次电流有效值之比与它们的匝数成反比，这是变压器另一个基本关系，即变压器具有电流变换功能。

下面推导二次侧的负载 Z_L 折算到一次侧的等效负载 Z_1。

根据前面推导的电压、电流关系，可以得出

$$\frac{U_1}{I_1} = \frac{\frac{N_1}{N_2} U_2}{\frac{N_2}{N_1} I_2} = \left(\frac{N_1}{N_2}\right)^2 \frac{U_2}{I_2} = K^2 Z_L$$

而

$$\frac{U_1}{I_1} = Z_1$$

则

$$Z_1 = K^2 Z_L \quad (5-31)$$

式(5-31)表示变压器的第三个基本关系,反映了变压器具有变换阻抗的功能,即变压器二次侧的阻抗 Z_L 折算到一次侧的等效阻抗是 Z_1'。在电子技术中用它达到阻抗匹配,获得最大输出功率。

总之,变压器具有变换电压、变换电流、变换阻抗的功能。

例 5-14 有一台降压变压器,一次电压 $U_1=380\text{V}$,二次电压 $U_2=36\text{V}$,在二次侧接入一个 36V、60W 的灯泡。试求:(1)一次侧、二次侧的电流各是多少?(2)相当于一次侧接上一个多大电阻?

解:(1)灯泡是个纯电阻,功率因数为 1,则二次电流为

$$I_2 = \frac{P}{U_2} = \frac{60}{36}\text{A} = 1.67\text{A}$$

因为电压比

$$K = \frac{N_1}{N_2} = \frac{U_1}{U_2} = \frac{380}{36} = 10.56$$

所以一次电流

$$I_1 = \frac{1}{K}I_2 = \frac{1.67}{10.56}\text{A} = 0.158\text{A}$$

(2)灯泡的电阻为

$$R_L = \frac{U_2^2}{P} = \frac{36^2}{60}\Omega = 21.6\Omega$$

因此折算到一次侧的等效电阻为

$$R_1' = K^2 R_L = 10.56^2 \times 21.6\Omega = 2407\Omega$$

或者

$$R_1' = \frac{U_1}{I_1} = \frac{380}{0.158}\Omega = 2407\Omega$$

三、变压器的主要参数分析

1. 外特性

在电源电压不变的情况下,变压器二次侧接负载后,由于一次侧、二次侧都有电流通过,必然在一次侧、二次侧的阻抗上产生电压降,从而使二次电压随负载电流增加变小,即 $U_2=f(I_2)$,此变化曲线叫变压器的外特性。一般来说,变压器的外特性近似一条稍微向下倾斜的直线,如图 5-51 所示。

从图中看到,下降的程度与负载功率因数有关,功率因数(感性)越低,下降越剧烈。由空载到满载(二次电流达到额定值 I_{2N}),二次电压变化的数值与空载电压的比值称为电压调整率,即

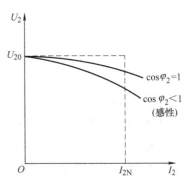

图 5-51 变压器的外特性

$$\Delta U\% = \frac{U_{20} - U_2}{U_{20}} \times 100\% \tag{5-32}$$

变压器的电压调整率一般在 5% 以内。若负载为容性,则电压变化率将为负值,即带容性负载时,二次电压反而可能比空载电压高。

2. 额定值

为了正确、合理地使用变压器,除了知道外特性,还应知道额定值,并根据额定值在安全范围内正确使用,从而对保证变压器正常运行和延长使用寿命是十分必要的。一般来说,变压器的额定值在其铭牌上给出。变压器的额定值有:

(1) 额定电压

一次额定电压 U_{1N}:正常工作情况下一次绕组所加的电压有效值。

二次额定电压 U_{2N}:一次侧为额定电压 U_{1N},变压器空载时,变压器二次侧的空载电压有效值,即 $U_{20}=U_{2N}$。

(2) 额定电流

一次额定电流 I_{1N}:一次绕组加额定电压 U_{1N},变压器正常工作时,一次绕组允许长期通过的最大电流有效值。

二次额定电流 I_{2N}:一次侧加额定电压 U_{1N},二次绕组允许长期通过的最大电流有效值。

(3) 额定容量

额定容量指二次侧的输出额定视在功率,即

$$S_N = U_{2N}I_{2N}$$

(4) 额定频率 f_N

额定频率指电源的工作频率。我国的工业标准频率是 50Hz。

3. 变压器的损耗和效率

变压器在运行中存在两种损耗,即铁损 ΔP_{Fe} 和铜损 ΔP_{Cu}。

(1) 铁损

铁损是交变的主磁通在铁心中产生的磁滞损耗 ΔP_h 和涡流损耗 ΔP_e 之和。变压器运行时,虽然负载经常在变化,但由于一次绕组电压数值和频率都不变,由式(5-9)可知主磁通 Φ_m 基本不变,所以铁损基本上保持不变,故铁损是不变损耗。

(2) 铜损

变压器一次侧和二次侧存在电阻 R_1、R_2,当绕组电流通过时,在电阻上产生的损耗之和,即为铜损,则

$$\Delta P_{Cu} = I_1^2 R_1 + I_2^2 R_2$$

当负载电流变化对,铜损也跟着发生变化,因此铜损是可变损耗。

(3) 效率

变压器的一次侧输入功率 $P_1 = U_1 I_1 \cos\varphi_1$,二次侧输出功率 $P_2 = U_2 I_2 \cos\varphi_2$,变压器总的损耗 $\Delta P = \Delta P_{Fe} + \Delta P_{Cu}$,因此变压器的效率定义为输出功率 P_2 与输入功率 P_1 之比,即

$$\eta = \frac{P_2}{P_1} = \frac{P_2}{P_2 + \Delta P} \times 100\% \tag{5-33}$$

通常,变压器的损耗很小,效率较高。小功率变压器效率为 70%~85%,一般都在 85% 左右,大型变压器效率可达 98%~99%。

还应指出,$\cos\varphi_1$ 是考虑到负载后变压器的功率因数。当负载功率因数 $\cos\varphi_2$ 一定时,负载越大,$\cos\varphi_1$ 越大,额定负载时最高。反之,负载越小,$\cos\varphi_1$ 越小。可见,若变压器容量选得过大,使之长期处于轻载下运行,功率因数 $\cos\varphi_1$ 很低,影响电网运行,应予避免。

例 5-15 变压器容量为 10kVA，铁损为 280W，满载铜损为 340W。试求在满载情况下，向功率因数为 0.9（滞后）的负载供电时变压器的效率。

解： 变压器输出功率为

$$P_2 = U_2 I_2 \cos\varphi_2 = 10000 \times 0.9 \text{W} = 9000 \text{W}$$

所以效率

$$\eta = \frac{P_2}{P_2 + \Delta P} = \frac{9000\text{W}}{(9000+280+340)\text{W}} \times 100\% = 93.6\%$$

例 5-16 某交流信号源的电动势 $U_S = 6\text{V}$，内阻 $R_0 = 100\Omega$，扬声器电阻 $R_L = 8\Omega$。试求：（1）如图 5-52a 所示，若将扬声器直接接在信号源上，信号源能输出多少功率？扬声器 R_L 吸收多少功率？信号源的效率如何？（2）如果需要信号源为扬声器输出最大功率，则变压器的电压比 K 应为多少？实现阻抗匹配后信号源输出功率为多少？负载吸收功率为多少？此时信号源效率如何？

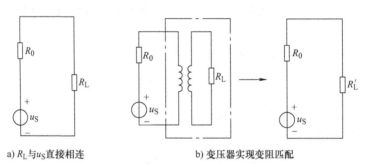

a) R_L 与 u_S 直接相连　　　　b) 变压器实现变阻匹配

图 5-52　例 5-16 图

解：（1）由图 5-52a 可得信号源的输出功率为

$$P_i = U_S I = U_S \frac{U_S}{R_0 + R_L} = \frac{U_S^2}{R_0 + R_L} = \frac{6^2}{100+8} \text{W} = 0.33 \text{W}$$

负载吸收的功率为

$$P = I^2 R_L = \left(\frac{U_S}{R_0+R_L}\right)^2 R_L = \left(\frac{6}{100+8}\right)^2 \times 8 \text{W} = 0.025 \text{W}$$

故效率为

$$\eta = \frac{P}{P_i} = \frac{0.025}{0.33} \times 100\% = 7.5\%$$

（2）如图 5-52b 所示，当扬声器从信号源处获得最大功率时，$R_L' = R_0 = 100\Omega$，则变压器的电压比 K 为

$$K = \sqrt{\frac{R_L'}{R_L}} = \sqrt{\frac{100}{8}} = 3.5$$

此时信号源输出功率为

$$P_i = \frac{U_S^2}{R_0 + R_L'} = \frac{6^2}{100+100} \text{W} = 0.18 \text{W}$$

负载吸收的功率为

$$P = I^2 R_L' = \left(\frac{U_S}{R_0 + R_L'}\right)^2 R_L' = \left(\frac{6}{100+100}\right)^2 \times 100 \text{W} = 0.09 \text{W}$$

效率为
$$\eta = \frac{P}{P_i} = \frac{0.09}{0.18} \times 100\% = 50\%$$

该例题说明，在电子线路中实现阻抗匹配，可以使电源效率得到大幅度提高。

[技能训练]

技能训练　测试单相变压器的特性

一、训练地点

电工基础实训室。

二、训练器材

1）可调交流电源（0~24V）或单相交流电源24V。

2）可变电阻箱（0~99Ω）、交流电压表2块、交流电流表2块、交流功率表、功率因数表。

3）单相变压器5VA、24V/12V，开关S_1、S_2。

4）万用表。

三、训练电路与工作原理

1. 单相变压器的实验电路

单相变压器的实验电路如图5-53所示。

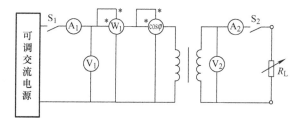

图5-53　单相变压器的实验电路

2. 变压器空载特性

当S_2断开、二次绕组开路时，$I_2 = 0$，即变压器为空载。一次绕组加上电压后，测定一次侧的电流I_{10}、功率P_0及功率因数$\cos\varphi$。

➢ 一次电流I_{10}的主要作用是建立工作磁通，因此I_{10}又称为励磁电流，额定电压时的I_{10}越小，表明变压器励磁功能越好，空载时铜损也越小。

➢ 空载损耗P_0主要是铁心的磁滞与涡流损耗，简称铁损，P_0越小越好。

空载时变压器相当于一个电感线圈，因此功率因数很低。

空载时，改变U_1，I_{10}也将变化，由于I_{10}主要是建立磁场，所以由安培定律可知，磁场强度H与I_{10}成正比，而铁心的工作磁通及磁感应强度B近似与电压U_1的大小成正比（由交流铁心线圈电压平衡公式$U = 4.44fN\Phi_m = 4.44fNB_mS$得知），于是$U_1 = f(I_{10})$曲线便近似于铁心的磁化曲线$B = f(H)$。

3. 变压器的外特性

变压器的外特性是指当二次电流I_2增加时，二次侧的端电压U_2随I_2的变化而变化的特性，即 $U_2 = f(I_2)$。对电阻、电感负载，I_2 增大时，U_2 降低（因为一次、二次绕组的内阻抗电压降都将增加）。由于变压器二次侧是一个为负载供电的电源，因此对变压器，应采用电源的技术指标为

$$电压调整率\ \Delta U\% = \frac{U_{20} - U_{2N}}{U_{20}} \times 100\%$$

式中，$\Delta U\%$ 为电压调整率；U_{20} 为二次侧开路电压；U_{2N} 为二次侧额定电压。

对一般变压器，希望 $\Delta U\% \leq 3\%$ 左右，当然对实验中使用的微型变压器，$\Delta U\%$ 要大些。

4. 变压器运行特性

变压器的运行特性，通常指变压器的一次电流 I_1、功率 P_1、功率因数 $\cos\varphi_1$ 以及变压器效率 η 随二次电流 I_2 的变化情况。

四、训练内容与步骤

1）按图 5-53 所示电路接线（注意功率表及功率因数表的 * 端接相线）。

2）调节可调交流电源，使输出电压为 24V（或采用单相交流 24V 电源），断开开关 S_2，合上开关 S_1，读取电表读数，记录于表 5-5 中。

表 5-5　变压器空载特性实验数据

一次电压 U_1/V	二次电压 U_2/V	一次电流 I_{10}/mA	一次功率 P_1/W	一次功率因数 $\cos\varphi_1$

3）改变一次电压 U_1，读取一次电流 I_{10}，记录于表 5-6 中。

表 5-6　变压器励磁特性实验数据

一次电压 U_1/V	6	10	14	18	20	24
一次电流 I_{10}/mA						

4）切断 S_1，将可调交流电源调至 24V，并保持不变，将电阻箱调至阻值为最大 99Ω，合上 S_1 及 S_2，改变负载电阻 R_L，使 I_2 由小到大，直到 120% I_{2N}（变压器为 5VA、24V/12V，二次额定电流 $I_{2N} \approx 400\text{mA}$），读取各电表读数，记录于表 5-7 中。

表 5-7　变压器运行特性实验数据　　$U_1 = 24\text{V}$

二次电流 I_2/mA	0	50	100	150	200	300	400	450
一次电流 I_1/mA								
二次电压 U_2/V								
一次功率因数 $\cos\varphi_1$								
一次功率 P_1/W								
二次功率 $P_2 (= U_2 I_2)$/W								
$\eta = (P_2/P_1) \times 100\%$								

五、实验注意事项

1）功率表与功率因数表接线时，必须将带 * 号端接在相线处。

2）实验时，首先要将可调交流电源置于零位，然后再调整输出电压；如果使用单相交流电源，应选准端钮的电压数值标识。

3) 将变阻器 R_L 置于最大阻值,增加负载(即增大电流)时,需注意电流不能过载,最多不超过 $120\%I_N$。

[课后巩固]

5-3-1 已知某收音机输出变压器的一次侧接有一个阻抗为 160Ω 的扬声器,现要改换为 40Ω 的扬声器,问变压器二次侧的匝数应变为多少?

5-3-2 已知某变压器的额定视在功率为 $10kV·A$,电压为 $3300V/220V$。试求:(1) 一次、二次绕组的额定电流;(2) 二次绕组最多能接多少盏 220V、25W 的白炽灯?(3) 如果二次侧接的是 220V、30W、$\cos\varphi=0.45$ 的荧光灯,问可以接多少盏?

【项目考核】

项目考核单

学生姓名	教师姓名	项目5		
技能训练考核内容(25分)	仪器准备(10%)	电路连接(50%)	数据测试(40%)	得分
(1) 拆装小型变压器并观察铁心线圈(5分)				
(2) 测定变压器线圈的自感系数(5分)				
(3) 判别变压器互感线圈的同名端(5分)				
(4) 测定变压器线圈的互感系数和耦合系数(5分)				
(5) 测试单相变压器的特性(5分)				
知识测验(75分)				
完成日期	年 月 日		总分	

附 知识测验

1. 求图 5-54 所示电路的等效阻抗。(12分)

2. 耦合电感 $L_1=6H$,$L_2=4H$,$M=3H$,试计算耦合电感进行串联、并联时的各等效电感值。(10分,每个5分)

3. 有两个互感线圈,已知 $L_1=0.4H$,$K=0.5$,互感系数 $M=0.1H$,试求 L_2 为多少?(12分)

4. 电路如图 5-55 所示,已知 $M=0.01H$,当线圈Ⅰ中通入电流 $i_1=2\sqrt{2}\sin314t\text{A}$ 时,求在线圈Ⅱ中产生的互感电压 u_2。(10分)

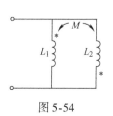

图 5-54

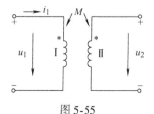

图 5-55

5. 电路如图 5-56 所示，已知 $R_1 = 3\Omega$，$R_2 = 7\Omega$，$\omega L_1 = 9\Omega$，$\omega L_2 = 10.5\Omega$，$M = 5\Omega$，若电流 $\dot{I} = 2\angle 0°$ A，求外加电压为多少？（10 分）

6. 电路如图 5-57 所示，请画出去耦等效电路。（10 分）

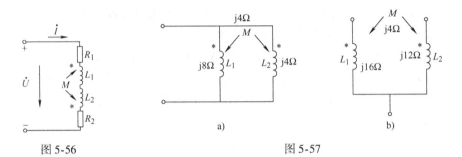

图 5-56　　　　　图 5-57

7. 电路如图 5-58 所示，已知 $R_1 = 10\Omega$，$L_1 = 0.2\text{H}$，$L_2 = 0.4\text{H}$，$M = 0.1\text{H}$，$C = 5\text{pF}$，求电路发生谐振时的角频率。（10 分）

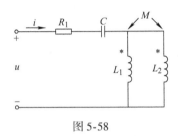

图 5-58

8. 电路如图 5-59 所示，已知 $R_1 = 10\Omega$，$\omega L_1 = 25\Omega$，$R_2 = 20\Omega$，$\omega L_2 = 40\Omega$，$\omega M = 30\Omega$，正弦电压 $U = 100\text{V}$，求两回路中的电流。（12 分，每个 6 分）

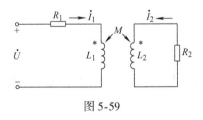

图 5-59

9. 现有一个变压器一次侧有一个线圈，已知一次侧的电压 380V，匝数 $N_1 = 760$，二次侧有两个绕组，其空载电压分别为 $U_{20} = 127\text{V}$ 和 $U_{30} = 36\text{V}$，求这两个绕组各有多少匝？（14 分，每个 7 分）

项目6　认识充放电电路

【项目描述】

从观察电路的动态过程开始,得到换路定律以及电路初始值的计算方法。在了解一阶电路零状态响应、零输入响应和全响应的基础上,利用"三要素法"分析一阶充放电电路并测试充放电时间常数。

【项目目标】

掌握换路定律;理解零状态响应、零输入响应和全响应的含义;掌握分析一阶电路的"三要素法";会使用示波器和信号发生器观测动态电信号;会测试一阶电路充放电时间常数。

【项目实施】

任务1　观察变化的电信号

[任务描述]

分析电路动态过程产生的原因,应用换路定律计算电路的初始值,熟练使用示波器观察电信号。

[任务目标]

知识目标　1. 了解电路的动态过程。
　　　　　2. 熟练应用换路定律计算电路的初始值。
技能目标　熟练使用示波器观察电信号。

[知识准备]

由储能元件 L 和 C 构成的稳态电路在正弦交流电源的作用下,电路中各部分的电压、电流都是与电源同频率的正弦量,即正弦电路处于稳态。这种电路若在开关作用下进行接通和分断时,电路中的某些参数往往要经历一个中间的变化过程后再进入稳态,把这一变化过程称之为过渡过程或暂态过程。这种含有储能元件的电路称为动态电路。对于仅含有一个储能元件,或简化后只含有一个储能元件的电路称为一阶电路。下面重点讨论在直流电源作用下一阶电路的暂态过程。

一、电路动态过程的产生

在生活当中,运动的物体在一定条件下具备一个稳定性状态,一旦条件发生变化,这种稳定状态就有可能被打破，使其过渡到另一种稳定状态。把物体从一种稳定状态过渡到另一种稳定状态的中间过程称为动态过程或暂态过程，如汽车的起车和刹车、电梯的起动和停止过程都是典型的动态过程。对于上述物体的运动所产生的动态过程，我们知道是由于物体的惯性造成的。在电路中同样存在具有惯性的元件。我们做下面的实验，如图 6-1 所示，三个灯泡 EL_1、EL_2、EL_3 为同一规格。当开关 S 处于断开位置时，电路中各支路电流均为零，在这一稳定状态下，灯泡 EL_1、EL_2、EL_3 都不亮。当把开关 S 闭合时，在外施直流电压 U_S 作用下，灯泡 EL_1 由暗逐渐变亮，最后亮度达到稳定；灯泡 EL_2 在开关闭合瞬间突然亮了一下后，逐渐变暗直至熄灭；灯泡 EL_3 在开关闭合瞬间立即变亮，而且亮度稳定不变。由此可见，电感和电容是具有惯性的电路元件，开关 S 的闭合导致了电感、电容支路动态过程的产生。把这种由于开关的接通或断开，导致电路工作状态发生变化的现象称为换路。常见的换路还包括电源电压的变化、元件参数的改变及电路连接方式的改变等。

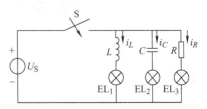

图 6-1　动态过程的产生

实验证明，换路是电路产生动态过程的外部条件，而电路中含有储能元件是动态过程产生的内在因素。图 6-1 所示实验电路中，电阻支路由于不含储能元件，虽然发生换路，但灯泡 EL_3 在开关闭合瞬间立即变亮，而且亮度稳定不变，说明没有动态过程产生。而电感支路电流 i_L 是从零逐渐增大，由电磁感应定律 $u_L = L\dfrac{di_L}{dt}$ 可知，u_L 是由最大变为零，灯泡 EL_1 两端的电压（$u_{EL1} = U_S - u_L$）从零逐渐增加至 U_S，所以 EL_1 由暗逐渐变亮，最后亮度达到稳定。与此同时，电容两端的电压 u_C 从零逐渐增大，直到最终稳定为 U_S。灯泡 EL_2 两端的电压（$u_{EL2} = U_S - u_C$）从 U_S 逐渐减小至零，灯泡 EL_2 在开关闭合瞬间突然亮了一下后，逐渐变暗直至熄灭。

电路的动态过程虽然短暂（一般只有几毫秒，甚至几微秒），但在实际应用中却极为重要。在电子技术中利用它来改善波形或产生特定的波形；在计算机和脉冲电路中，同样要利用电路的动态特性。当然动态过程也有有害的一面，由于它的存在，在电路换路瞬间会产生过电压或过电流现象，使电气设备或元器件受损，危及人身及设备安全。

二、学习换路定律并计算电路初始值

当电路发生换路时，电感元件和电容元件中储存的能量不能突变，这种能量的储存和释放同样需要经历一定的时间。已知，电容储存的电场能量 $W_C = \dfrac{1}{2}Cu_C^2$，电感储存的磁场能量 $W_L = \dfrac{1}{2}Li_L^2$。由于两者都不能突变，在 L 和 C 确定时，电容电压 u_C 和电感电流 i_L 也不能突变。由此得出结论：假设换路是在瞬间完成的，则换路前后一瞬间电容元件两端的电压保持不变，电感元件上的电流保持不变，这个规律称为换路定律。它是分析电路动态过程的重要依据。

如果以 $t = 0$ 时刻表示换路瞬间，$t = 0_-$ 表示换路前一瞬间，$t = 0_+$ 表示换路后一瞬间，则换路定律可表示为

$$u_C(0_+) = u_C(0_-) \tag{6-1}$$

$$i_L(0_+) = i_L(0_-) \tag{6-2}$$

若电容元件或电感元件在换路前无初始储能，即 $u_C(0_-)=0$ 或 $i_L(0_-)=0$，则由换路定律可知：$u_C(0_+)=0$ 或 $i_L(0_+)=0$，此时可将电容视为短路，电感视为开路，其等效电路如图6-2所示。

图6-2 无初始储能时 C 与 L 的等效电路

若电容元件或电感元件在换路前的初始储能不为零，即 $u_C(0_-) \neq 0$ 或 $i_L(0_-) \neq 0$，同理，$u_C(0_+) \neq 0$ 或 $i_L(0_+) \neq 0$，因此电容元件需用一个端电压为 $u_C(0_+)$ 的电压源替代，而电感元件则用一个电流为 $i_L(0_+)$ 的电流源替代，其等效电路如图6-3所示。

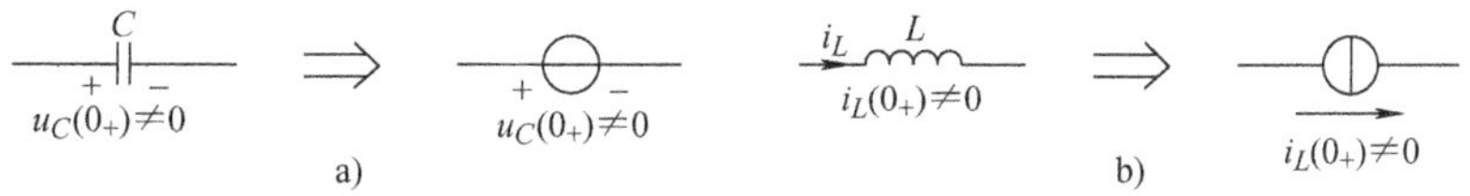

图6-3 有初始储能时 C 与 L 的等效电路

换路定律说明了电容上的电压和电感上的电流在换路的一瞬间是不能突变的。电路换路以后，电路中各元件上的电流和电压将以换路后一瞬间的数值为起点而连续变化，这一数值就是电路的初始值。初始值是电路过渡过程中的一个重要指标，它代表着过渡过程的起始点。

计算初始值的一般步骤如下：
1）确定换路前电路中的 $u_C(0_-)$ 和 $i_L(0_-)$。
2）由换路定律确定 $u_C(0_+)$ 和 $i_L(0_+)$ 后，画出 $t=0_+$ 的等效电路。
3）根据欧姆定律及基尔霍夫定律求解电路中的其他初始值。

例 6-1 电路如图6-4a所示，开关S原始位置为1，电路处于稳态，在 $t=0$ 时刻将开关S合到位置2，试求电路中各初始值：$u_{R1}(0_+)$、$u_{R2}(0_+)$、$u_C(0_+)$ 及 $i_C(0_+)$。

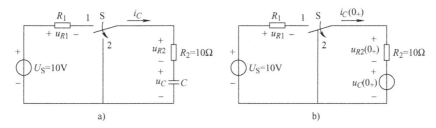

图6-4 例6-1图

解：假定所求电压和电流的参考方向如图6-4a所示。
根据题意，直流电路原始处于稳态，而电容又有"隔直"的特性，故
$$i_C(0_-)=0,\ u_C(0_-)=U_S=10\text{V},\ u_{R1}(0_-)=0,\ u_{R2}=0$$
由换路定律可知

$$u_C(0_+) = u_C(0_-) = 10\text{V}$$

画出 $t=0_+$ 时刻的等效电路，如图 6-4b 所示，由于电容元件已用一个端电压为 $u_C(0_+) = 10\text{V}$ 的电压源替代，且与 R_2 构成回路，所以

$$i_C(0_+) = -\frac{u_C(0_+)}{R_2} = -\frac{10\text{V}}{10\Omega} = -1\text{A}, \quad u_{R2}(0_+) = -u_C(0_+) = -10\text{V}$$

另外，R_1 所在电路处于断路状态，故 $u_{R1}(0_+) = 0$。

例 6-2 电路如图 6-5a 所示，已知 $U_S = 15\text{V}$，$R_1 = 10\Omega$，$R_2 = R_3 = 20\Omega$，开关 S 闭合前电路处于稳态。$t=0$ 时，开关 S 闭合。试求开关 S 闭合瞬间各电压、电流的初始值。

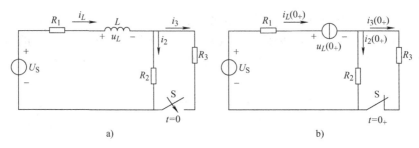

图 6-5 例 6-2 图

解：假定所求电压和电流的参考方向如图 6-5a 所示。由题意，开关 S 闭合前电路处于稳态，电感在直流电路中相当于短路，故

$$i_L(0_-) = \frac{U_S}{R_1 + R_2} = \frac{15\text{V}}{10\Omega + 20\Omega} = 0.5\text{A}$$

由换路定律可得

$$i_L(0_+) = i_L(0_-) = 0.5\text{A}$$

画出 $t=0_+$ 时刻等效电路如图 6-5b 所示，电感用一个电流源 $i_L(0_+)$ 替代，则

$$i_2(0_+) = \frac{R_3}{R_2 + R_3} i_L(0_+) = \frac{20\Omega}{20\Omega + 20\Omega} \times 0.5\text{A} = 0.25\text{A}$$

$$i_3(0_+) = i_L(0_+) - i_2(0_+) = 0.5\text{A} - 0.25\text{A} = 0.25\text{A}$$

由 KVL 可知

$$u_L(0_+) = U_S - i_L(0_+)R_1 - i_2(0_+)R_2 = (15 - 0.5 \times 10 - 0.25 \times 20)\text{V} = 5\text{V}$$

从以上例子中可以看出，在换路瞬间，电容两端的电压不能突变，但流过的电流是可以突变的；电阻上的电压和电流是可以突变的；电感上的电流虽然不能突变，但加在它两端的电压是可以突变的。

[技能训练]

技能训练 熟练使用示波器观察电信号

一、训练地点

电工基础实训室。

二、训练器材

双踪示波器、函数信号发生器。

三、训练内容与步骤

1. 观察示波器"标准信号"波形

如图6-6所示,将CH1或CH2测试线(红色夹子)接到示波器"CAL"输出端。改变触发源或调节触发电平数值,观察波形稳定情况。波形稳定后,用示波器测出该"标准信号"的峰–峰值与周期,并与给定的标准值进行比较。

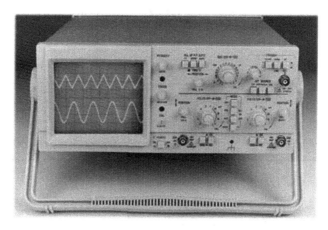

图6-6 双踪示波器

测试值记录:$f=$ $U_{峰-峰}=$

2. 信号发生器输出电压幅值的测量

如图6-7所示,将信号发生器输出频率调为$f=1\text{kHz}$,波形选择正弦波。由小到大调节输出幅值,用示波器和交流电压表分别测量,选取3个不同电压值记入表6-1中,其中最后一次调为信号发生器最大输出电压值。由示波器测量结果计算出有效值并与交流电压表测量结果进行比较,选取一组数据画出波形图。

图6-7 函数信号发生器

表6-1 测量信号发生器输出电压幅值记录

测 量 次 数	1	2	3
交流电压表读数			$U_{最大}$
示波器测量峰–峰值			
有效值计算结果			

3. 示波器测量信号的频率

将示波器接入信号发生器输出端,信号发生器输出调为 $U_{峰-峰}=4V$,波形选择方波,频率分别调为 200Hz、1650Hz、5kHz(由信号发生器频率计读出),用示波器测出该信号的频率(采用两种测量方法),结果记入表 6-2 中,选取一组数据画出波形图。

测试时注意观察垂直耦合方式(DC/AC)改变对波形的影响,用文字叙述变化过程。

表 6-2 示波器测量信号频率记录

信号发生器输出频率/Hz		200	1650	5000
方法1:直读法	"TIME/DIV" 档位			
	一个周期占有的格数			
	信号周期			
	计算所得频率			
方法2:光标法	$\triangle t$			
	$1/\triangle t$			

4. 示波器测量信号的相位

按图 6-8 接线。信号发生器输出频率 $f=1\text{kHz}$、峰-峰值 $U_{P-P}=4V$ 的正弦波,用示波器同时观察信号源输出电压与电容电压的波形,调节 R 或 C,观察波形的变化。记录 $R=2\text{k}\Omega$,$C=0.2\mu F$ 时观察到的波形,并测出它们的相位差。

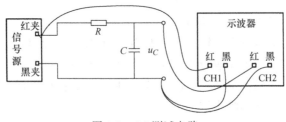

图 6-8 RC 测试电路

[课后巩固]

6-1-1 什么是动态过程?什么是换路?

6-1-2 换路定律的内容是什么?

6-1-3 电路如图 6-9 所示,开关 S 处于位置 1,电路稳定。在 $t=0$ 时,开关 S 动作打到位置 2,试求换路后图中电容的电压、电流初始值。

6-1-4 图 6-10 所示电路原已处于稳定,在 $t=0$ 时开关 S 闭合。试求换路前 ($t=0_-$)、换路后 ($t=0_+$) 图中电感的电压、电流初始值。

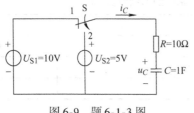

图 6-9 题 6-1-3 图

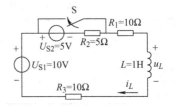

图 6-10 题 6-1-4 图

任务 2　充放电电路时间常数的测试

[任务描述]

在理解零状态响应、零输入响应和全响应的基础上，应用三要素法分析一阶电路，测量一阶充放电电路的时间常数。

[任务目标]

知识目标　1. 理解零状态响应、零输入响应和全响应的含义。
　　　　　　2. 熟练掌握三要素法分析一阶电路。
技能目标　会测试一阶充放电电路的时间常数。

[知识准备]

一、学习一阶电路零状态响应、零输入响应以及全响应的基本概念

1. 一阶电路的零状态响应

一般来说，激励包括由电源（或信号源）提供的外加激励以及储能元件上的初始储能提供的内部激励。若在电路换路时，储能元件上没有初始储能，即 $u_C(0_+) = u_C(0_-) = 0$ 或 $i_L(0_+) = i_L(0_-) = 0$，这种状态称为零初始状态。一个零初始状态的电路在换路后只受电源的激励而产生的电流或电压响应称为零状态响应（本书中若无特殊说明，均为直流电源作用下的响应）。

（1）RC 串联电路的零状态响应

1）RC 充电过程。如图 6-11 所示 RC 充电电路，电容上不带电荷，即 $u_C(0_-) = 0$。在 $t=0$ 时刻闭合开关 S，下面由实验测定电容两端电压的变化规律。电路中，当 $R = 20\text{k}\Omega$、$C = 0.03\mu\text{F}$（已放电）时，直流稳压电源 U_S 分别为 1V、2V 和 3V，在 $t=0$ 时刻将开关 S 闭合，利用示波器观察电容 C 两端的电压波形，测量结果如图 6-12a 所示。

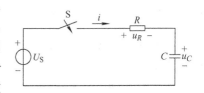

图 6-11　RC 充电电路

实验说明：由于 $u_C(0_-) = 0$，即 $u_C(0_+) = u_C(0_-) = 0$。电容电压 u_C 将以零为起点逐渐增加，直流电源 U_S 开始对电容充电。当 $u_C = U_S$ 时，电路中流过的充电电流 $i = \dfrac{U_S - u_C}{R} = 0$，充电结束；若 u_C 达不到 U_S，则充电电流 $i \neq 0$，充电过程会持续下去，直到 $i=0$ 为止。

若保持 $U_S = 2\text{V}$ 和 $C = 0.03\mu\text{F}$ 不变，令 R 分别为 $10\text{k}\Omega$、$20\text{k}\Omega$ 和 $30\text{k}\Omega$，实验观察到的曲线如图 6-12b 所示。若保持 $U_S = 2\text{V}$ 和 $R = 20\text{k}\Omega$ 不变，令 C 分别为 $0.01\mu\text{F}$、$0.03\mu\text{F}$ 和 $0.05\mu\text{F}$，重复上述过程，观察到的曲线如图 6-12c 所示。这两组曲线表明，RC 电路充电过程的快慢由参数 R 和 C 来控制，RC 的值越大，充电过程越长。

2）RC 充电电路的动态分析。对于图 6-11 所示的充电电路，由 KVL 可得

$$u_R + u_C = U_S$$

式中，$u_R = iR$；$i = C\dfrac{\mathrm{d}u_C}{\mathrm{d}t}$。

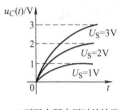 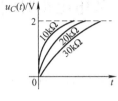 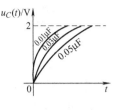

a) 不同电源电压时的波形　　b) 不同电阻时的波形　　c) 不同电容时的波形

图 6-12　RC 充电电路波形图

所以
$$RC\frac{\mathrm{d}u_C}{\mathrm{d}t} + u_C = U_S$$

求解该一阶常系数线性非齐次微分方程，并将 $u_C(0_+) = 0$ 代入，可得零状态响应为

$$u_C = U_S - U_S\mathrm{e}^{-\frac{t}{RC}} = U_S(1 - \mathrm{e}^{-\frac{t}{RC}}) \tag{6-3}$$

式中，u_C 由两部分组成：U_S 是电容充电完毕所达到的电压值 $u_C(\infty)$，即电容电压的"稳态分量"；$U_S\mathrm{e}^{-\frac{t}{RC}}$ 是随时间按指数规律衰减的"暂态分量"。因此，整个动态过程是由稳态分量和暂态分量叠加而成的。由此，式(6-3) 还可表示为 $u_C = u_C(\infty)(1 - \mathrm{e}^{-\frac{t}{RC}})$。

下面看看电阻电压 u_R 和电流 i 的变化情况：

$$u_R = U_S - u_C = U_S\mathrm{e}^{-\frac{t}{RC}} \tag{6-4}$$

$$i = \frac{u_R}{R} = \frac{U_S}{R}\mathrm{e}^{-\frac{t}{RC}} \tag{6-5}$$

式(6-4) 和式(6-5) 说明 u_R 和 i 换路后分别是以 U_S 和 $\frac{U_S}{R}$ 为起点随时间按指数规律衰减的暂态分量，而没有稳态分量。这是由于 RC 充电电路达到稳态时，致使电路中稳态电流为零，电阻上的稳态电压也为零。波形如图 6-13 所示。

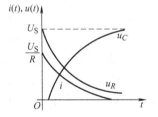

图 6-13　RC 充电电路的电压和电流波形

3) 时间常数 τ。在式(6-3)、式(6-4) 和式(6-5) 中出现公共因子 RC，令 $\tau = RC$，称之为电路的时间常数。它是表示动态过程中电压与电流变化快慢的物理量，τ 越大，充电过程越长，电压与电流的变化越缓慢。它的大小只与电路元件的参数有关。

当 R 的单位取欧姆（Ω），C 的单位取法拉（F）时，τ 的单位为秒（s）。

通过式(6-3) 的计算，可获得不同时刻的电容电压值，列于表 6-3 中。

表 6-3　对应不同时刻的电容电压

t	0	τ	2τ	3τ	4τ	5τ	6τ	…	∞
$\mathrm{e}^{-\frac{t}{\tau}}$	1	0.3678	0.1353	0.0498	0.0183	0.0067	0.0025	…	0
u_C	0	$0.6322U_S$	$0.8647U_S$	$0.9502U_S$	$0.9817U_S$	$0.9933U_S$	$0.9975U_S$	…	U_S

从表 6-3 中可见，经过 3τ 时间后，电容电压 u_C 已达到稳态值 U_S 的 95% 以上。因此工程实际中，通常认为 $t = (3 \sim 5)\tau$ 时，过渡过程基本结束。

(2) RL 串联电路的零状态响应

1) 物理过程。如图 6-14 所示电路，电感中无初始储能，在 $t=0$ 时刻闭合开关 S，由换路定律可知

$$i(0_+) = i(0_-) = 0$$

电阻上的电压为

$$u_R(0_+) = Ri(0_+) = 0$$

则

$$u_L(0_+) = U_S - u_R(0_+) = U_S$$

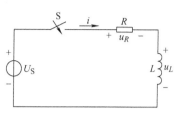

图 6-14　RL 串联电路

此时电源电压全部加在电感线圈两端，随后 i 逐渐增大，u_R 随之增大，$u_L = U_S - u_R$ 会逐渐减小，直到 $u_L = 0$ 时，电路达到新的稳态。此时，电感相当于短路。于是有

$$u_L = 0,\ u_R = U_S,\ i = \frac{U_S}{R}$$

2) 动态分析。如图 6-14 所示电路，当开关 S 闭合后，由 KVL 得

$$U_S = u_R + u_L$$

又 $u_L = L\dfrac{\mathrm{d}i}{\mathrm{d}t}$，$u_R = iR$，于是

$$U_S = iR + L\dfrac{\mathrm{d}i}{\mathrm{d}t}$$

求解该方程，并代入 $i(0_+) = 0$，则有

$$i = \frac{U_S}{R}(1 - \mathrm{e}^{-\frac{R}{L}t}) = \frac{U_S}{R} - \frac{U_S}{R}\mathrm{e}^{-\frac{R}{L}t} \tag{6-6}$$

$$u_L = L\frac{\mathrm{d}i}{\mathrm{d}t} = U_S \mathrm{e}^{-\frac{R}{L}t} \tag{6-7}$$

$$u_R = iR = U_S(1 - \mathrm{e}^{-\frac{R}{L}t}) = U_S - U_S \mathrm{e}^{-\frac{R}{L}t} \tag{6-8}$$

令 $\tau = L/R$，τ 为 RL 电路的时间常数，意义同前。u_L、u_R 和 i 的波形如图 6-15 所示。

与 RC 电路中电容电压的零状态响应一样，RL 电路中电感电流的零状态响应也由稳态分量和暂态分量组成。当电路达到新的稳态时，电感电流的稳态值 $i(\infty) = \dfrac{U_S}{R}$，式(6-6) 也可以表示为 $i_L = i_L(\infty)(1 - \mathrm{e}^{-\frac{t}{\tau}})$。

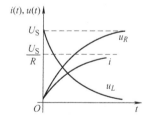

图 6-15　RL 电路的电压和电流波形

2. 一阶电路的零输入响应

若一阶动态电路具有一定的初始储能，在换路时没有外加电源而是靠电容或电感所储存的能量产生一定的电压或电流。把这种外加激励为零，仅由动态元件的初始储能引起的电压或电流响应称为零输入响应。

(1) RC 串联电路的零输入响应

1) RC 电路的放电过程。如图 6-16 所示电路，先将开关 S 置于位置 1，电源对电容进行充电，使 $u_C = U_S$。在 $t=0$ 时刻将开关 S 置于位置 2，由换路定律可知 $u_C(0_+) = u_C(0_-) = U_S$，于是

$$i(0_+) = \frac{u_C(0_+)}{R} = \frac{U_S}{R}$$

即 RC 回路的电流以 $\frac{U_S}{R}$ 为起点递减，使电容 C 存储的电荷释放，直至 $u_C = 0$、$i_C = 0$ 时放电结束，电路进入新的稳态。

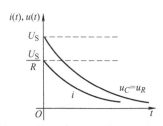

图 6-16 RC 放电电路

2）动态分析。对于图 6-16 所示的 RC 放电电路，由 KVL 得

$$u_C - iR = 0$$

而 $i = -C\frac{du_C}{dt}$，代入上式可得

$$u_C + RC\frac{du_C}{dt} = 0$$

求解方程，并代入 $u_C(0_+) = U_S$，可得

$$u_C = U_S e^{-\frac{t}{RC}} = U_S e^{-\frac{t}{\tau}} \tag{6-9}$$

$$i = -C\frac{du_C}{dt} = \frac{U_S}{R} e^{-\frac{t}{RC}} = \frac{U_S}{R} e^{-\frac{t}{\tau}} \tag{6-10}$$

$$u_R = u_C = U_S e^{-\frac{t}{\tau}} \tag{6-11}$$

可见，在 RC 放电电路中的电压和电流都是按指数规律衰减的，衰减的快慢由时间常数 τ 的大小决定。相应的电压和电流波形如图 6-17 所示。

在一些电子设备中的 RC 放电电路的时间常数 τ 仅为几分之一微秒，放电过程就只有几微秒；而对于高压电力系统中的电容，有的放电时间可到达几十分钟。

(2) RL 串联电路的零输入响应

1）物理过程。如图 6-18 所示电路，开关 S 置于位置 1，电路处于稳态，$i(0_-) = I_0 = \frac{U_S}{R_1 + R}$。

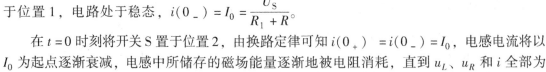

图 6-17 RC 放电电路的电压和电流波形

在 $t = 0$ 时刻将开关 S 置于位置 2，由换路定律可知 $i(0_+) = i(0_-) = I_0$，电感电流将以 I_0 为起点逐渐衰减，电感中所储存的磁场能量逐渐地被电阻消耗，直到 u_L、u_R 和 i 全部为零，电路达到新的稳态。它们的变化曲线如图 6-19 所示。

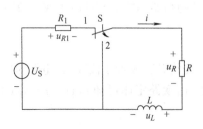

图 6-18 RL 串联电路

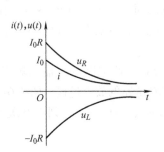

图 6-19 u_L、u_R 和 i 的变化曲线

2）动态分析。对于图 6-18 所示 RL 组成的电路，列写 KVL 方程，有
$$u_L + u_R = 0$$
又 $u_L = L\dfrac{\mathrm{d}i}{\mathrm{d}t}$，$u_R = iR$，代入上式可得
$$L\dfrac{\mathrm{d}i}{\mathrm{d}t} + iR = 0$$
解此方程，并将 $i(0_+) = I_0$ 代入可得
$$i = I_0 \mathrm{e}^{-\frac{R}{L}t} = I_0 \mathrm{e}^{-\frac{t}{\tau}} \tag{6-12}$$
$$u_L = -u_R = -iR = -RI_0 \mathrm{e}^{-\frac{t}{\tau}} \tag{6-13}$$

3）RL 电路的断开。当图 6-18 所示电路由图示的稳态突然将开关 S 断开，由换路定律可知，断开瞬间：
$$i(0_+) = i(0_-) = I_0 = \dfrac{U_S}{R_1 + R}$$

因电路的突然断开，电感中的电流 i 将在短时间内由初始值 I_0 迅速变化到零，其电流变化率 $\dfrac{\mathrm{d}i}{\mathrm{d}t}$ 很大，那么在电感线圈中所产生的自感电动势 $\varepsilon_L = -L\dfrac{\mathrm{d}i}{\mathrm{d}t}$ 也会很大，常为电感电压 u_L 的几倍。这样的过电压加在电路的开关两端，会在开关触点处产生电弧，损坏开关的触点，同时也会使电感线圈间的绝缘击穿。为了防止由于直流电路换路时在电感线圈上出现的过电压，需要在电路中设置保护电路。

3. 一阶电路的全响应

当电路中既有外加激励的作用，又有非零的初始值时所引起的响应叫全响应。举例说明如下：

图 6-20a 所示电路中，电容的初始电压为 U_0，在 $t=0$ 时闭合开关 S，接通直流电源 U_S。这是一个线性动态电路，应用叠加原理可将其全响应分解为图 6-20b 所示电路的零状态响应和图 6-20c 所示的零输入响应的形式，即

$$\text{全响应} = \text{零状态响应} + \text{零输入响应}$$

该结论对任何线性动态电路均适用。

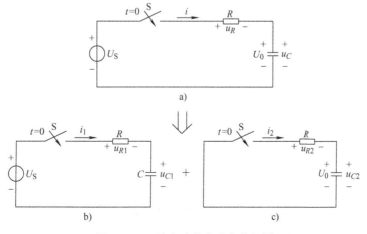

图 6-20 一阶电路的全响应分解图

根据叠加原理,电容两端电压 u_C 的全响应可表示为

$$u_C = u_{C1} + u_{C2}$$

其中,u_{C1} 由式(6-3)确定,u_{C2} 由式(6-9)确定,即

$$u_{C1} = U_S(1 - e^{-\frac{t}{RC}})$$

$$u_{C2} = U_0 e^{-\frac{t}{RC}}$$

于是
$$u_C = u_{C1} + u_{C2} = U_S(1 - e^{-\frac{t}{RC}}) + U_0 e^{-\frac{t}{RC}} \tag{6-14}$$

同理,电流 i 的全响应表达式为

$$i = \frac{U_S}{R} e^{-\frac{t}{RC}} - \frac{U_0}{R} e^{-\frac{t}{RC}} \tag{6-15}$$

式(6-14)和式(6-15)也可以写成

$$u_C = U_S + (U_0 - U_S) e^{-\frac{t}{RC}} = U_S + (U_0 - U_S) e^{-\frac{t}{\tau}} \tag{6-16}$$

和

$$i = \frac{U_S - U_0}{R} e^{-\frac{t}{RC}} = \frac{U_S - U_0}{R} e^{-\frac{t}{\tau}} \tag{6-17}$$

可见,电路的全响应还可以表示为稳态分量与暂态分量之和,即

$$\text{全响应} = \text{稳态分量} + \text{暂态分量}$$

对于电容两端的电压 u_C,它的稳态分量是 U_S,而暂态分量则是 $(U_0 - U_S) e^{-\frac{t}{\tau}}$。对于电流 i,它的稳态分量是0,因为直流电路处于稳态时电容相当于开路,而暂态分量是 $\frac{U_S - U_0}{R} e^{-\frac{t}{\tau}}$。

电路的全响应用零状态响应与零输入响应之和表示时,两个分量分别与输入和初始值有明显的因果关系,便于分析计算;而用稳态分量和暂态分量之和来表示时,则能明显地反映电路的工作状态,便于描述电路动态过程的特点。读者可在不同场合选择不同的分解形式。

图6-21画出了两种分解的曲线(当 $U_0 < U_S$ 时),它们的叠加都可以得到全响应曲线。

对于式(6-16)和式(6-17)中的系数 $U_0 - U_S$ 和 $U_S - U_0$,根据 U_0 和 U_S 的大小情况进行如下讨论:

$U_0 > U_S$ 时,$i < 0$,图6-20所示电路中电流的实际方向与标注的参考方向相反,电路中电容处于放电状态,直到 $u_C = U_S$ 为止,电路最终稳定下来。

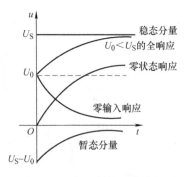

图 6-21 全响应的两种分解

$U_0 = U_S$ 时,$i = 0$,$u_C = U_S$,说明电路在换路前后,电容中的电场能量没有变化,保持原有的稳态,并不发生动态过程。

$U_0 < U_S$ 时，$i > 0$，电路中电容处于充电状态，u_C 从 U_0 起始按指数规律变化到 $u_C = U_S$。上述三种情况下 u_C 的变化曲线如图 6-22 所示。

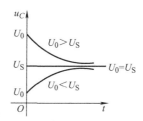

图 6-22　三种情况下 u_C 的变化曲线

二、应用三要素法分析一阶电路

我们已经学会了用式 (6-16) 这种稳态分量加上暂态分量的形式来表示一阶 RC 电路的全响应，即

$$u_C = U_S + (U_0 - U_S) e^{-\frac{t}{RC}} = U_S + (U_0 - U_S) e^{-\frac{t}{\tau}}$$

在式 (6-16) 中，只要确定了稳态值 U_S、初始值 U_0 和时间常数 τ，u_C 的全响应也就唯一确定了。如果列出 u_R、i 和 u_L 等的表达式，同样会发现这样的规律。可见，稳态值、初始值和时间常数是分析一阶电路的三个要素。依据上述的三要素确定一阶电路的全响应的方法称为"三要素法"。

若用 $f(\infty)$ 表示电路中某一电压或电流的稳态值，用 $f(0_+)$ 表示它的初始值，那么，一阶电路的全响应可表示为

$$f(t) = f(\infty) + [f(0_+) - f(\infty)] e^{-\frac{t}{\tau}} \tag{6-18}$$

式 (6-18) 为一阶电路三要素法的公式。

三要素法解题的步骤归纳如下：

1) 求初始值 $f(0_+)$：$f(0_+)$ 的计算方法在本项目任务 1 已经介绍过，这里不再重复。

2) 求稳态值 $f(\infty)$：$f(\infty)$ 是电路在换路后所达到的新稳态值，在直流电源作用下的电感或电容电路达到稳态时，将电感视为短路，电容视为开路后，对电路列写 KVL 和 KCL 方程求出相应的 $f(\infty)$。

3) 求电路的时间常数 τ：τ 仅与电路的结构和参数有关，而与激励无关。在 RC 电路中，$\tau = RC$，而在 RL 电路中，$\tau = \frac{L}{R}$。需要注意，此处的 R 不是一个单一的电阻，而是电路中除去储能元件后得到的线性有源二端网络的等效电阻 R_{eq}，可以根据戴维南定理求得等效电阻。

4) 将上述求得的三要素代入式 (6-18)，即得全响应。

最后需要说明的是：

1) 三要素法只适应于一阶电路。

2) 利用三要素法可以求解电路中任意一处的电压和电流，如 u_R、u_C、u_L 和 i 等。

3) 三要素法不仅能计算全响应，也可以计算电路的零输入响应和零状态响应。

例 6-3　电路如图 6-23 所示，$U_S = 12V$，$R_1 = 3\Omega$，$R_2 = 2\Omega$，$R_3 = 6\Omega$，$C = 1F$，电路处于稳定状态，求 $t = 0$ 时刻，开关 S 闭合后电路中电容电压 u_C 和电流 i_3 的表达式。

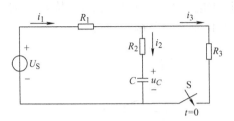

图 6-23 例 6-3 图

解：(1) 求初始值 $u_C(0_+)$ 和 $i_3(0_+)$。画出 $t=0_+$ 时刻的等效电路，如图 6-24a 所示，因开关 S 闭合前电路已稳定，电容相当于断路，所以

$$u_C(0_-) = U_S = 12\text{V}$$

由换路定律得

$$u_C(0_+) = u_C(0_-) = 12\text{V}$$

利用戴维南定理可求得

$$i_3(0_+) = \frac{U_{OC}}{R_0 + R_3} = \frac{U_S}{\dfrac{R_1 R_2}{R_1 + R_2} + R_3} = \frac{12}{\dfrac{3 \times 2}{3+2} + 6}\text{A} = \frac{5}{3}\text{A}$$

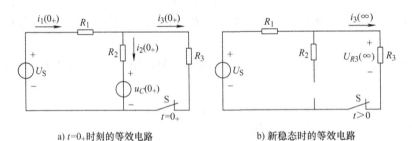

a) $t=0_+$ 时刻的等效电路   b) 新稳态时的等效电路

图 6-24 例 6-3 的等效电路

(2) 求稳态值 $u_C(\infty)$ 和 $i_3(\infty)$。电路达到新稳态时，电容相当于断路，等效电路如图 6-24b 所示，电路中只有 R_1 与 R_3 串联后接于 U_S 两端，由分压公式得

$$U_{R3}(\infty) = U_S \frac{R_3}{R_1 + R_3} = 12 \times \frac{6}{3+6}\text{V} = 8\text{V}$$

所以

$$i_3(\infty) = \frac{U_{R3}(\infty)}{R_3} = \frac{8}{6}\text{A} = \frac{4}{3}\text{A} \qquad u_C(\infty) = U_{R3}(\infty) = 8\text{V}$$

(3) 求时间常数 τ。对于图 6-23 所示电路，将电压源短路，电容断开，可求得对应二端网络的等效电阻为

$$R_{eq} = R_2 + \frac{R_1 R_3}{R_1 + R_3} = 2\Omega + \frac{3 \times 6}{3+6}\Omega = 4\Omega$$

故

$$\tau = R_{eq} C = 4 \times 1\text{s} = 4\text{s}$$

(4) 代入三要素公式，列写 u_C 和 i_3 的表达式为

$$u_C(t) = u_C(\infty) + [u_C(0_+) - u_C(\infty)]e^{-\frac{t}{\tau}} = 8\text{V} + (12-8)e^{-\frac{t}{4}}\text{V} = (8 + 4e^{-\frac{t}{4}})\text{V}$$

$$i_3(t) = i_3(\infty) + [i_3(0_+) - i_3(\infty)]e^{-\frac{t}{\tau}} = \frac{4}{3}\text{A} + \left(\frac{5}{3} - \frac{4}{3}\right)e^{-\frac{t}{4}}\text{A} = \left(\frac{4}{3} + \frac{1}{3}e^{-\frac{t}{4}}\right)\text{A}$$

例 6-4 电路如图 6-25 所示，开关 S 闭合时电路处于稳定状态。已知 $U_S = 18\text{V}$，$R_1 = 3\Omega$，$R_2 = 6\Omega$，$L = 0.9\text{H}$。$t = 0$ 时开关 S 打开，求换路后的 $i_L(t)$ 及 $u_L(t)$。

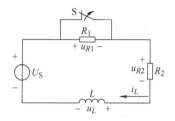

图 6-25　例 6-4 图

解：用三要素法求解。

（1）先求初始值。换路前电路已处于稳态，电感 L 相当于短路，有

$$i_L(0_-) = \frac{U_S}{R_2} = \frac{18}{6}\text{A} = 3\text{A}$$

由换路定律可得
$$i_L(0_+) = i_L(0_-) = 3\text{A}$$

$t = 0_+$ 时刻的等效电路如图 6-26a 所示，电感相当于 3A 的电流源，由 KVL 得

$$u_L(0_+) = U_S - (R_1 + R_2)i_L(0_+) = 18\text{V} - (3+6) \times 3\text{V} = -9\text{V}$$

（2）求稳态值。换路后电路达到新的稳态时，等效电路如图 6-26b 所示，电感相当于短路，所以

$$i_L(\infty) = \frac{U_S}{R_1 + R_2} = \frac{18}{3+6}\text{A} = 2\text{A}$$
$$u_L(\infty) = 0$$

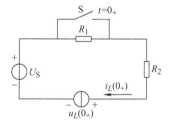
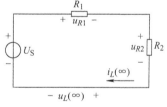

a) $t = 0_+$ 时刻的等效电路　　　b) 新稳态时的等效电路

图 6-26　例 6-4 电路的等效电路

（3）求时间常数。电感两端的等效电阻为
$$R_{eq} = R_1 + R_2 = 3\Omega + 6\Omega = 9\Omega$$

时间常数为
$$\tau = \frac{L}{R_{eq}} = \frac{0.9}{9}\text{s} = 0.1\text{s}$$

（4）代入三要素公式可得

$$i_L(t) = i_L(\infty) + [i_L(0_+) - i_L(\infty)]e^{-\frac{t}{\tau}} = 2\text{A} + (3-2)e^{-\frac{t}{0.1}}\text{A} = (2 + e^{-10t})\text{A}$$

$$u_L(t) = u_L(\infty) + [u_L(0_+) - u_L(\infty)]e^{-\frac{t}{\tau}} = 0\text{V} + (-9-0)e^{-\frac{t}{0.1}}\text{V} = -9e^{-10t}\text{V}$$

[技能训练]

技能训练　测量一阶充放电电路的时间常数

一、训练地点

电工基础实训室。

二、训练器材

函数信号发生器（含频率计）、示波器、直流稳压电源 0～24V、直流指针式电压表、直流指针式电流表、秒表、电阻、电容、电感、开关、万用表。

三、训练电路与工作原理

（一）方案一：用示波器观测

1. RC 一阶充放电电路的零状态响应

RC 一阶充放电电路如图 6-27 所示，开关 S 在位置 1，电容上没有充电，没有储存电能，即 $U_C(0_-) = 0$，处于零状态，当开关 S 合向位置 2 时，电源通过 R 向电容 C 充电，$u_C(t)$ 称为零状态响应。

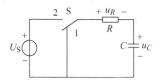

图 6-27　RC 一阶充放电电路

由一阶电路暂态过程三要素法，得

$$f(t) = f(\infty) + [f(0_+) - f(\infty)] e^{-\frac{t}{\tau}} \qquad ①$$

已知 $u_C(0_+) = u_C(0_-) = 0$，$u_C(\infty) = U_S$，于是有

$$u_C(t) = u_C(\infty) + [u_C(0_+) - u_C(\infty)] e^{-\frac{t}{\tau}}$$
$$= U_S - U_S e^{-\frac{t}{\tau}} = U_S(1 - e^{-\frac{t}{\tau}}) \qquad ②$$

式中，$\tau = RC$。时间常数 τ 的物理含义为：按指数规律上升，经过时间 τ，达到稳态值的 63.2%，经过 5τ，达到稳态值的 99.3%，因此一般可认为过渡过程经过 5τ 时间结束。

2. RC 一阶电路的零输入响应

在图 6-27 所示电路中，开关 S 在位置 2，待电路稳定后，再合向位置 1 时，电容 C 通过 R 放电，由于此时输入的信号电压 $U_S = 0$，故称 $u_C(t)$ 为零输入响应。

由物理过程可知，此时 $u_C(0_+) = u_C(0_-) = U_S$，$u_C(\infty) = 0$，代入式①有

$$u_C(t) = U_S e^{-\frac{t}{\tau}} \qquad ③$$

式中，$\tau = RC$。由式③可知，它是一条按指数规律衰减（即放电）的电压曲线，经 5τ 时间后，电压仅为 0.7% U_S，可以认为放电完成，到达稳态，暂态过程结束。

3. 测量 RC 一阶充放电电路时间常数 τ

为了用普通示波器观察到电路的暂态过程，需采用图 6-28 所示的方波信号。周期性方

波 u_S 作为电路的激励信号，方波信号的周期为 T，只要满足 $\dfrac{T}{2} \geqslant 5\tau$，便可在示波器的荧光屏上形成稳定的响应波形，示波器接线图如图 6-29 所示。

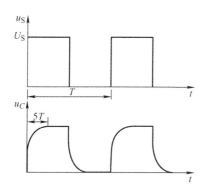

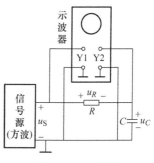

图 6-28　方波作用下的电容电压波形　　　　图 6-29　接线图

若设 $R = 330\Omega$，$C = 0.1\mu F$，则
$$\tau = RC = 330 \times 10^{-7} \text{s} = 3.3 \times 10^{-5} \text{s}$$

方波的周期由 $\dfrac{T}{2} \geqslant 5\tau$，得 $T \geqslant 10\tau$，则
$$f = \dfrac{1}{T} \leqslant \dfrac{1}{10\tau} = \dfrac{1}{10 \times 3.3 \times 10^{-5}} \text{Hz} \approx 3\text{kHz}$$

今取 $f = 1\text{kHz}$。

由图 6-29 中的双踪示波器的 Y1 探头，可得到方波电压波形，由此可读得方波电压的周期 T。由双踪示波器的 Y2 探头，可得到电容电压 u_C 波形，由此可读得暂态（5τ）的时间，并由此可推算出时间常数 τ。

4. 由阻感电路电流的暂态方程计算出一阶充放电电路的时间常数

在图 6-27 所示电路中，以电感 $L = 15\text{mH}$ 取代电容 C，如图 6-30 所示。由于电感中的电流 i 不能突变，同样由三要素法，可得阻感电路电流的暂态方程。

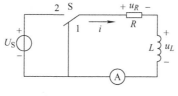

图 6-30　RL 电路

由换路定律得 $i(0_+) = i(0_-) = 0$，$i(\infty) = \dfrac{U_S}{R}$ 代入式(6-18)，可得
$$i(t) = \dfrac{U_S}{R} - \dfrac{U_S}{R}\text{e}^{-\dfrac{t}{\tau}} \qquad ④$$

式中，$\tau = \dfrac{L}{R}$。

由式④可得

$$U_R = iR = U_S(1 - e^{-\frac{t}{\tau}}) \qquad ⑤$$

$$U_L = U_S - U_R = U_S e^{-\frac{t}{\tau}} \qquad ⑥$$

若设 $R = 330\Omega$，电感 $L = 15\text{mH}$，其电阻 $R_L = 1.2\Omega$，则

$$\tau = \frac{L}{R + R_L} = \frac{15 \times 10^{-3}}{330 + 1.2}\text{s} \approx 4.5 \times 10^{-5}\text{s}$$

（二）方案二：仪表法测量

在图 6-31 所示电路中，开关 S 先打在位置 1，$U_C(0_-) = 0$，C 处于零状态，没有储存电能，开关 S 合向位置 2 时，电源通过 R 向电容 C 充电，用直流电压表观察并测量 $u_C(t)$。

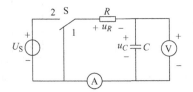

图 6-31　用仪表测量 RC 电路

在图 6-30 所示电路中，开关 S 先打在位置 1，$i_L(0_-) = 0$，L 处于零状态，没有储能。开关 S 合向位置 2 时，由于电感中的电流不能跃变，同样由电流表中可以观测到 $i_L(t)$ 的变化。

四、训练内容与步骤

1. 方案一：用示波器观测

1）按图 6-29 完成接线，其中 $R = 330\Omega$，$C = 0.1\mu\text{F}$，双踪示波器 Y1 和 Y2 的公共端均接电源负极（地线端），信号发生器接方波输出口。

2）调节方波发生器的幅值，使 $U_S = 5\text{V}$，$f = 1.0\text{kHz}$（$T = 1.0\text{ms}$），调节示波器，使波形适中而清晰。

3）记录下方波与 $u_C(t)$ 电压波形，并由此估算出 τ 的数值。

4）将 R 与 C 位置互换（因 Y1 与 Y2 必须有公共端），记录下 $u_R(t)$ 的电压波形。

5）在图 6-29 所示电路中，以电感 $L = 15\text{mH}$ 取代 C，保持方波电压不变，重做步骤（3）实验，记录下方波与 $u_L(t)$ 电压，并由此估算出 τ 的数值。

6）将 R 与 L 位置互换，记录 $u_R(t)$ 的波形。

2. 方案二：用仪表观测

1）取 $C = 40\mu\text{F}$，$R = 150\text{k}\Omega$，电流表选用直流指针式微安表。

2）直流稳压电源输出值调整为 $U_S = 20\text{V}$。

3）按照图 6-31 所示电路接线，开关 S 先打在位置 1，$U_C(0_-) = 0$，C 处于零状态，没有储存电能，开关 S 合向位置 2 的同时用秒表计时，观测电源通过 R 向电容 C 充电，每经过一个时间常数读一次电压、电流值，将测量结果 $u_C(t)$、$i(t)$ 记录于表 6-4 中，为精确起见，可以反复多做几次。

4）开关 S 合向位置 2 稳定之后，将开关 S 打在位置 1 的同时用秒表计时，观测电容 C 通过 R 放电的过程，每经过一个时间常数读一次电压、电流值，将测量结果 $u_C(t)$、$i(t)$ 记录于表 6-4 中，为精确起见，可以反复多做几次。

5) 取 $L=15\text{mH}$,$R=330\Omega$,$U_S=20\text{V}$,按照图 6-30 所示电路接线,开关 S 先打在位置 1,$i_L(0_-)=0$,L 处于零状态,没有储能,开关 S 合向位置 2 的同时用秒表计时,同样由电流表中可以观测到 $i_L(t)$、$u_L(t)$ 的变化,每经过一个时间常数读一次电流、电压值,将测量结果记录于表 6-4 中,为精确起见,可以反复多做几次。

6) 开关 S 合向位置 2 稳定之后,将开关 S 打在位置 1 的同时用秒表计时,观测 $i_L(t)$ 及 $u_L(t)$ 的变化,每经过一个时间常数读一次电流、电压值,将测量结果记录于表 6-4 中,为精确起见,可以反复多做几次。

表 6-4 充放电电路时间常数测试实训数据

项 目		测 量 数 据					
时间/s		0_+	1τ	2τ	3τ	4τ	5τ
RC 电路零状态响应	u_C/V						
	i/μA						
RC 电路零输入响应	u_C/V						
	i/μA						
RL 电路零状态响应	$i_L(t)$						
	u_L/V						
RL 电路零输入响应	$i_L(t)$						
	u_L/V						

[课后巩固]

6-2-1 电路如图 6-32 所示,换路前电路已稳定,$t=0$ 时开关 S 闭合,求换路后的响应 $i_L(t)$ 和 $u_L(t)$。

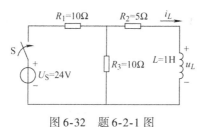

图 6-32 题 6-2-1 图

6-2-2 电路如图 6-33 所示,换路前电路已稳定,$t=0$ 时开关 S 闭合,求换路后的响应 $u_C(t)$。

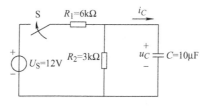

图 6-33 题 6-2-2 图

6-2-3 电路如图 6-34 所示，换路前电路已稳定，$t=0$ 时开关 S 闭合，求换路后的响应 $i_L(t)$。

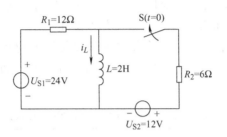

图 6-34 题 6-2-3 图

6-2-4 电路如图 6-35 所示，换路前电路已稳定，$t=0$ 时开关 S 闭合，求换路后的响应 $u_C(t)$ 和 $i_C(t)$。

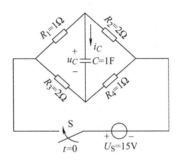

图 6-35 题 6-2-4 图

【知识拓展】

认识积分电路和微分电路

一、认识积分电路

在电子技术中，常常会用到积分电路和微分电路，这些电路一般都是由 RC 电路构成的。在满足一定的条件下，电路可以完成对信号的积分和微分处理。

积分电路的结构如图 6-36a 所示，输出电压取电容两端电压，则

$$u_o = u_C = \frac{1}{C} \int i \mathrm{d}t$$

若 R 足够大，就可以认为输入电压 u_i 全部都加在电阻 R 上，即 $u_R \approx u_i$，则电路中的电流 $i \approx \frac{u_i}{R}$，即 $u_o = \frac{1}{RC} \int u_i \mathrm{d}t$，可见，输出电压近似与输入电压的积分成正比关系，这说明当图 6-36a 所示电路的时间常数 τ 足够大时，便可构成积分电路。

如果输入电压 u_i 是宽度为 t_P 的矩形波，如图 6-36b 所示，当 $\tau \geq (3 \sim 5) t_P$ 时，输出电压与输入电压之间就近似为积分关系。输出电压 u_o 的波形为图 6-36c 所示的三角波。积分电路所产生的三角波在脉冲电路中常作为电视的接收场扫描信号。

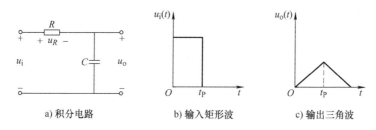

a) 积分电路　　　b) 输入矩形波　　　c) 输出三角波

图 6-36　积分电路及输入输出波形

二、认识微分电路

微分电路的结构如图 6-37a 所示,输出电压取电阻两端电压,则

$$u_o = u_R = Ri = RC\frac{du_C}{dt}$$

若输入电压 u_i 为阶跃信号,即 $\quad u_i(t) = U_i \varepsilon(t)$

由于 $\quad u_C(t) = U_i(1 - e^{-\frac{t}{\tau}})\varepsilon(t)$

所以 $\quad u_o(t) = RC\frac{du_C}{dt} = RC\left[(-U_i e^{-\frac{t}{\tau}})\left(-\frac{1}{\tau}\right)\varepsilon(t) + U_i(1 - e^{-\frac{t}{\tau}})\delta(t)\right] = U_i e^{-\frac{t}{\tau}}\varepsilon(t)$

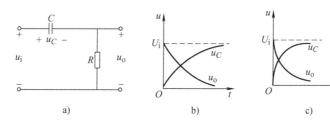

a)　　　　　　b)　　　　　　c)

图 6-37　微分电路及输出响应

电压 $u_C(t)$ 和 $u_o(t)$ 的变化曲线如图 6-37b 所示。

如果选择适当的电路参数,使时间常数 τ 很小,$u_C(t)$ 和 $u_o(t)$ 的曲线会变得很陡,如图 6-37c 所示。此时认为 $u_C(t)$ 的暂态分量很快消失,$u_C \approx u_i$,输出电压则为

$$u_o = RC\frac{du_C}{dt} \approx RC\frac{du_i}{dt}$$

即输出电压近似与输入电压的导数成正比关系。这说明此 RC 电路在时间常数足够小时,便成了微分电路。

当输入电压是波宽为 t_P 的矩形波时,如图 6-38a 所示。当 $\tau \leqslant \left(\frac{1}{5} \sim \frac{1}{3}\right)t_P$ 时,输出电压与输入电压之间就近似为微分关系,输出电压 $u_C(t)$ 的波形为正负两个尖脉冲,如图 6-38b 所示。在脉冲电路中,常应用微分电路产生的尖脉冲作为触发信号。

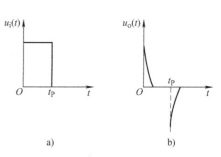

a)　　　　b)

图 6-38　矩形波输入时的响应

【项目考核】

项目考核单

学生姓名	教师姓名	项目6		
技能训练考核内容（10分）	仪器准备（10%）	电路连接（50%）	数据测试（40%）	得分
（1）熟练使用示波器观察电信号（5分）				
（2）测量一阶充放电电路的时间常数（5分）				
知识测验（90分）				
完成日期	年 月 日		总分	

附　知识测验

1. 电路如图6-39所示，开关S处于位置1，电路稳定。在$t=0$时，开关S动作打到位置2，试求换路后图中电感的电压、电流初始值。（14分，每个7分）

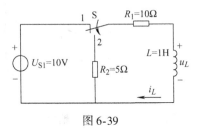

图6-39

2. 电路如图6-40所示，原已处于稳定，在$t=0$时开关S闭合。试求换路前（$t=0_-$）、换路后（$t=0_+$）图中电容的电压、电流初始值。（14分，每个7分）

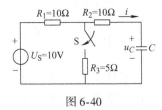

图6-40

3. 请解释一阶电路的零状态响应、零输入响应和全响应。（9分，每个3分）

4. 请判断下列说法是否正确。（12分，每个3分）

（1）换路定律指出：电感两端的电压是不能发生跃变的，只能连续变化。　　　（　）

（2）一阶电路的全响应，等于其稳态分量和暂态分量之和。　　　（　）

（3）RL一阶电路的零状态响应，u_L按指数规律上升，i_L按指数规律衰减。　　　（　）

（4）RC一阶电路的零输入响应，u_C按指数规律上升，i_C按指数规律衰减。　　　（　）

5. 选择正确的答案。(15 分,每个 3 分)

(1) 动态元件的初始储能在电路中产生的零输入响应中(　　)。
A. 仅有稳态分量　　　B. 仅有暂态分量　　　C. 既有稳态分量,又有暂态分量

(2) 在换路瞬间,下列说法中正确的是(　　)。
A. 电感电流不能跃变　B. 电感电压必然跃变　C. 电容电流必然跃变

(3) 工程上认为 $R=25\Omega$、$L=50\text{mH}$ 的串联电路中发生暂态过程时将持续(　　)。
A. 30~50ms　　　　B. 37.5~62.5ms　　　C. 6~10ms

(4) 图 6-41 所示电路换路前已达稳态,在 $t=0$ 时断开开关 S,则该电路(　　)。
A. 有储能元件 L,要产生过渡过程
B. 有储能元件且发生换路,要产生过渡过程
C. 因为换路时元件 L 的电流储能不发生变化,所以该电路不产生过渡过程

(5) 图 6-42 所示电路已达稳态,现增大 R 值,则该电路(　　)。
A. 因为发生换路,要产生过渡过程
B. 因为电容 C 的储能值没有变,所以不产生过渡过程
C. 因为有储能元件且发生换路,要产生过渡过程

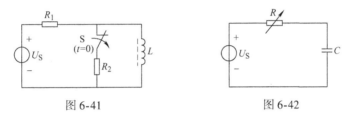

图 6-41　　　　　　　　　图 6-42

6. 电路如图 6-43 所示,电路原已稳定,开关 S 在 $t=0$ 时刻闭合,试用三要素法求出 $u_C(t)$、$i_1(t)$ 和 $i_3(t)$。(18 分,每个 6 分)

7. 电路如图 6-44 所示,用三要素法求解电路在换路后的响应 $i_1(t)$、$i_L(t)$ 和 $i_3(t)$。(18 分,每个 6 分)

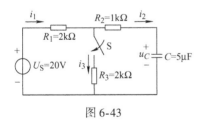
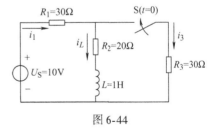

图 6-43　　　　　　　　　图 6-44

参 考 文 献

[1] 焦勇,蔡新梅. 电路基础 [M]. 哈尔滨:哈尔滨工程大学出版社,2010.
[2] 李妍. 电路基础实训指导 [M]. 哈尔滨:哈尔滨工程大学出版社,2012.
[3] 张仁醒. 电工基本技能实训 [M]. 北京:机械工业出版社,2011.
[4] 陆运华. 图解电工技能实训 [M]. 北京:中国电力出版社,2011.
[5] 席实达. 电工技术 [M]. 北京:高等教育出版社,2007.
[6] 姚年春,侯玉杰. 电路基础 [M]. 北京:人民邮电出版社,2010.
[7] 张立臣. 电路基础 [M]. 北京:机械工业出版社,2011.
[8] 孔凡东. 电路基础 [M]. 2版. 西安:西安电子科技大学出版社,2011.
[9] 祁鸿芳. 电路基础 [M]. 北京:清华大学出版社,2010.